ABITUR-TRAINING

Geographie

Baden-Württemberg

Peter Armbruster
Kevin Hepp
Michael Lamberty

STARK

Bildnachweis
Umschlagbild: © Madrabothair | Dreamstime.com

www.stark-verlag.de
1. Auflage 2019

Inhalt

Vorwort

Reliefsphäre 1

1 Verwitterung 2
1.1 Physikalische Verwitterung 2
1.2 Chemische Verwitterung 5
1.3 Biogene und Anthropogene Verwitterung 9
2 Karstlandschaften in Europa 12
2.1 Prozesse 12
2.2 Typischer Karstformenschatz 14
2.3 Karsthydrographie 21
2.4 Mensch-Umwelt-Interaktionen in Karstgebieten 22

Atmosphäre 29

1 Grundlagen 29
1.1 Aufbau, Zusammensetzung und Funktion der Atmosphäre 34
1.2 Strahlungs- und Wärmehaushalt 36
1.3 Wasser in der Atmosphäre und Wolkenbildung 39
1.4 Luftdruck und Wind 42
2 Regionale Windsysteme 43
2.1 Land-See-Windsystem 43
2.2 Berg-Tal-Windsystem 44
2.3 Föhn 46
3 Globale atmosphärische Zirkulation 47
3.1 Grundlagen der allgemeinen Zirkulation der Atmosphäre (auch: Planetarische Zirkulation) 47
3.2 Die dynamische Zirkulation der Mittelbreiten 49
3.3 Die thermische Zirkulation der Tropen 56
4 Klima von Meeresräumen und Küstengebieten 63
4.1 Maritimität versus Kontinentalität 63
4.2 Nebelbildung 65
4.3 Küstenwüsten 66
4.4 Exkurs: El Niño 67
4.5 Tropische Wirbelstürme 70

Hydrosphäre ... 73

1 Grundlagen ... 73
1.1 Wasser der Erde ... 73
1.2 Wasserkreislauf ... 74
2 Meere und Ozeane ... 75
2.1 Physikalische und chemische Eigenschaften des Meerwassers ... 76
2.2 Meeresströmungen ... 78
2.3 Ozean-Atmosphären-Interaktion ... 83
2.4 Nutzungs- und Gefährdungspotenzial mariner Ökosysteme ... 85
3 Ressource Süßwasser – Gefahren und Konflikte ... 96
3.1 Wasserdargebot und Wasserverbrauch ... 96
3.2 Wasserkonflikte ... 99
3.3 Wasserbauliche Großprojekte ... 107

Wirtschaftliches Handeln und dessen Raumwirksamkeit ... 109

1 Unternehmerische Standortwahl und ihre Auswirkung auf den Raum ... 109
1.1 Produktionsfaktoren, Standortfaktoren und Standorttheorien ... 109
1.2 Bedeutungswandel von Standortfaktoren ... 115
1.3 Standortanalyse von Unternehmen ... 117
1.4 Standortsysteme und räumliche Standortmuster ... 120

Wirtschaftsstrukturen und -prozesse auf regionaler und globaler Ebene ... 127

1 Wirtschaftsregionen in Deutschland ... 127
1.1 Wirtschaftsräumliche Disparitäten ... 127
1.2 Raumbeispiel Dresden – eine führende Hightech-Region ... 131
2 Wirtschaftsregionen in Europa ... 136
2.1 Wirtschaftsräumliche Disparitäten ... 137
2.2 Darstellung der räumlichen Disparitäten mithilfe von Raumordnungsmodellen ... 140
2.3 Die EU-Strukturpolitik als Antwort auf regionale Unterschiede ... 142
2.4 Raumbeispiel Lombardei – das wirtschaftliche Rückgrat Italiens ... 145
3 Wirtschaftsregionen außerhalb Europas ... 152
3.1 Aktuelle Trends im globalen Wirtschaftsraum ... 152
3.2 Raumbeispiel Ghana – die wirtschaftliche Drehscheibe Westafrikas? ... 153

Massentourismus – Ausmaß, Ursachen und Folgen ... 161

1 Entwicklung und Bedeutung des Tourismus ... 161
1.1 Formen des Tourismus ... 162
1.2 Entwicklung des Tourismus ... 162

2 Wirtschaftsgeographische Modelle zum Tourismus 164
2.1 Destinationslebenszyklus-Modell 164
2.2 Modell der raum-zeitlichen Entfaltung des Tourismus in einem Entwicklungsland 166
3 Massentourismus 168
3.1 Massentourismus in Industrieländern – Raumbeispiel Alpen 170
3.2 Massentourismus in Entwicklungsländern – Raumbeispiel Thailand 172
3.3 Ursache-Wirkungszusammenhänge des Massentourismus 174
4 Kreuzfahrttourismus 177
4.1 Kreuzfahrten heute 177
4.2 Herkunft der Passagiere, Marktdaten und beliebte Ziele 178
4.3 Folgen für Hafenstädte – Fluch und/oder Segen? 179
4.4 Umweltbelastungen 180
5 Nachhaltige Tourismuskonzepte 181

Lösungen 185

Basisbegriffe 207
Quellennachweis 211

Autoren

Peter Armbruster
Kevin Hepp
Michael Lamberty

Vorwort

Liebe Schülerinnen und Schüler,

mit diesem Abitur-Training Geographie halten Sie eine klar strukturierte Zusammenfassung in den Händen, mit der Sie sich effektiv auf den Unterricht, auf Klausuren und besonders auf die schriftliche Abiturprüfung im Fach Geographie vorbereiten können.
Dieses Buch umfasst den gesamten prüfungsrelevanten Unterrichtsstoff der **Schwerpunktthemen ab 2020** für das **Abitur** in Baden-Württemberg.

Anhand zahlreicher **Statistiken, Grafiken und Karten** wird das komplette prüfungsrelevante Wissen nachvollziehbar dargestellt und anschaulich erklärt.

Wichtige **Basisbegriffe**, die in der Abiturprüfung gefordert werden, sind hervorgehoben. Ein Verzeichnis dazu am Ende des Buches ermöglicht das gezielte Nachschlagen und hilft, Wissenslücken schnell und effektiv zu schließen.

Abwechslungsreiche **Aufgaben** im Anschluss an die Teilkapitel ermöglichen es Ihnen, das erworbene Wissen sofort anzuwenden und zu überprüfen.
Vollständige **Lösungen** erlauben die sofortige Kontrolle Ihres Lernerfolgs.

Dieser Trainingsband konzentriert sich auf die **ab dem Abitur 2020** verbindlichen Schwerpunktthemen und bietet im Zusammenspiel mit den Original-Abituraufgaben der vergangenen Jahre (Stark Verlag, Best.-Nr. 85901) eine **optimale Vorbereitung** auf Klausuren und die Abiturprüfung.

Autoren und Verlag wünschen Ihnen viel Erfolg!

Reliefsphäre

Endogene Kräfte aus dem Erdinneren, die mit geologisch-tektonischen Prozessen wie Gebirgsbildung (Orogenese), Hebungs- und Senkungsvorgängen (Epirogenese) sowie Vulkanismus einhergehen, bilden die Grundstrukturen der Erdoberfläche.

Auf diese Grundstrukturen wirken exogene Kräfte wie Wind (äolisch), fließendes Wasser (fluvial), Eis und Gletscher (glazial) sowie das Meer (marin). Sie bedingen Prozesse wie Verwitterung, Erosion und Sedimentation und führen zu einem ständigen Veränderungsprozess der Oberflächenformen.

Die Landschaften unserer Erde entstehen also aus dem Zusammenspiel von verschiedenen endogenen und exogenen Kräften. Zu berücksichtigen sind immer auch Eingriffe durch den Menschen.

Der Aufbau von Gesteinen

Um die Auflockerung oder Zerstörung von Gesteinen durch **Verwitterungsprozesse** zu verstehen, ist es notwendig, den Aufbau von Gesteinen zu kennen. Gesteine bestehen aus einem Mineral (monomineralisch) oder häufiger aus mehreren Mineralen (polymineralisch). Granit besteht z. B. aus den Mineralen Feldspat, Quarz und Glimmer. Minerale wiederum sind einheitliche (homogene) und natürlich vorkommende Festkörper der Erdkruste, die eine charakteristische chemische Zusammensetzung und atomare (ionare) Struktur aufweisen. Dabei sind verschiedene Ionen in Form eines Ionengitters dreidimensional angeordnet, sodass sich eine Kristallstruktur ergibt. Geologen sprechen deshalb anstelle der chemisch korrekten Bezeichnung „Ionengitter" auch vom „Kristallgitter". Denn die einzelnen chemischen Elemente von Mineralen sind in Form eines Kristallgitters dreidimensional angeordnet. Deshalb bezeichnet man ein Mineral auch als natürlich gebildeten Kristall. Das Mineral Halit, chemisch gesehen Kochsalz (Natriumchlorid, NaCl) und Mineralbaustein des monomineralischen Gesteins Steinsalz, weist eine kubische Kristallstruktur auf. Dabei ist im Ionengitter jedes Na^+-Ion oktaedrisch von sechs Cl^--Ionen und jedes Cl^--Ion ebenfalls von sechs Na^+-Ionen oktaedrisch umgeben (s. Abb.).

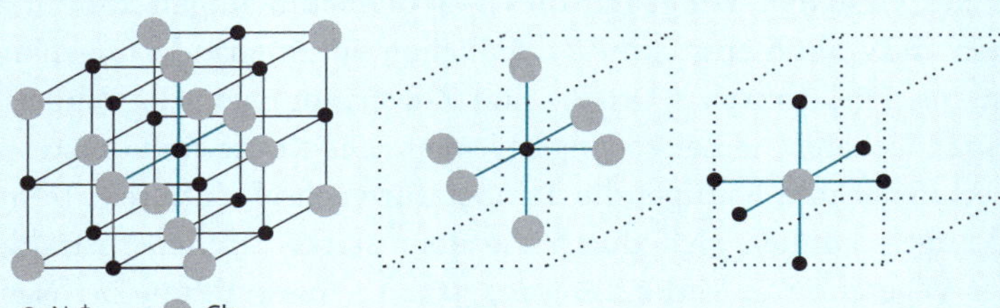

Kubische Kristallstruktur von Halit (NaCl)

1 Verwitterung

Unter Verwitterung versteht man die Lockerung, Aufbereitung und Zerstörung von Gesteinen an der Erdoberfläche oder in Oberflächennähe unter dem Einfluss exogener Kräfte.

Dabei unterscheidet man die beiden Hauptarten **physikalische** und **chemische Verwitterung** sowie die **biogene** und anthropogene **Verwitterung**.

Art und Intensität der Verwitterung sind im Wesentlichen abhängig von der mineralogischen Zusammensetzung und der Beschaffenheit der Gesteine, den klimatischen Bedingungen sowie der Einwirkungsdauer der exogenen Faktoren. Die einzelnen Verwitterungsarten sind nicht immer klar voneinander zu trennen, sondern stehen oft in enger Wechselwirkung zueinander.

1.1 Physikalische Verwitterung

Bei der physikalischen Verwitterung werden die Gesteine durch mechanische Prozesse gelockert und zerkleinert, ohne dass es zu einer chemischen Veränderung der Mineralbestandteile kommt. Es entstehen dabei Verwitterungsprodukte, die von grobem Schutt über feinkörniges Lockermaterial (Grus) bis hin zu Sand und Schluff reichen können.

Die **physikalische Verwitterung** setzt bereits ein, wenn Gesteine durch endogene Prozesse oder durch Erosion von darüberliegenden Sedimentpaketen an die Erdoberfläche gelangen und dadurch eine Druckentlastung erfahren. Es bilden sich in der Folge Spalten und Klüfte, an denen weitere **Verwitterungsprozesse** wirksam sein können.

Insolationsverwitterung (Temperaturverwitterung)

Voraussetzungen für die **Insolationsverwitterung** sind die unterschiedlichen Ausdehnungskoeffizienten der Minerale bei Erwärmung sowie die geringe Wärmeleitfähigkeit eines Gesteins (Temperaturgradient vom Äußeren ins Innere eines Gesteins). Aufgrund dieser Grundbedingungen kommt es beim Erwärmen und Abkühlen zu unterschiedlichen Volumenänderungen innerhalb des Gesteins. Dies führt zu Druck- und Zugspannungen, die schließlich auf Dauer eine mechanische Zerstörung bewirken. Die Kräfte sind umso stärker, je größer, schneller und häufiger die Temperaturwechsel eintreten. Temperaturschwankungen können sich durch tagsüber starke Sonneneinstrahlung bei fehlender Vegetation in Verbindung mit starker Ausstrahlung bei Nacht oder plötzlichen Regengüssen ergeben. Diese klimatischen Bedingungen finden sich vor allem in den heißen Trockengebieten, die große tägliche Temperaturamplituden aufweisen.

Sichtbare Folgen der Temperaturverwitterung sind die Desquamation (oberflächliche Abschuppung feiner Plättchen), der grusige Zerfall (Gemisch von Mineralkörnern zwischen 2 bis 6 mm) sowie Kern- und Trümmersprünge (Zerspringen von Blöcken längs scharfer Flächen unter lautem Knall – vgl. M1).

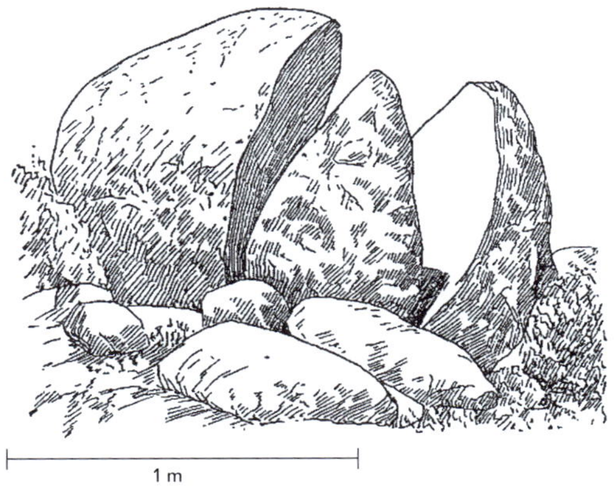

M1: Kernsprung durch Insolationsverwitterung

Frostsprengung

Die Frostverwitterung oder **Frostsprengung** beruht ebenfalls auf einer temperaturabhängigen Volumenänderung innerhalb des Gesteins. Diese wird durch das Gefrieren von Wasser innerhalb von Fugen, Haarrissen oder Poren ausgelöst (vgl. M2). Das Wasser dehnt sich beim Übergang vom flüssigen in den festen Aggregatszustand bei null Grad Celsius um ca. 9 % seines Volumens aus. Das Eis entwickelt dann eine hohe Sprengwirkung (2 200 kg/cm^2 bei –22 °C, durchschnittliche Belastungsfähigkeit der Gesteine liegt bei ca. 250 kg/cm^2). Außerdem zieht das gefrierende Wasser ungefrorene Wasserteilchen aus benachbarten Poren an, sodass größere Eiskerne heranwachsen können und so den Prozess verstärken.

Die Frostsprengung dominiert besonders in Gebieten mit ausreichendem Wasserdargebot und entsprechenden Frostwechseln. Dies sind vor allem die Periglazialgebiete der subpolaren Zone und der Hochgebirge. Das charakteristische Verwitterungsprodukt der Frostsprengung wird als Frostschutt bezeichnet. Dieser besteht aus eckigen und scharfkantigen Blöcken, Trümmern und Scherben.

Salzsprengung

Bei der Verdunstung von Fugen-, Kapillar- oder Porenwasser kristallisieren aus übersättigten Lösungen Salze im Gestein aus. Bei diesem Prozess kommt es über eine Volumenzunahme zu einem Kristallisationsdruck, der auf die angrenzenden Gesteinsflächen wirkt. Eine Volumenzunahme ergibt sich auch durch die thermische Ausdehnung von Salzkristallen oder durch eine erneute Befeuchtung von bereits auskristallisierten Salzen (**Hydratisierung**, s. u.). Durch die beschriebenen Prozesse können Spannungen von mehreren Hundert kg/cm^2 im Gestein wirken, was dieses im Laufe der Zeit mechanisch auflockert oder zerstört. Als Verwitterungsprodukte entstehen Grus oder Kernsprünge. Die **Salzsprengung** ist besonders wirksam, wenn durch starke Sonneneinstrahlung und periodische Regenfälle oder Taufall ein häufiger Wechsel von Austrocknung und Durchfeuchtung des Gesteins gegeben ist. Dies ist vor allem in ariden und semiariden Räumen der Fall.

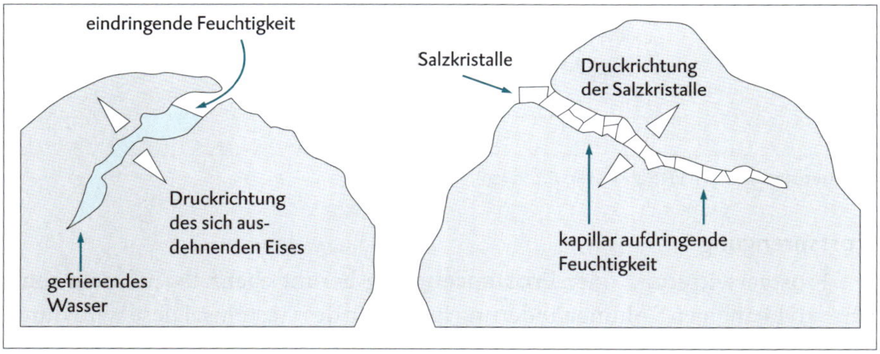

M2: Frost- und Salzsprengung

Hydratation (Hydratisierung)

Unter **Hydratation** versteht man die An- und Einlagerung von Wassermolekülen in das Ionengitter der Minerale, ohne dass es insgesamt zu einer chemischen Veränderung des Ausgangsgesteins kommt. Genauer gesagt, lagern sich dabei die Wassermoleküle, aufgrund ihres Dipolcharakters, an die positiv und negativ geladenen Ionen des Ionengitters an. Die hydratisierten Minerale bewirken im Gesteinsverband Aufquellungsvorgänge, die diesen in der Folge auflockern.

Das wasserfreie Salz Anhydrit (Calciumsulfat, $CaSO_4$) vergrößert beispielsweise bei der Aufnahme von Wasser und der damit verbundenen Umwandlung zu Gips ($CaSO_4 \cdot 2H_2O$) sein Volumen um mehr als 60 Prozent.

Die **Hydratation** kommt in allen ausreichend humiden Gebieten der Erde vor und bildet häufig die Vorstufe zur **Lösungsverwitterung** und **Hydrolyse** (s. u.).

1.2 Chemische Verwitterung

Die chemische Verwitterung umfasst alle Lösungsprozesse und chemischen Reaktionen des Gesteins mit wässrigen Lösungen. Im Gegensatz zur **physikalischen Verwitterung** kommt es aufgrund der ablaufenden chemischen Prozesse und Reaktionen zu einer Gesteinsumwandlung, wobei sich die Kristallstruktur der Gesteine bzw. das Ionengitter der Minerale verändert.

Die **chemische Verwitterung** ist in ihrer Art und Intensität von unterschiedlichen Faktoren wie der Kristallstruktur der Gesteine, der Beschaffenheit der wässrigen Lösungen (chemische Zusammensetzung, pH-Wert, Sauerstoffgehalt) oder der Temperatur abhängig.

In den immerfeuchten Tropen und den Monsunregionen während der Regenzeit besitzt die chemische Verwitterung aufgrund der günstigen Temperaturen und des entsprechenden Wasserangebots die höchste Wirksamkeit.

Lösungsverwitterung (Salz- und Carbonatverwitterung bzw. Kohlensäureverwitterung)

Die Lösungsverwitterung beruht auf der stark wasserlöslichen Eigenschaft von Salzgesteinen (Evaporiten) wie Steinsalz, Anhydrit und Gips bzw. der Löslichkeit von Kalkgesteinen (Carbonaten) in Verbindung von Wasser und Kohlenstoffdioxid. Die Lösung der Salzgesteine vollzieht sich dabei als Folgeprozess der **Hydratation** (s. o.). Die Wassermoleküle lagern sich dabei so lange an die Kationen und Anionen des Ionengitters der Minerale an, bis die Ionen vollständig hydratisiert sind, also von einer Hydrathülle umgeben werden, und dann leicht in der wässrigen Lösung abtransportiert werden können (vgl. M3).

Streng genommen ist die Lösung eines Salzgesteins in Wasser kein chemischer, sondern ein physikalischer Vorgang. Eine chemische Reaktion im eigentlichen Sinn findet dabei nicht statt. Die **Lösungsverwitterung** wird dennoch als **chemische Verwitterung** betrachtet, weil der Vorgang in Verbindung mit chemischen Prozessen abläuft und dabei die Minerale aufgelöst werden.

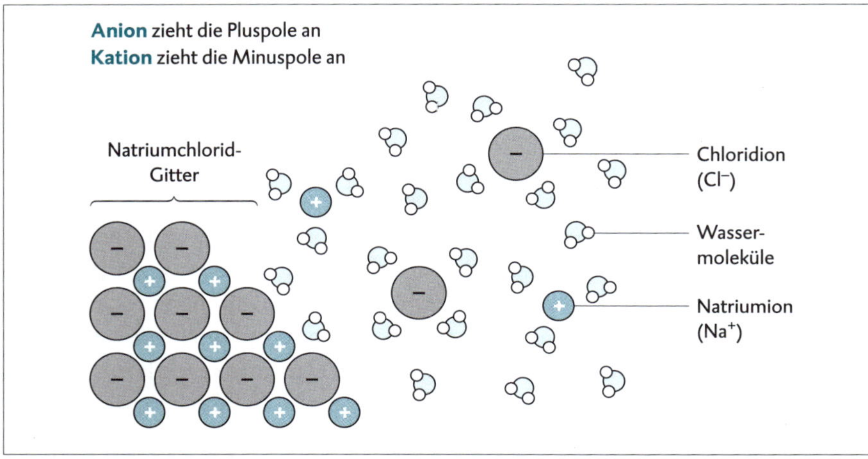

M3: Schema zur Lösungsverwitterung von Natriumchlorid (Kochsalz)

Die Lösung der Kalksteine wird auch als **Kohlensäureverwitterung** oder Carbonatverwitterung bezeichnet. Sie stellt eine Sonderform der **Lösungsverwitterung** dar, weil für die Lösung der Kalksteine kohlensäurehaltiges Wasser notwendig ist und chemische Reaktionen ablaufen müssen, sodass die Ionen der Minerale nicht einfach nur hydratisiert, sondern verändert werden.

Das kohlensäurehaltige Wasser entsteht durch die Reaktion von Wasser mit Kohlenstoffdioxid, das aus der atmosphärischen Luft oder der Bodenluft (z. B. über die Atmung von Bodenlebewesen) in das Wasser gelangen kann ($H_2O + CO_2 \rightleftharpoons H_2CO_3$). Die kohlensaure Lösung reagiert dann mit dem Kalkstein. Dabei reagiert das feste, schwer lösliche Calciumcarbonat ($CaCO_3$) zu wasserlöslichem Calciumhydrogencarbonat $Ca(HCO_3)_2$. Es entsteht schließlich eine wässrige Lösung von Calciumhydrogencarbonat, die dann abgeführt werden kann:

$$CaCO_3 + H_2O + CO_2 \rightleftharpoons Ca(HCO_3)_2 \rightleftharpoons Ca^{2+}{}_{(aq)} + 2HCO_3^{-}{}_{(aq)}$$

Die Vorgänge der **Lösungs-** und **Kohlensäureverwitterung** sind aber auch wieder umkehrbar (reversibel). Das bedeutet, dass aus übersättigten Lösungen die gelösten Bestandteile auch wieder ausgefällt werden können, z. B. wenn sich die Umgebungsbedingungen wie Druck und Temperatur verändern.

Hydrolyse (Silikatverwitterung)

Die **Hydrolyse** stellt die wichtigste chemische Verwitterungsart dar. Durch diesen Prozess werden vor allem Silikate und Carbonate und damit mehr als 90 % aller gesteinsbildenden Minerale zersetzt. Silikatgesteine sind die häufigsten Gesteine der Erdkruste. Sie bestehen überwiegend aus harten Silikatmineralen wie Feldspat, Quarz oder Olivin. Wichtige Vertreter sind die Magmatite und deren Metamorphite (z. B. Granit, Gneis oder Diorit).

Der grundlegende Verwitterungsvorgang besteht in der Reaktion eines Minerals mit den Wassermolekülen der Lösung. In der Ausgangslage, der Autoprotolyse von Wasser (zwei Wassermoleküle reagieren miteinander), werden Ionen gebildet ($H_2O + H_2O \rightleftharpoons H_3O^+ + OH^-$), die dann wiederum mit den Mineralen reagieren: Die H_3O^+-Ionen lagern sich dabei an die Grenzfläche der Minerale an und geben ein Proton (H^+) ab. Das H^+-Kation verdrängt dabei die Kationen (z. B. K^+, Na^+, Mg^{2+}, Ca^{2+}) des Ionengitters. Das ersetzte Kation bildet mit dem OH^--Anion ein Hydroxid. Durch diesen Kationenaustausch wird die Kristallstruktur so lange aufgelockert, bis es schließlich zur kompletten Auflösung des Ionengitters kommt; das Gestein zerfällt.

Die Verwitterungsreste der Silikate können sich zu neuen Mineralen, den Tonmineralen, aufbauen. Diese sind in der Lage, Wasser und Pflanzennährstoffe besonders gut zu binden und spielen deshalb für die Fruchtbarkeit von Böden eine wesentliche Rolle.

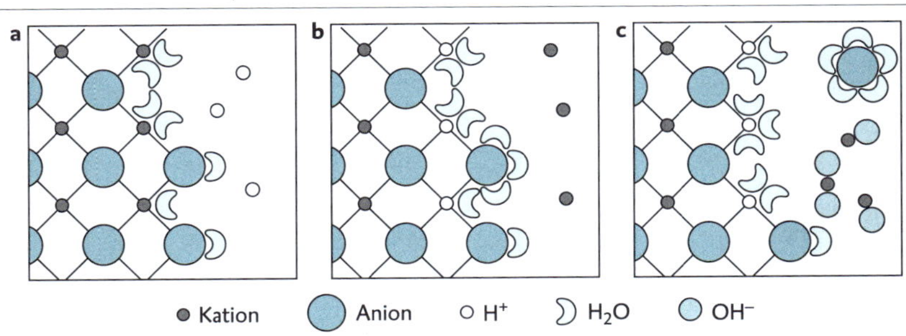

a) Randständige Kationen des Ionengitters oder Kationen, die nicht komplett in das Ionengitter eingebunden sind, kommen in Kontakt mit H^+-Ionen (werden von H_3O^+-Ionen abgegeben);
b) die H^+-Ionen ersetzen die Kationen des Ionengitters;
c) die Kationen gehen neue Bindungen ein, sie bilden z. B. mit OH^--Anionen Hydroxide. Anionen, deren Bindung durch die Prozesse instabiler wird, sind dann für die Lösungsverwitterung auch anfälliger und werden leicht vollständig hydratisiert (rechts oben).

M4: Schema zur Hydrolyse

Oxidationsverwitterung

Viele Gesteine enthalten Minerale mit Metall-Ionen. Diese reagieren am Rande des Ionengitters mit dem im Wasser gelösten bzw. in der Luft enthaltenen Sauerstoff. Dabei werden beispielsweise Fe^{2+}- und Mn^{2+}-Ionen durch die Reaktion mit Sauerstoff unter Abgabe von Elektronen zu Fe^{3+}- und Mn^{4+}-Ionen oxidiert und im Gegenzug Sauerstoffatome zu Oxid-Ionen (O^{2-}-Ionen) reduziert.

Obwohl in der Geographie verkürzt von der **Oxidationsverwitterung** gesprochen wird, findet letztlich eine Redoxreaktion statt. Durch die Elektronenabgabe verkleinert sich der Durchmesser der jeweiligen Metall-Ionen und es kommt zu einer Zunahme der positiven Ladung im Ionengitter. Beides führt zu einer Lockerung des Gitters. Um einen Ladungsausgleich herbeizuführen, können u. a. folgende Prozesse ablaufen:

- die oxidierten Metall-Ionen bilden zusammen mit Oxid-Ionen (O^{2-}) rotbraunes Eisenoxid oder schwarz bis schwarzbraunes Manganoxid und werden so aus dem Ionengitter ausgeschieden;
- die oxidierten Metall-Ionen bilden zusammen mit Hydroxid-Ionen (OH^-) und den Oxid-Ionen (O^{2-}) Hydroxide wie das Eisenhydroxid Geothit, $\alpha - Fe^{3+}O(OH)$, und werden so aus dem Ionengitter ausgeschieden;
- andere Kationen (z. B. K^+ oder Mg^{2+}) werden aus dem Ionengitter herausgelöst.

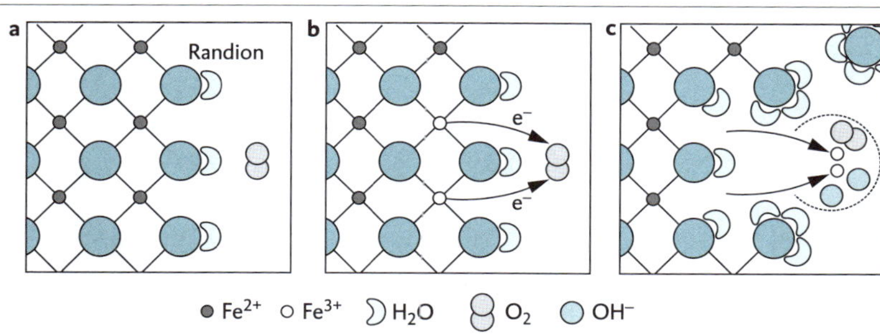

a) Fe^{2+}-Ionen des Ionengitters kommen in Kontakt mit Sauerstoffmolekülen;
b) die Fe^{2+}-Ionen reagieren mit den Sauerstoffatomen und werden dabei unter Elektronenabgabe zu Fe^{3+}-Ionen oxidiert, die Sauerstoffatome werden reduziert (O^{2-}), die positive Ladung im Ionengitter nimmt zu, es kommt zur Instabilität des Gitters;
c) die Fe^{3+}-Ionen bilden zusammen mit OH^--Ionen und den O^{2-}-Ionen Geothit ($\alpha - Fe^{3+}O(OH)$, gestrichelter Halbkreis).

M5: Schema zur Oxidationsverwitterung

Alle diese ladungsausgleichenden Mechanismen führen zu einer Instabilität der Kristallstruktur und begünstigen schließlich den weiteren Zerfall des Gesteins.

1.3 Biogene und Anthropogene Verwitterung

Nicht nur physikalische und chemische Vorgänge in der unbelebten Natur setzen Verwitterungsprozesse in Gang, sondern auch die belebte Natur in Form von Tieren, Pflanzen oder Mikroorganismen. Selbst der Mensch kann durch sein Handeln Verwitterungsvorgänge auslösen oder verstärken.

Biogene (Biologische) Verwitterung

Die biogene oder biologische Verwitterung umfasst alle Verwitterungsprozesse, die durch Tiere, Pflanzen oder Mikroorganismen initiiert werden. Man unterscheidet dabei zwei übergeordnete Verwitterungsarten – die physikalisch-biogene Verwitterung und die chemisch-biogene Verwitterung.

Die **physikalisch-biogene Verwitterung** umfasst alle Prozesse, bei denen die belebte Natur eine mechanische Lockerung oder Zerstörung von Gesteinen herbeiführt. Dies kann beispielsweise der Wurzeldruck beim Wachstum von in Gesteine oder Gesteinsverbände eingedrungenen Pflanzen bewirken. Man spricht von **Wurzelsprengung**. Auch Tiere können zur physikalisch-biogenen Verwitterung beitragen, indem beispielsweise Bodentiere in Lockergestein wühlen oder Bohrmuscheln durch Abweiden des Algenbesatzes von Küstengesteinen dieselben auflockern oder zerstören.

Chemisch-biogene Verwitterungsprozesse können z. B. durch Flechten oder Mikroorganismen erfolgen, die durch die Ausscheidung von Säuren das Gestein angreifen. Auch abgestorbene Pflanzen können Verwitterungsprozesse verstärken, weil bei ihrer Verwesung Huminsäuren frei werden. Das bei der Atmung von Bodenlebewesen ausgeschiedene Kohlenstoffdioxid begünstigt die **Hydrolyse** und **Kohlensäureverwitterung** ebenfalls erheblich.

Die biogene Verwitterung ist besonders in den Tropen wirksam.

	Verwitterungsart	Grundlegender Prozess	Auswirkungen / Produkte	Bevorzugte Regionen
PHYSIKALISCHE VERWITTERUNG	**Insolationsverwitterung**	Unterschiedliche Volumenänderungen innerhalb des Gesteins durch häufige Temperaturwechsel in Verbindung mit verschiedenen Ausdehnungskoeffizienten der Minerale bei Erwärmung	• Erweiterungen von Fugen • Desquamation (Schalenablösung) • Kernsprünge	Trockengebiete
	Frostsprengung	Volumenausdehnung durch Gefrieren von Wasser im Gestein	• Erweiterungen von Fugen • kantiger Frostschutt	Hochgebirge und subpolare Zone
	Salzsprengung	Volumenausdehnung durch Auskristallisieren von Salzkristallen (Kristallisationsdruck), Erwärmung (thermisch) oder Hydratisierung	• Erweiterungen von Fugen • Gesteinsgrus • Kernsprünge	Semiaride und aride Regionen
	Hydratation	Aufquellungsvorgänge durch Anlagerung der Wassermoleküle an Grenzflächenionen des Ionengitters	• Aufquellung (z. B. Anhydrit → Gips) • Lockerung des Ionengitters	Humide Regionen
CHEMISCHE VERWITTERUNG	**Lösungsverwitterung**	Lösen von Ionen des Ionengitters durch Wasser (vollständige Hydratisierung) bzw. Reaktion von kohlensäurehaltigem Wasser mit Kalkstein (Umwandlung von Calciumcarbonat in wasserlösliches Calciumhydrogencarbonat)	• Lösung	Immerfeuchte Tropen Monsunklimate zur Regenzeit
	Hydrolyse	Kationenaustausch (H^+-Ionen gegen Kationen des Ionengitters)	• Tonmineralbildung • Aufquellung • Lösung	
	Oxidationsverwitterung	Oxidation von Metall-Ionen des Ionengitters (z.B. Fe^{2+} und Mn^{2+}) durch die Reaktion mit Sauerstoff (Reduktion der Sauerstoffatome)	• Bildung von Metalloxiden (z. B. Eisenoxid) oder Metallhydroxiden (z. B. Geothit) • Quellung oder Schrumpfung • Lösung	

	Verwitterungsart	Grundlegender Prozess	Auswirkungen / Produkte	Bevorzugte Regionen
BIOGENE UND ANTHROPOGENE VERWITTERUNG	**Physikalisch-biogene Verwitterung**	Mechanische Lockerung oder Zerstörung von Gesteinen durch die belebte Natur (z. B. Wurzelsprengung)	• Erweiterung von Fugen • Lockerung / Zerstörung der Gesteine	Immerfeuchte Tropen
	Chemisch-biogene Verwitterung	Einleitung chemischer Prozesse durch Mikroorganismen, Pflanzen oder Tiere (z. B. durch Säure- oder CO_2-Freisetzung)	• Verstärkung chemischer Verwitterungsprozesse • Lösung / Abplatzen • Gesteinsgrus	
	Anthropogene Verwitterung	Durch Emissionen des Menschen entstehen Rauchgase und in der Folge „saurer Regen“, der letztlich eine Salzsprengung im Gestein bewirkt	• Abplatzen • Gesteinsgrus	Dicht besiedelte Regionen und Industriereviere

M6: Zusammenfassende, vereinfachte Darstellung der Verwitterungsformen

Anthropogene Verwitterung

Wie der Name bereits sagt, spielen bei der anthropogenen Verwitterung der Mensch und sein Handeln die wesentliche Rolle. Die Rauchgasverwitterung ist eine durch Emissionen des Menschen hervorgerufene oder beschleunigte Form der Verwitterung. Durch die Verbrennung von fossilen Energieträgern (z. B. Kohle oder Erdöl) entstehen Rauchgase wie Schwefeldioxid (SO_2) und Stickoxide (NO_x). Diese reagieren wiederum mit dem Wasser der Atmosphäre und bilden saure Lösungen (Schwefel- und Salpetersäuren). Diese sauren Lösungen dringen mit dem Regen, der dann als „saurer Regen“ bezeichnet wird, in die Gesteine (auch von Bauwerken) ein und bilden dort Salze. Letztlich kommt es zur **Salzsprengung**, die das Abplatzen und den Zerfall der Gesteine zur Folge hat.

2 Karstlandschaften in Europa

Der Begriff **Karst** geht auf die slowenische Landschaft Kras (serbokroatisch: Krâs = dünner Boden, Kràsa = steiniger Boden), nordöstlich von Triest, zurück. Vegetationsarme, weiße Kalksteinböden sowie die landschaftsbestimmenden, mediterranen Karstformen sind dort typisch (s. u.). Der Begriff Karst wurde weltweit auf alle Kalklandschaften übertragen, deren Formenbild auf gleichen oder ähnlichen Prozessen der „Verkarstung“ beruhen.

Karstgebiete weisen zwei wesentliche Merkmale auf: Zum einen werden ihre Gesteine durch kohlensäurehaltiges Wasser gelöst (**Korrosion**, lat.: corrodere = zernagen, zerfressen) oder Bestandteile aus wässrigen Lösungen wieder ausgefällt **(Sinterbildungen)**, was ganz bestimmte Formen entstehen lässt (Karstformenschatz). Zum anderen führen die Lösungsprozesse in Verbindung mit der Klüftigkeit des Gesteins zu einer überwiegend unterirdischen Entwässerung.

Karstlandschaften sind als ganz besondere Regionen in das Mensch-Umwelt-System einzuordnen. Aufgrund ihres Mangels an Oberflächengewässern, der kargen Böden und unwegsamen Geländeverhältnisse stellen sie einen Grenzbereich der Ökumene (Lebens- und Siedlungsraum des Menschen) und sensible **Ökosysteme** dar. Gleichzeitig werden sie vom Menschen aber teilweise auch stark genutzt. Neben der landwirtschaftlichen Nutzung – Weidewirtschaft oder Ackerbau auf Kalkböden mit Sedimentauflage – spielt vor allem das touristische Potenzial dieser imposanten Landschaften eine wesentliche Rolle. Deshalb hat in jüngerer Vergangenheit vor allem die **nachhaltige Nutzung** der Karstlandschaften stark an Bedeutung gewonnen.

2.1 Prozesse

Obwohl auch Dolomit, Gips und Salzgesteine verkarstungsfähig sind, ist ein Großteil der Karsterscheinungen im Kalk ausgeprägt. Dies ist auf die leichte Löslichkeit und die weite Verbreitung der Kalkgesteine zurückzuführen. Deshalb konzentriert sich die weitere Darstellung der Formen und Prozesse auf das Phänomen der Kalklösung und der damit verbundenen Landschaftsgenese.

$CaCO_3$	+	$H_2O + CO_2$	$\rightleftharpoons$	$Ca(HCO_3)_2$	$\rightleftharpoons$	$Ca^{2+}(aq)$ +	$2HCO_3^-(aq)$
Calcium-carbonat		Kohlensäure (H_2CO_3)		Calciumhydrogen-carbonat		Calcium	Hydrogen-carbonat
						wässrige Lösung von Calciumhydrogencarbonat	

Der Grundprozess der Verkarstung beruht darauf, dass das im Kalk enthaltene Calciumcarbonat durch die Reaktion mit kohlensäurehaltigem Wasser in wasserlösliches Calciumhydrogencarbonat umgewandelt wird. Diese Reaktion wird als Carbonatisierung bezeichnet. Das Calciumhydrogencarbonat kann schließlich in wässriger Lösung abgeführt werden.

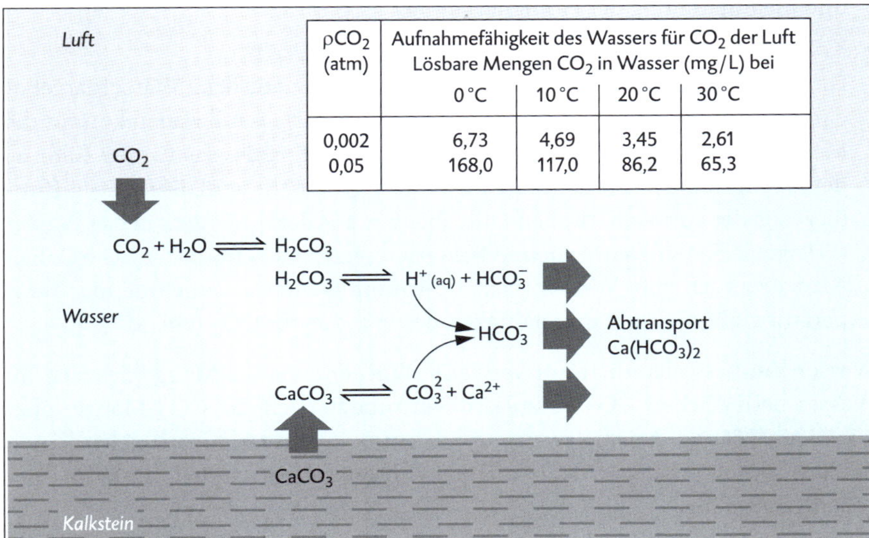

ρCO_2 (atm)	Aufnahmefähigkeit des Wassers für CO_2 der Luft Lösbare Mengen CO_2 in Wasser (mg/L) bei			
	0 °C	10 °C	20 °C	30 °C
0,002	6,73	4,69	3,45	2,61
0,05	168,0	117,0	86,2	65,3

Legende: ρCO_2 = CO_2-Gehalt der Luft

Anmerkung: Bei steigendem CO_2-Gehalt in der Luft, geht mehr CO_2 ins Wasser über, mit steigender Temperatur kann weniger CO_2 im Wasser gelöst werden.

M 7: Vollständige chemische Umwandlung von Calciumcarbonat $CaCO_3$ in wasserlösliches Calciumhydrogencarbonat $Ca(HCO_3)_2$. Das Calciumhydrogencarbonat wird dann in wässriger Lösung in seine Ionenbestandteile zerlegt (Ca^{2+} + $2HCO_3^-$).

Für die Kalklösung müssen im Wesentlichen folgende Grundvoraussetzungen gegeben sein:

- Verkarstungsfähiges Gestein:
  Prinzipiell ist jedes Gestein mehr oder weniger stark durch Wasser löslich. Aber nur die besonders leicht löslichen Gesteine, wie der Kalkstein, sind verkarstungsfähig.
  Die Löslichkeit wird dabei v. a. von der mineralischen Reinheit (Calciumcarbonat-Anteile von über 95 %) und der Klüftigkeit des Gesteins bestimmt.

- Inhomogenitäten im Gestein:
  Kompakter Kalkstein, den es kaum gibt, wäre wasserundurchlässig und damit kaum löslich. Schichtfugen und Klüfte im Gestein bilden hingegen Leitlinien für die Lösung.
  Die Klüfte im Gestein sind Bedingung für die unterirdische Entwässerung und die Entstehung der Höhlensysteme.
- Kohlensäurehaltiges Wasser als Lösungsmittel:
  Grundvoraussetzung für die Kalklösung stellt das natürliche Wasserdargebot dar, welches über die Niederschlagsmenge gesteuert wird. Hinzu kommt die Menge des im Wasser enthaltenen Kohlenstoffdioxids, das für die Bildung der lösungsfähigen Kohlensäure im Wasser gebraucht wird. Das CO_2 diffundiert aus der atmosphärischen Luft, aber v. a. aus der Bodenluft in das Wasser (Pflanzen, Bodenlebewesen und Bakterien setzen CO_2 frei). Der CO_2-Gehalt wird aber auch vom Wasser selbst bestimmt. Denn mit zunehmender Temperatur sinkt die Aufnahmefähigkeit des Wassers für CO_2 (vgl. M7).

Wasser kann also letztlich nur so viel Kalk lösen, wie die Menge des sich im Wasser befindlichen CO_2 es zulässt. Vermindert sich die CO_2-Menge einer wässrigen Lösung, beispielsweise durch einen Temperaturanstieg, wird auch überschüssiger Kalk, der dann nicht mehr gebunden werden kann, aus der Lösung ausgefällt.

Andererseits kann bei der Vermischung von zwei gesättigten Karstwässern, die aber unterschiedliche Kalkgehalte aufweisen, eine neue ungesättigte Lösung entstehen, die wiederum am Ort der Vermischung zusätzlich Kalk lösen kann. Dies ist möglich, weil zwischen dem CO_2-Gehalt des Wassers und der lösbaren Kalkmenge kein lineares Verhältnis besteht. Man spricht von **Mischungskorrosion** (vgl. Aufgabe 4, M16).

2.2 Typischer Karstformenschatz

Prinzipiell gibt es eine Vielzahl von Begriffen, um die unterschiedlichsten Karstphänomene und -formen zu kategorisieren. So spricht man vom:

- oberirdischen und unterirdischen Karst,
- nackten (Kalkgestein steht direkt an der Erdoberfläche an) und bedeckten Karst (Kalkgestein ist von einer Boden- und/oder Vegetationsschicht bedeckt),
- Klein- und Großformenkarst,
- Hohl- und Vollformenkarst.

Hohlformen entstehen durch Lösungsprozesse der Form an sich. Der Vollformenkarst hingegen durch Lösung des umgebenden Gesteins, wobei dann die Vollformen als Überreste des gelösten Materials bestehen bleiben.

Der außertropische Karst hat sich seit dem Tertiär mit der Heraushebung der großen Kalksteinkörper im Zuge der Alpenentstehung ausgebildet und ist durch Hohlformen gekennzeichnet.

Karren

Sie gehören zu den Kleinformen des Karstes und treten insbesondere auf nacktem **Karst** auf, können sich aber auch unter einer Boden- oder Vegetationsdecke ausbilden. Es handelt sich um rillen-, rinnen-, wannen- oder napfartige Vertiefungen im Zentimeter- bis Meterbereich. Sie treten meist großflächig in Karrenfeldern auf (vgl. M8). Wichtig im Entstehungsprozess ist ein flächenhafter Abfluss von Niederschlags- oder Schmelzwasser auf dem Kalk, der die Vertiefungen in das Gestein löst. Die Dynamik der Karrenentstehung und die Ausbildung der verschiedenen Karrenformen ist damit vor allem von der Neigung des Gesteins sowie der Art und Intensität der Niederschläge abhängig.

Karren sind zwar für den außertropischen Karst typisch, kommen aber in allen Karstgebieten der Erde vor.

Dolinen

Dolinen gehören zu den am weitest verbreiteten Karstphänomenen und stellen deshalb die Leitform des außertropischen Karstes dar. Morphologisch sind sie als trichter-, schüssel-, kessel- oder schachtartige Hohlformen ohne oberirdischen Abfluss in der Karstlandschaft zu erkennen. Ihr Oberflächendurchmesser und ihre Tiefenerstreckung variiert zwischen einem Meter und über 100 Metern.

Folgende Dolinentypen können unterschieden werden (vgl. M8):

- Die **Lösungsdoline** entsteht durch konzentrierte Lösung des Gesteins von der Erdoberfläche in die Tiefe, bevorzugt an schon vorhandenen Abzugsstellen (Klüfte und Schichtfugen, wo das Wasser rasch in den Untergrund abfließt).
- **Einsturzdolinen** entstehen durch Einsturz eines Höhlendaches infolge von Instabilität durch fortschreitende Korrosion oder Nachbrüche.
- **Erdfälle** entwickeln sich, wenn knapp unter nicht löslichem Gestein verkarstungsfähiges Gestein gelöst wird. In der Folge bricht dann das Deckgestein ein.

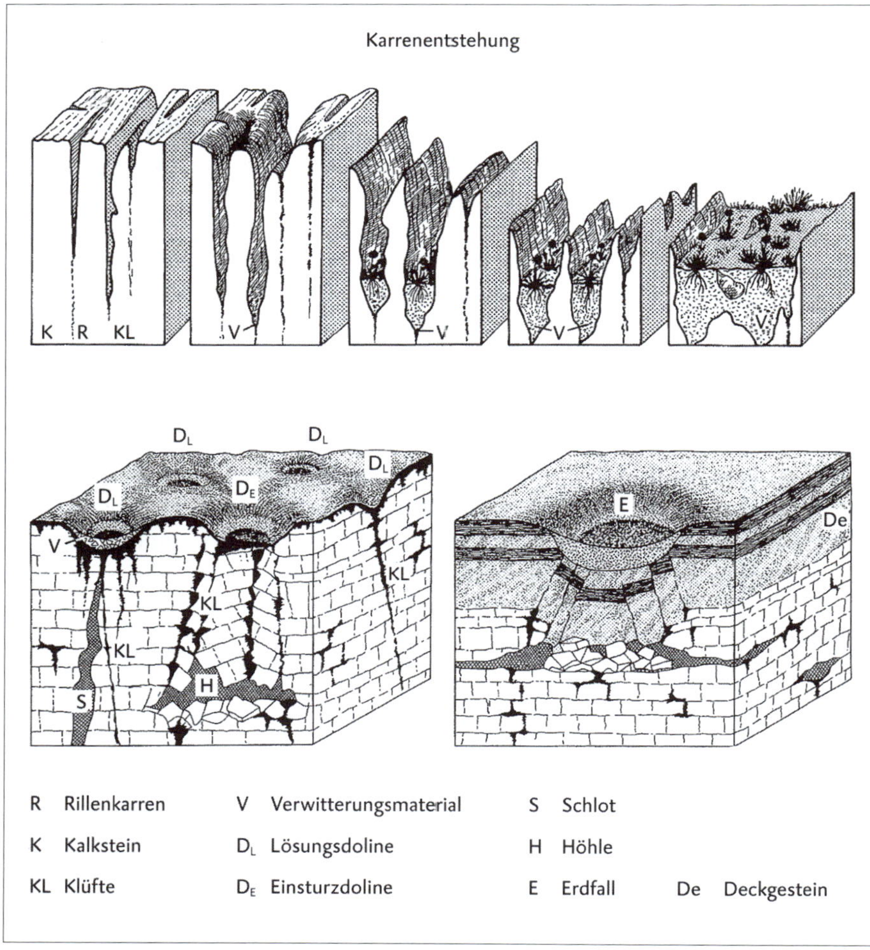

M8: Typische Karstformen

Trockentäler

Talformen ohne fließendes Wasser sind ganz besondere Karstphänomene, die nicht direkt auf die Kalklösungsprozesse zurückzuführen sind. Ihre Entstehung ist in der geologischen Vergangenheit zu suchen. Während der letzten Eiszeiten war der Boden durch den Permafrost gefroren und der Kalkstein regelrecht plombiert, sodass das Wasser oberflächlich abfließen und den Kalkstein erodieren konnte; die Talform konnte sich ausbilden. Mit dem Ende der Kaltzeit taute der Permafrost ab, es stellte sich wieder die in Karstgebieten typische unterirdische Entwässerung ein und die Täler fielen trocken.

Poljen

Poljen sind ein bis mehrere Kilometer breite und vorwiegend lang gestreckte Becken innerhalb der Karstgebirge, die an ihren Enden durch Steilwände begrenzt sind. Sie weisen eine ganz bestimmte Hydrographie (= Wasserhaushalt) auf (vgl. M9). An einem der Beckenränder treten **Karstquellen** aus, sodass Bäche den mit Sedimenten bedeckten Poljenboden in Längsrichtung durchfließen können und am anderen Ende des Beckens durch ein **Ponor (= Schluckloch)** wieder in den Untergrund verschwinden. In Perioden mit starken Niederschlägen kann sich am Poljenboden so viel Wasser sammeln, dass dieses durch die Ponore nicht rasch genug abgeführt werden kann und es zu Überflutungen kommt. In manchen Poljen sind sogar kleine Seen zu finden, deren Größe starken jährlichen Schwankungen unterliegt.

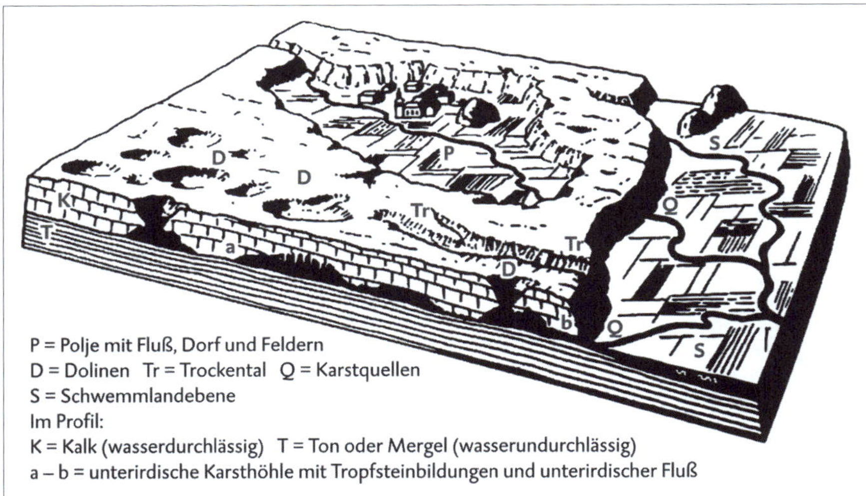

M9: Blockbild einer Polje

Da die Poljenböden weitgehend eben sind, eine Sediment- bzw. Bodenauflage aufweisen und über einen im **Karst** ansonsten fehlenden oberirdischen Abfluss verfügen, sind sie als agrarwirtschaftlich begünstigte Regionen anzusehen. Dies spiegelt sich auch im Namen (kroatisch: Polje = Feld) und der intensiven landwirtschaftlichen Nutzung wider. Die Entstehung der **Poljen** ist sehr komplex und wissenschaftlich noch nicht vollständig geklärt. Alle Theorien sind sich einig, dass die flächenhafte Kalklösung, die zur Beckenentstehung führt, ein Abdichten des Poljenbodens voraussetzt. Für diesen Prozess werden in der Wissenschaft allerdings unterschiedliche Gründe diskutiert: die tektonische

Anlage der Becken, das Anschwemmen von Sedimenten durch andere Flüsse oder Sedimentrückstände bei der Kalklösung.

Höhle

Die unterirdischen **Höhlen** gehören aufgrund ihrer bizarren Formen und ihres geheimnisvollen Charakters zu den spektakulärsten Karstformen (vgl. M10). Sie bilden oft ein verzweigtes Höhlensystem in unterschiedlichen Karststockwerken aus und verfügen über ein komplexes Entwässerungssystem. Die Höhlenentstehung ist an Inhomogenitäten im Kalkstein gebunden (Schichtfugen, Klüfte, Verwerfungslinien). Die Klüfte und Spalten im Gestein werden durch die **Korrosion** stetig erweitert. Wenn das Wasser schneller fließen kann, kommt seine erosive Wirkung hinzu.

Für die Höhlengenese ist aber vor allem die **Mischungskorrosion** (s. o.) von entscheidender Bedeutung. Würden sich die gesättigten Karstwässer im Untergrund nicht vermischen und eine neue ungesättigte Lösung bilden, wäre das Höhlenwachstum nicht möglich.

Charakteristische Höhlenformen sind vor allem die **Tropfsteine** (Stalagmiten, Stalaktiten). Sie entstehen, indem Calciumcarbonat aus wässrigen Lösungen ausgefällt wird. Ihre Wachstumsgeschwindigkeit beträgt, je nach den Umgebungsbedingungen, zwischen 0,004 bis 10 cm pro Jahr. Wachsen ein Stalaktit und ein Stalagmit zusammen, entstehen Tropfsteinsäulen (Stalagnate).

M10: Höhle mit Tropfsteinen in Les Grandes Canalettes, Frankreich

Uvalas

Als Uvalas werden Karstwannen und Karstmulden bezeichnet, die mit Durchmessern von 100 Metern bis einigen Kilometern größer sind als **Dolinen**. In der Regel sind ihre Böden durch ein unruhiges und unebenes Relief gekennzeichnet. Ältere Forschungen gehen davon aus, dass ihre Entstehung auf zusammengewachsene Dolinen, die sich zu einer großen Hohlform vereinigt haben, zurückzuführen ist. Neuere Forschungen legen nahe, dass **Uvalas** durch rasche linien- und flächenhafte Kalklösung entlang von tektonisch vorgegebenen Verwerfungen entstehen.

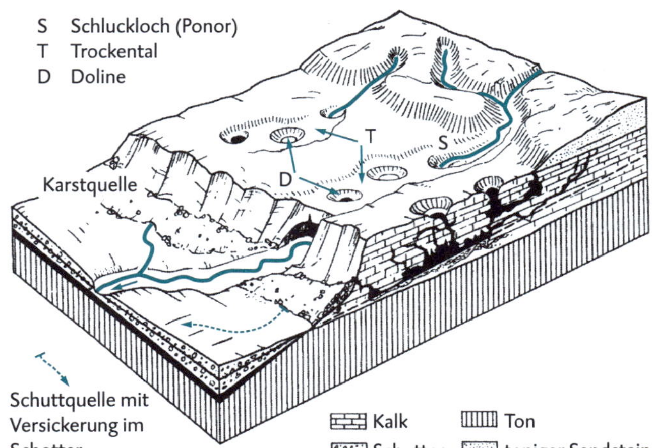

M11: Karstlandschaft

Sinterbildungen

Überall dort, wo Kalk in Wasser gelöst vorkommt, kann auch aus gesättigten Kalklösungen Kalk wieder ausgefällt werden. Es kommt zur **Sinterbildung**. Kalkausfällungen finden zum Beispiel in **Höhlen** statt (vgl. M10). Wegen der Temperaturerhöhung und des damit verbundenen CO_2-Verlustes der wässrigen Lösung beim Abtropfen von Kalkwasser von der Höhlendecke oder Zerstäuben der Kalkwassertropfen beim Erreichen des Höhlenbodens entstehen Tropfsteine (Stalaktiten bzw. Stalagmiten). Eine Verringerung der CO_2-Menge im Karstwasser ergibt sich auch bei Quellaustritten. Ursache hierfür sind Temperaturerhöhung, Druckabnahme, Verdunstung oder Verringerung des Säuregehaltes des Wassers. Es können sich Sinterterrassen (vgl. M12) ausbilden. Kalksinter, also verfestigte Formen von Kalkablagerungen, können sich aber auch an Turbulenzen bilden, wo der CO_2-Gehalt des Wassers durch Entgasung sinkt.

M12: Sinterterrassen

Tropischer Karst

Die oben beschriebenen Karstformen sind vor allem für die Mittelbreiten typisch. Schaut man sich die Karstformen tropischer Gebiete an, so sind deutliche Unterschiede zu erkennen.

Kuppen-, Kegel- und Turmkarst bestimmen hier das Landschaftsbild. Dieser Formenschatz wird in Abgrenzung zum außertropischen Hohlformenkarst als tropischer Vollformenkarst bezeichnet. Die unterschiedlichen Ausprägungen der Karstformen in den Tropen und den außertropischen Regionen waren lange Zeit eine der großen Fragen der Karstforschung. Heute geht man davon aus, dass sich in den Tropen aufgrund der temperaturbedingten Beschleunigung der **chemischen Verwitterungsprozesse**, der Niederschlagsverhältnisse, des hohen CO_2-Anteils der tropischen Böden (durch große mikrobiologische Aktivität) und damit der Karstwässer sowie eine nicht durch Kaltzeiten unterbrochene **Korrosion** eine intensivere und schnellere Lösungsdynamik vollzogen hat, die diese Vollformen entstehen ließ. Die Entwicklungslinie erfolgt in den Tropen von den kuppigen Cockpits (dolinenähnliche Formen) über den Kegelkarst bis hin zum Turmkarst (vgl. M13).

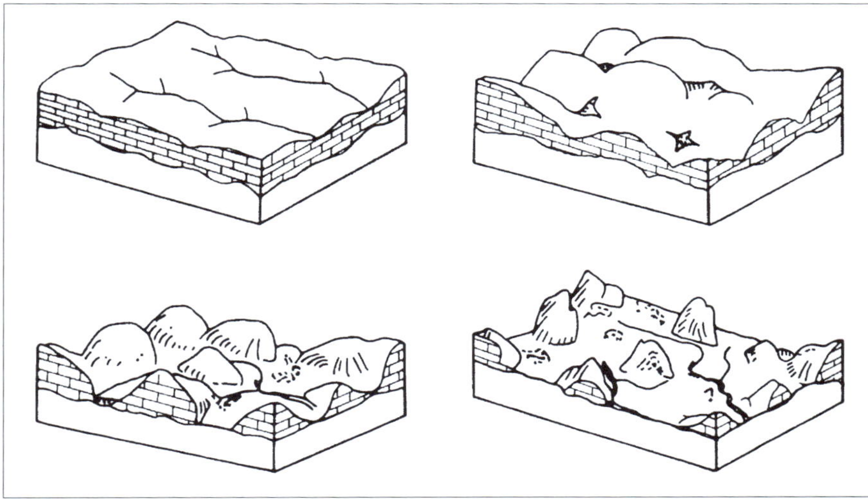

M13: Die Entwicklung einer tropischen Karstlandschaft

2.3 Karsthydrographie

Im unterirdischen Karstwassersystem werden zwei Zonen unterschieden: Direkt unterhalb der Karstoberfläche befindet sich die vadose Zone. In ihr bewegt sich das Wasser durch die Klüfte und Hohlräume der Schwerkraft folgend abwärts. In der Tiefe folgt die phreatische Zone. Sie liegt unterhalb des **Karstwasserspiegels**, sodass alle Hohlräume mit Wasser gefüllt sind. Die Wasseroberfläche der phreatischen Zone lässt sich aber nicht ohne Weiteres mit dem Grundwasserspiegel nicht verkarsteter Regionen vergleichen. Während der Grundwasserspiegel annähernd eine gleichmäßige Wasseroberfläche bildet, ist die Karstwasserfläche eher eine aus verschiedenen Einzelniveaus konstruierte Linie. Die unterschiedlichen Karstwasserniveaus ergeben sich durch die verschiedenen Absinkraten innerhalb der Hohlräume.

Die vadose Zone kann sich allerdings nur bei einer gewissen Mächtigkeit der Karstschichten ausbilden, sodass eine ausreichend große Entfernung zum nicht verkarstungsfähigen Untergrund besteht. Sind die Karstgesteine hingegen geringmächtig, ist die wasserundurchlässige Bodenschicht schnell erreicht und die vadose Zone fehlt – alle Hohlräume sind mit Wasser gefüllt.

Überall dort, wo Karstwasser an die Erdoberfläche tritt, spricht man von **Karstquellen**. Dies ist zum Beispiel am Ende von Höhlensystemen oder Schichtgrenzen der Fall. Karstquellen haben eine niederschlagsabhängige, meist stark variierende Quellschüttung. Manche Quellen können sogar in niederschlagsarmen Perioden komplett trockenfallen. Die Trinkwasserqualität des Quellwassers muss aufgrund der geringen Filtrierung und der hohen Härte als nicht besonders gut bewertet werden. Quelltöpfe (z. B. Blautopf in Blaubeuren) sind besondere Karstquellen. Bei diesen tritt unter Druck stehendes Karstwasser aus dem Untergrund an der Erdoberfläche aus. Die Wasseraustrittsstellen besitzen eine kessel- oder trichterartige Form.

2.4 Mensch-Umwelt-Interaktionen in Karstgebieten

Karstgebiete sind äußerst sensible **Ökosysteme** aufgrund verschiedener Eigenschaften wie:

- geringe Filterwirkung durch schnellen Durchfluss des Niederschlagswassers,
- eine speziell an die Bedingungen im Karst angepasste Flora und Fauna,
- eine besondere Anfälligkeit der Karstformen für menschliche Eingriffe.

Die **nachhaltige Nutzung** und Bewahrung der einzigartigen Karstlandschaften liegt deshalb im menschlichen Interesse, da diese wichtige Funktionen, z. B. als Trinkwasserreservoire oder Siedlungs- und Wirtschaftsräume, übernehmen.

Grundlegende Probleme in Karstgebieten

In ihrem einzigartigen landschaftlichen Charakter liegt der hohe Freizeit- und Erholungswert der Karstgebiete für Touristen begründet. Auf der einen Seite stellt die touristische Nutzung eine wichtige Einnahmequelle dar, auf der anderen Seite entstehen dadurch auch **Flächennutzungskonflikte**, z. B. mit der Industrie, der Landwirtschaft, dem Naturschutz oder der Siedlungstätigkeit. Außerdem führen die touristischen Aktivitäten zu schwerwiegenden **ökologischen Folgen**: Vielfach findet eine Schädigung der Landschaft und eine ästhetische Zerstörung des Landschaftsbildes (z. B. durch den Bau touristischer Infrastruktur) statt. Direkte Schädigungen des Karstes und seiner Umgebung durch Touristen äußern sich in Fahrspuren, Trittschäden, Kletterbeschlägen in Felswänden, zerstörten Grasnarben, unerlaubten Souvenirentnahmen (z. B. Abbrechen von Tropfsteinen), Störungen der Fauna (z. B. durch Störungen von brütenden Vögeln, minimale Veränderung des Mikroklimas in Höhlen) oder Verunreinigungen durch Müll oder Abwässer.

Gerade die Müll- und Abwasserproblematik birgt für die Karstgebiete ein besonderes Gefährdungspotenzial. Aufgrund der schnellen unterirdischen Entwässerung und des Fehlens ausreichend mächtiger Bodendeckschichten (sofern der Karst überhaupt bedeckt ist, sind die Böden sehr geringmächtig) bewegt sich das Wasser nämlich weitgehend ohne Filterungs- und Schadstoffabbauprozesse im karsthydrographischen System. Verunreinigungen sind deshalb problematisch, weil Karstwasser auch als Trinkwasser genutzt wird. Karstgebiete sind aufgrund des fehlenden oberflächlichen Abflusses auf die Nutzung des Karstwassers zur Trinkwasserversorgung besonders angewiesen. Schadstoffeinträge und damit eine Verminderung der Karstwasserqualität ergeben sich auch über die Industrie, die zum Teil intensiv betriebene Landwirtschaft (über Dünger, Herbizide und Pestizide) oder eine ungünstige Abfallentsorgung (Verwendung von Hohlformen wie **Dolinen** als Müllkippen in der Vergangenheit).

Der Mensch darf aber nicht nur als Gefahr und Zerstörer einer einzigartigen **Naturlandschaft** angesehen werden (vgl. M14), sondern auch als Erschaffer einer erhaltenswerten **Kulturlandschaft**, die in manchen Gegenden eine größere Artenvielfalt aufweist als die ursprüngliche Naturlandschaft. So wirkte sich die auf den mageren Kalkböden vielfach betriebene extensive Landwirtschaft (v. a. Weidewirtschaft) positiv auf die Artenvielfalt aus. Das sporadische Mähen der Wiesen bzw. deren Beweidung sorgte dafür, dass sich Pflanzenarten verbreiten konnten, die ansonsten durch ein zu üppiges Graswachstum verdrängt worden wären.

Des Weiteren kann der Mensch aber nicht nur durch seine vielfachen Aktivitäten für die Karstgebiete zur Gefahr werden, sondern andersherum können auch die Karstgebiete eine Gefahr für den Menschen darstellen. So kann die Tendenz zur Hohlraumbildung im **Karst** zu einem unsicheren Baugrund führen. Nicht selten wurden durch Einsturzdolinen Straßen oder Häuser zerstört.

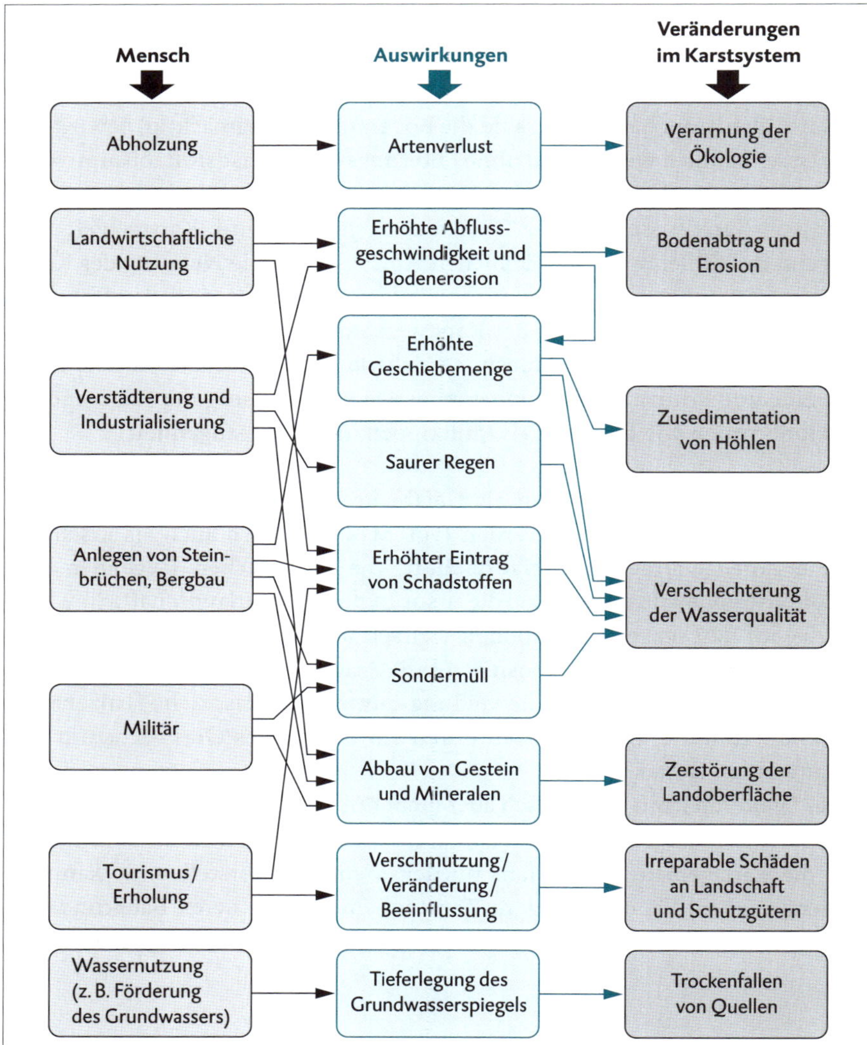

M14: Umweltprobleme in Karstgebieten durch Mensch-Umwelt-Interaktionen

Lösungsansätze

Um die Gefährdung kleinerer Karstgebiete zu verringern und eine **nachhaltige Nutzung** zu garantieren, können Maßnahmen in Teilräumen wie das Einrichten von Pufferzonen (u. a. angepasster Tourismus, nachhaltige Bewirtschaftung), die Ausweisung von Wasserschutzgebieten, die Installation von Rangern oder Aufklärungsaktionen für Touristen ausreichen.

Um größere Karstgebiete wie z. B. die Schwäbische Alb nachhaltig zu schützen, reicht eine Unterschutzstellung von Teilräumen nicht aus, da die Umweltprobleme in Großregionen aus vielfältigen Nutzungsansprüchen von Industrie, Siedlungstätigkeit, Land- und Forstwirtschaft, Wasserwirtschaft und Tourismus resultieren. Hier bedarf es eines übergreifenden Ökosystemmanagements. Dieses stützt sich auf wissenschaftlich fundierte Daten, die in einer Geodatenbank über den jeweiligen zu schützenden Raum erfasst werden. Auf der Grundlage dieser Daten können dann digitale Boden- oder Gefährdungskarten erstellt oder weitere umfassende Maßnahmen ergriffen werden, die zu einer **nachhaltigen Nutzung** dieser Räume beitragen (vgl. M15).

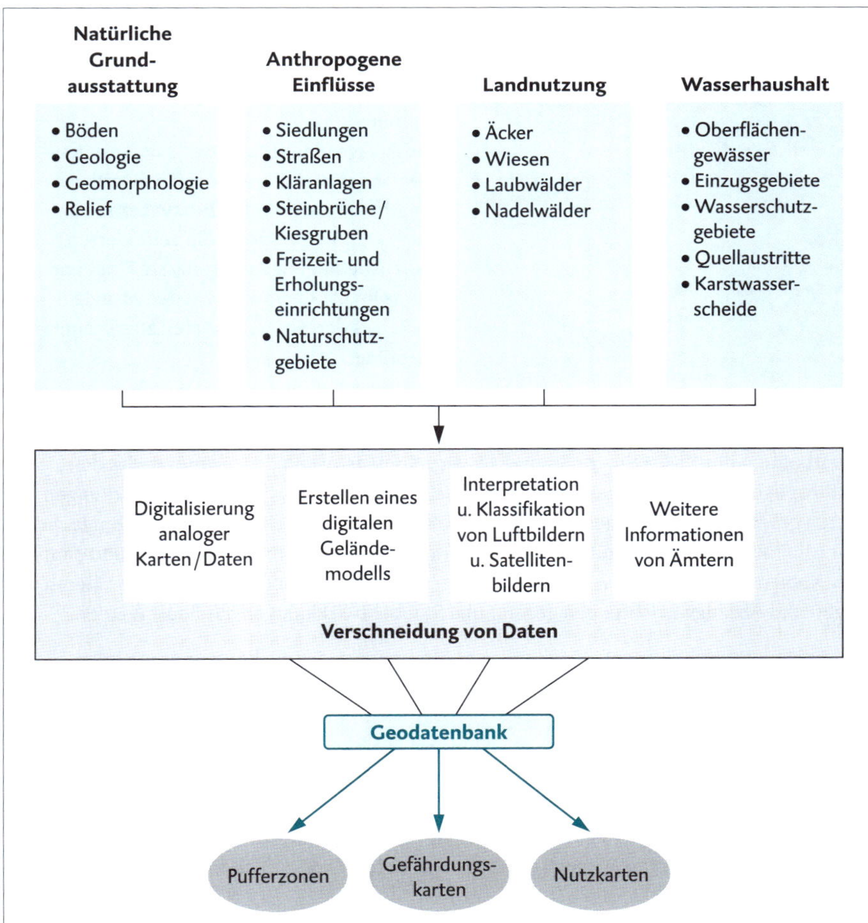

M15: Erstellung einer Geodatenbank

Kalk – ein wichtiger Rohstoff

Kalk ist ein vielseitiger Rohstoff, der in den unterschiedlichsten Bereichen des alltäglichen Lebens Verwendung findet: Seit jeher spielt der Kalkstein als Baustein oder als Bestandteil von Bauprodukten (z. B. Mörtel, Zement, Asphaltbeimischung im Straßenbau) eine große Rolle. Außerdem wird er beispielsweise in der Landwirtschaft (Kalkdüngung), der Eisen- und Stahlindustrie (Bindung der im Eisenerz bzw. im Roheisen enthaltenen Fremdstoffe in Form der Schlacke), der Papierindustrie (Bleichprozess des Papiers) oder der Kosmetikindustrie (z. B. Kalksteinpulver in Zahnpasta), aber auch in der Abwasserreinigung (Unterstützung der biologischen Reinigung durch Kalkhydrat) eingesetzt.

In der Regel wird der Kalkstein im Tagebau gewonnen. Dabei wird er meist aus der Wand gesprengt. Danach wird er im Brecher zerkleinert und schließlich im Kalkwerk weiterverarbeitet bzw. veredelt (Kalk – Branntkalk – Kalkhydrat).

Mit dem Abbau des Kalks und der Weiterverarbeitung sind allerdings Probleme verbunden:

Die Anlage eines Steinbruchs und der Kalksteinabbau stellen bereits einen starken Eingriff in bestehende **Ökosysteme** dar. Auch wenn sich eine an die veränderten Lebensbedingungen angepasste Flora und Fauna im Laufe der Zeit wieder ansiedeln kann, werden ansässige Arten zuerst einmal verdrängt.

Der Abbau von Kalksteinen verursacht weiterhin Beeinträchtigungen in Form von Lärm, Staub und Erschütterungen sowie Verunreinigungen des Grundwassers. Bei der Weiterverarbeitung des Kalksteins zu Branntkalk wird Kohlenstoffdioxid freigesetzt, das den anthropogenen Klimawandel verstärkt. Teilweise können diese negativen Auswirkungen durch gesetzliche Regelungen oder Gegenmaßnahmen (u. a. zeitverzögerte Sprengtechnik zur Minimierung von Erschütterungen, Verringerung des Brennmitteleinsatzes und damit der Kohlenstoffdioxidentwicklung bei der Herstellung von Branntkalk, moderne Filteranlagen und Absaugvorrichtungen gegen hohe Staubentwicklung) abgemildert werden.

Als Folgenutzung stillgelegter Steinbrüche kommt entweder die Renaturierung oder Rekultivierung infrage:

Von **Renaturierung** spricht man, wenn der Natur Vorrang gegeben wird. Die einheimische Flora und Fauna soll sich dann den Standort mit geringer menschlicher Unterstützung (z. B. Geländeherrichtung) zurückerobern. Die Renaturierung ist meist mit der Ausweisung von Naturschutzgebieten verbunden, um den Einfluss des Menschen stark zu minimieren. Im Gegensatz hierzu sieht die **Rekultivierung** eine wirtschaftliche Wiedernutzbarmachung der von der Nutzung beeinträchtigten Landschaft vor, z. B. für den Tourismus oder die Land- und Forstwirtschaft.

gabe 1 Erstellen Sie **ein** Fließschema, das die Prozesse der Frost- und Salzsprengung in zeitlicher Abfolge erkennen lässt.

gabe 2 Erklären Sie anhand von M3 den Prozess der Lösungsverwitterung.

gabe 3 a Erläutern Sie die Grundvoraussetzungen und Prozesse, die zur Entstehung der Karstlandschaft in M11 führen.

b Stellen Sie mögliche Flächennutzungskonflikte in diesem Raum dar.

gabe 4 Erläutern Sie das Diagramm zur Mischungskorrosion und stellen Sie den Zusammenhang mit der Höhlenentstehung dar.

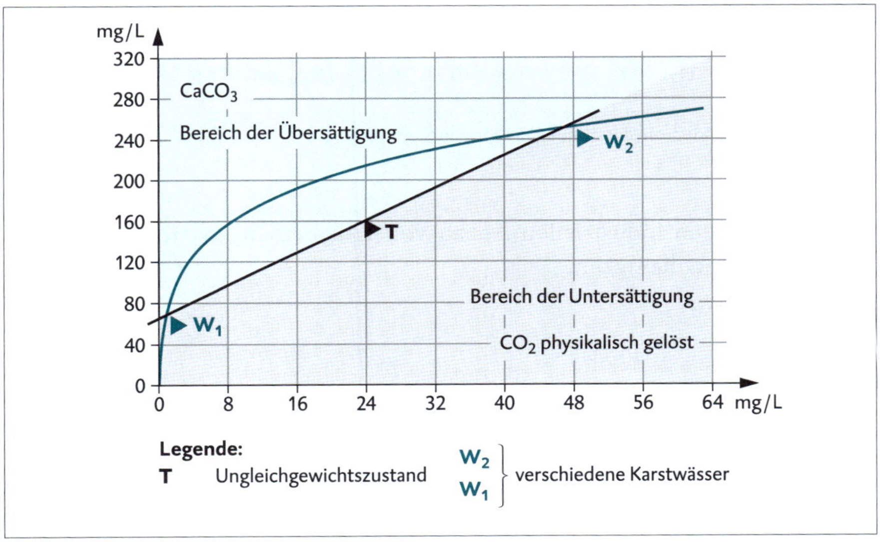

M16: Mischungskorrosion

Aufgabe 5 Vervollständigen Sie die Beschriftung des digitalen Geländeprofils A – B.

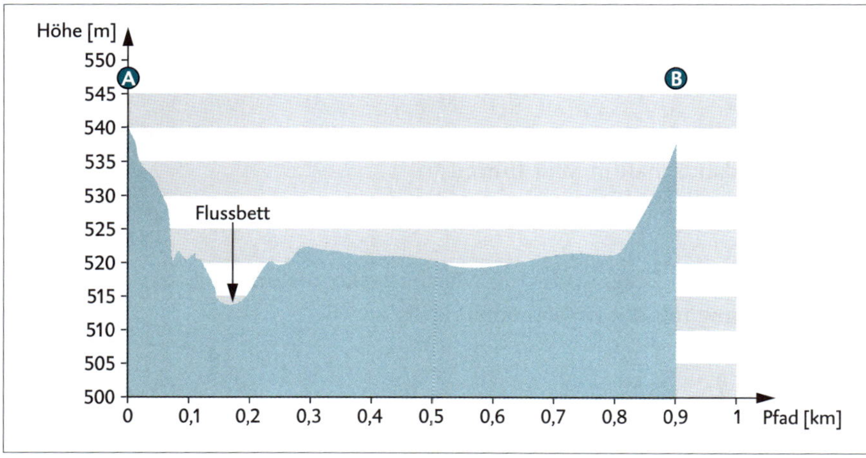

M17: Digitales Geländeprofil durch eine Karstform in Slowenien

Aufgabe 6 Bewerten Sie den industriellen Abbau von Kalksteinen im Hinblick auf das Konzept der Nachhaltigkeit.

Atmosphäre

1 Grundlagen

Die in der Atmosphäre ablaufenden Prozesse werden beeinflusst von den **Wetterelementen**, den messbaren Einzelerscheinungen in der Atmosphäre, die in ihrem Zusammenwirken das Wetter eines Ortes ausmachen: Strahlung, Luftdruck, Luftfeuchtigkeit, Temperatur, Wind, Verdunstung, Niederschlag und Bewölkung. Unter **Wetter** versteht man also das Zusammenwirken der verschiedenen atmosphärischen Elemente an einem bestimmten Ort zu einer bestimmten Zeit.

Das Wetter ist in ständiger Veränderung. Wetterlagen, die typisch für eine Region sind und länger anhalten, nennt man **Witterung**. Im Gegensatz zum Wetter beschreibt der Begriff **Klima** die Gesamtheit der für einen Raum typischen Wetterabläufe, die über einen längeren Zeitraum (mehrere Jahrzehnte, mindestens 30 Jahre) relativ konstant bleiben. Das Klima ist aber nicht nur von den **Klimaelementen** (Wetterelementen) abhängig, sondern wird maßgeblich von den Klimafaktoren beeinflusst. Das sind das Klima beeinflussende geographische Eigenschaften wie die geographische Breite, Land- und Meerverteilung, Meeres- und Luftströmungen, Höhenlage, Hangneigung und Exposition.

Die Messwerte der einzelnen Klimaelemente werden in Monatstabellen gesammelt und für längere Zeiträume nach Mittelwerten (Temperatur) oder Gesamtsummen (Niederschläge, **potenzielle Landschaftsverdunstung pLV**) ausgewertet.

	J	F	M	A	M	J	J	A	S	O	N	D	Jahr
°C	24,9	27,8	30,5	31,8	31,2	28,7	26,4	25,6	26,3	27,5	26,6	24,6	27,6
mm	0	0	3	30	49	192	233	276	194	61	4	1	1 043
pLV	106	119	132	140	127	89	122	100	116	87	110	105	1 345

M18: Bamako/Mali, 380 m, 12° 40' N, 8° 0' W

Aus einer Klimatabelle lässt sich auch ablesen, welche Monate **arid** und welche **humid** sind: Bei der weitverbreiteten Methode nach WALTHER/ LIETH ist der Monat humid, sobald der Zahlenwert für den Niederschlag eines Monats größer als der doppelte Zahlenwert für die Temperatur ist.

In den aktuellsten Klimadiagrammen (nach SIEGMUND/ FRANKENBERG) wird die **potenziell verdunstete Wassermenge** (berechnete **pLV**) mit der gefallenen Niederschlagsmenge in Beziehung gesetzt. Ein Monat ist dann arid, wenn die pLV über dem Niederschlag liegt.

Die Klimadaten lassen sich in einem Klimadiagramm grafisch darstellen, aus dem **Humidität** und **Aridität** direkt abgelesen werden können.

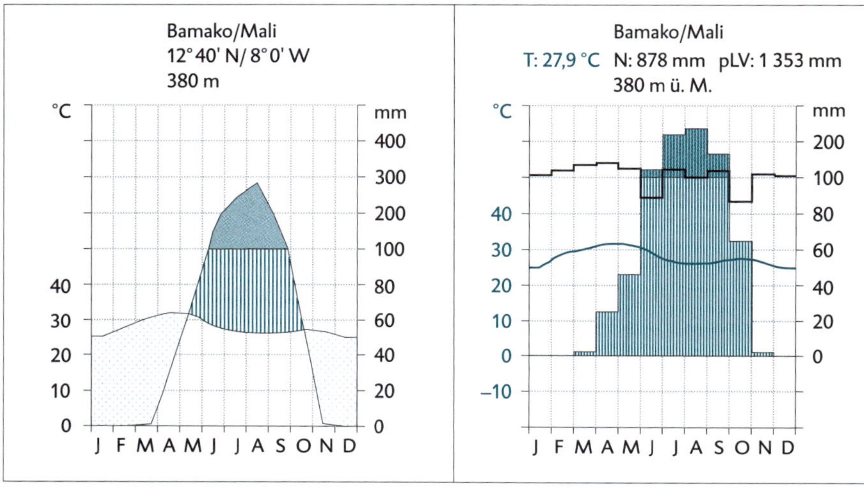

M19: Klimadiagramm von Bamako/Mali nach WALTHER /LIETH (links) u. SIEGMUND/FRANKENBERG (rechts)

Des Weiteren werden diese Daten auch in Karten in Form von Klimaklassifikationen dargestellt. Bekannte Beispiele sind die genetischen Klimaklassifikationen von FLOHN/ NEEF sowie die effektiven Klimaklassifikationen von KÖPPEN/GEIGER, TROLL/ PAFFEN und SIEGMUND/ FRANKENBERG.

Klimatologen fassen Gebiete ähnlicher klimatischer Gegebenheiten in Klimaklassifikationen zusammen und machen so Aussagen zu Landschafts- oder Geozonen. Die Einteilung der Erde in ein Ordnungsraster von Geozonen dient der schnellen Orientierung bezüglich naturräumlicher Zusammenhänge.

Die in der Übersicht M 21 (S. 32) verwendete Klassifikation von TROLL/ PAFFEN orientiert sich schwerpunktmäßig am Klima (die für die Gestaltung einer Landschaft wichtigen Faktoren Relief, Boden, Vegetation und Wasserhaushalt sind allesamt vom Klima abhängig).

Eine weitere Möglichkeit, Klimaelemente in Form von Diagrammen darzustellen, ist das Thermoisoplethendiagramm. Der Name verrät es schon – hier wird die Temperatur einer Messstation genauer dargestellt.

Im **Thermoisoplethendiagramm** werden der Tagesgang (y-Achse) und der Jahresgang (x-Achse) der Temperatur an einem bestimmten Ort (Klimastation) in Form von Isolinien (gleiche Linien) dargestellt. Die jeweiligen Werte werden verbunden. In der Senkrechten lässt sich der Tagesgang an einem bestimmten Tag im Jahr ablesen, wobei in der Horizontalen der Jahresgang zu einer bestimmten Uhrzeit zu entnehmen ist. In manchen Diagrammen sind die Flächen zwischen den Isoplethen (Linien gleicher Zahlenwerte – hier der Temperatur) noch mit Farben oder Schraffuren ausgefüllt.

Je nach Lage im Gradnetz lassen sich starke Unterschiede erkennen. Gut ablesbar ist sofort die Lage zum Meer oder auch die Lage in den Tropen oder Außertropen.

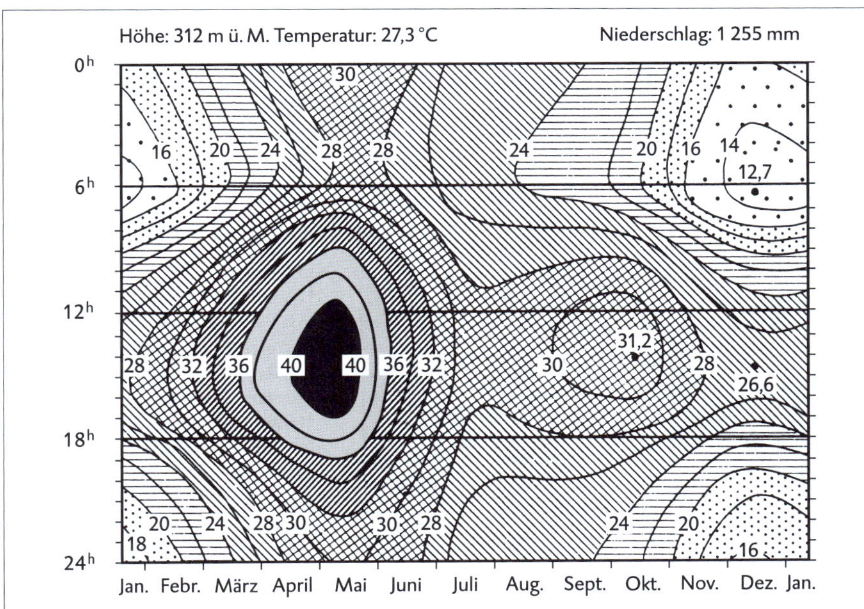

M20: Thermoisoplethendiagramm von Nagpur

Kap Tscheljuskin/Russland
77° 43' N/104° 17' O
13 m/–15,3 °C/240 mm

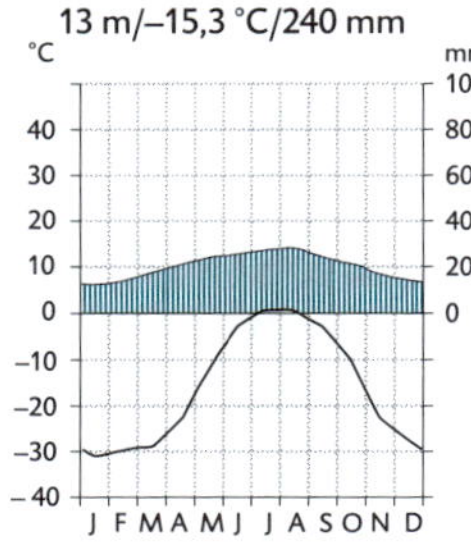

Polare Klimate

- wärmster Monat < 6 °C
- Arktis ∅-Temp. –19,2 °C
- Antarktis ∅-Temp. –43,3 °C
- sehr geringer Niederschlag, kaum Verdunstung, deshalb ganzjährig humid
- Polartag – Polarnacht
- ganzjähriges Kältehoch
- keine höhere Vegetation möglich, Flechten
- keine Bodenbildung

Chesterfield-Inlet/Kanada
64° 18' N/96° 00' W
4 m/–11,3 °C/251 mm

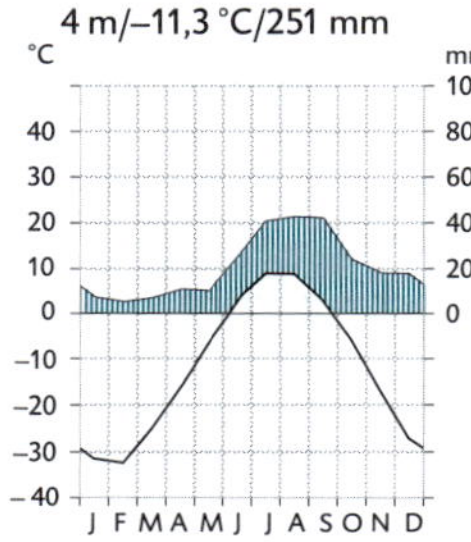

Subpolare Klimate

- wärmster Monat < 10 °C, kältester Monat < –10 °C
- hohe Temperaturamplitude
- geringe Niederschläge, kaum Verdunstung, deshalb ganzjährig humid, **Jahreszeitenklima**
- extreme Winterkälte in kontinentaler Lage
- Vegetation: Flechten, Moose, Zwergsträucher, Heidekraut, Polarweide, Zwergbirke
- Permafrost, ausgedehnte Moore und Sümpfe nach Schneeschmelze, Gleyböden (Staunässe)

Brest/Frankreich
48° 27' N/4° 25' W
103 m/10,8 °C/1 085 mm

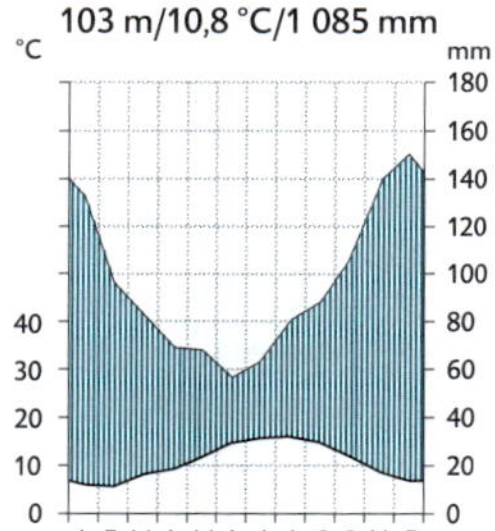

Moskau/Russland
55° 45' N/37° 34' O
156 m/5,0 °C/688 mm

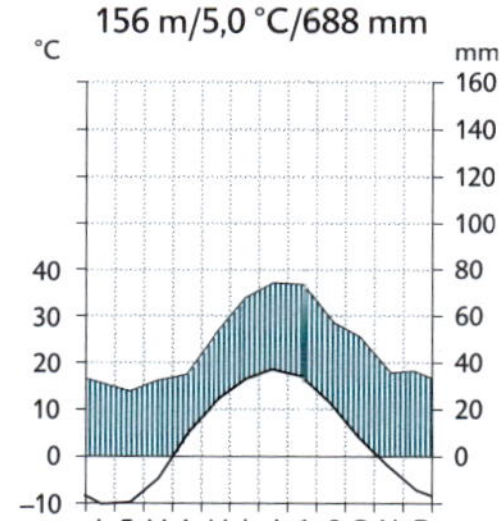

Gemäßigte Klimate

- im Westen Laub- und Laubmischwälder;
- in Höhenlagen der Mittelgebirge/ im Osten zunehmend Nadelbäume; Vegetationsperiode bis 10 Monate
- v. a. fruchtbare Braunerden und Parabraunerden

Ozeanische Klimate

- wärmster Monat: < 15 °C, kältester Monat: 2–10 °C
- Niederschlag > 1 000 mm an Küsten und Westseiten von Gebirge, nach Osten hin abnehmend, Max. im Herbst/Winter
- Einfluss des Golfstroms, Feuchtigkeit/Wärme durch zyklonale Westwinde bis weit in den Kontinent transportiert, im Sommer Einfluss des randtropischen Azorenhochs

Kontinentale Klimate

- wärmster Monat bis 15 °C, kältester Monat bis –20 °C
- Niederschlag meist 500–600 mm, ganzjährig humid, max. im Sommer
- abnehmender bis geringer Einfluss der Westwinddrift, zunehmend kontinentales Klima

Palermo/Italien
38° 11' N/13° 06' W
21 m/18,5 °C/611 mm

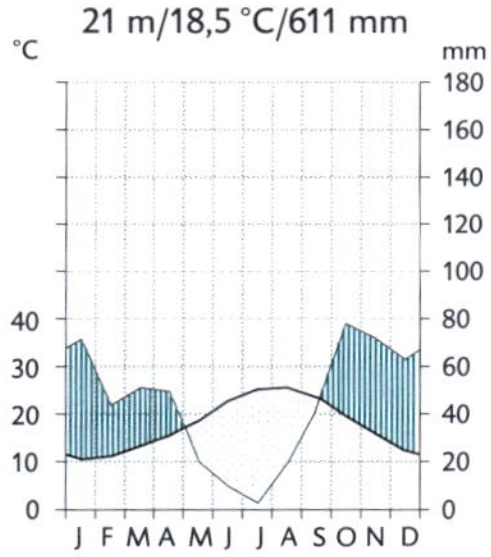

Subtropen

- subtropische Winterregenklimate, Mittelmeerklima
- Winter: mild, frostfrei, Sommer: um 25 °C
- Herbst/Winter: starke Niederschläge, Sommer arid
- Winter: Einfluss der Zyklonen des Polarfrontjets durch Südverlagerung der ITC; Sommer: im Bereich der nach Norden verlagerten randtropischen Hochdruckzellen
- Sommer: im Bereich der nach Norden verlagerten randtropischen Hochdruckzellen
- immergrüne Hartlaubwälder (zu Macchie, Garrigue degradiert)
- Roterden (Terra Rossa), häufig Verkarstung

Zinder/Niger
13° 47' N/8° 59' O
453 m/28,0 °C/412 mm

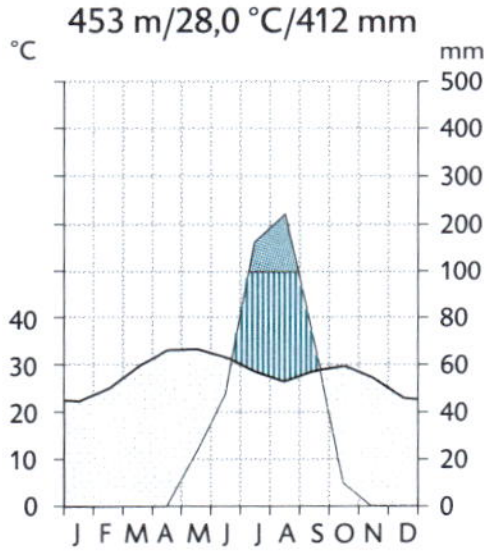

Enugu/Nigeria
6° 38' N/7° 33' O
140 m/27,3 °C/1 754 mm

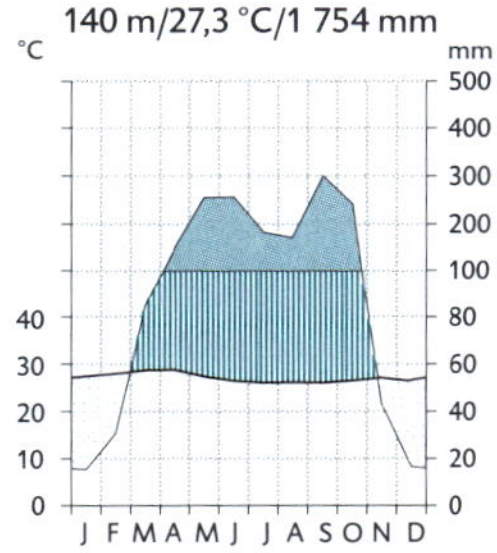

Wechselfeuchte Tropen / Savannen

- wärmster Monat < 30–35 °C; kältester Monat im Tiefland > 18 °C
- 2–4,5 humide Monate (Dornsavanne) bis 7–10 humide Monate (Feuchtsavanne)
- Trockenzeit und Regenzeit
- 250–600 mm Niederschlag (Dornsavanne) bis 1 000–1 800 mm (Feuchtsavanne)

- In den wechselfeuchten Tropen folgen die Regen- und Trockenzeiten der innertropischen Zirkulation. Im Nordsommer verschiebt sich die ITC mit dem Sonnenstand auf die Nordhalbkugel. Die Zenitalregen folgen mit einem zeitlichen Abstand zum Sonnenhöchststand. In Äquatornähe ist im Frühjahr und im Herbst jeweils ein Niederschlagsmaximum zu erkennen, weil die ITC zweimal durchzieht.
- Vegetation: von Dornbüschen, Kakteen und lückenhaften Gräsern über Trockenwälder, Schirmakazien, Baobab und kurzem Gras bis zu lichten immergrünen Wäldern und hohen Gräsern
- Böden: Laterite, Roterden, Latosol

Kisangani/Rep. Kongo
0° 31' N/25° 12' O
460 m/25,4 °C/1 804 mm

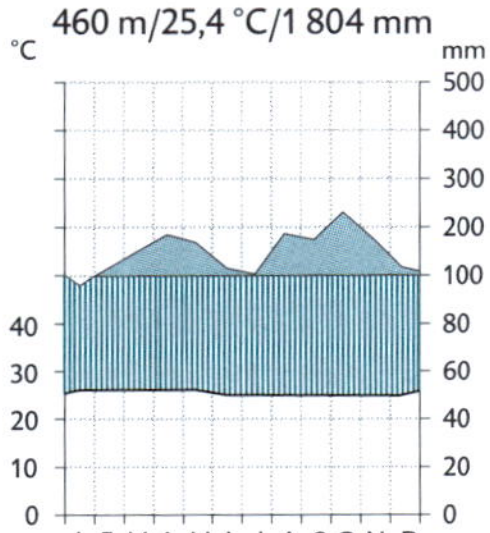

Immerfeuchte Tropen / Tropischer Regenwald

- minimale monatliche Schwankungen um 25 °C, **Tageszeitenklima**
- 10–12 humide Monate, 1 800–10 000 mm Niederschlag
- meist täglich gleicher Wetterablauf mit Mittagsregen Klima ganzjährig von der ITC bestimmt
- üppige Vegetation, Stockwerkbau. Artenreichtum, jedoch Individuenarmut, kurzgeschlossener Nährstoffkreislauf
- meist tiefgründig verwitterte, ausgelaugte Böden ohne Nährstoffspeicherfähigkeit, Latosole

M21: Geozonen im Überblick

1.1 Aufbau, Zusammensetzung und Funktion der Atmosphäre

Die Atmosphäre ist die Gashülle, die die Erde umgibt, von der Schwerkraft festgehalten wird und mit der Erde rotiert. Sie reicht bis zu einer Höhe von ca. 1 000 km.

Die Erdatmosphäre besteht bis zu einer Höhe von ca. 20 km aus einem Gemisch unterschiedlicher Gase, deren Zusammensetzung zeitlich und räumlich variieren kann. In ihr sind auch Wasserdampf und Aerosolpartikel enthalten.

In den verschiedenen Schichten der **Atmosphäre** verändern sich Druck und Temperatur, wie in M22 dargestellt: Die unterste Schicht der Atmosphäre, die Troposphäre, reicht an den Polen bis etwa 9 km, am Äquator etwa 18 km hoch. Innerhalb der Troposphäre nimmt die Temperatur im Durchschnitt um ca. 0,65 °C/100 m ab und erreicht an der Tropopause, der Grenzschicht zur Stratosphäre, Werte unter –60 °C. In der Stratosphäre steigt dann die Temperatur wieder. Diese Temperaturumkehr (Inversion) blockt alle Konvektionsvorgänge ab. Auch der Wasserdampf der Troposphäre kann diese Sperrschicht nicht überwinden. In der darüberliegenden Stratosphäre gibt es deshalb weder Luftfeuchtigkeit noch Windgeschehen – ein idealer Raum für Flugbewegungen über den Wolken. In der Troposphäre dagegen spielen sich im Wesentlichen alle Konvektions- und Advektionsvorgänge sowie Wolkenbildung **(Kondensation)** mit Niederschlägen, also das Wetter- und Klimageschehen ab. Hier verbleibt auch der Hauptanteil der anthropogenen Emissionen.

In der Stratosphäre zwischen 15 und 50 km Höhe befindet sich die Ozonschicht aus großen Mengen von dreiatomigem Sauerstoff, der auf natürliche Weise durch die solare Bestrahlung von Sauerstoff entsteht. Die Ozonschicht ist für das Leben auf der Erde von existenzieller Bedeutung, da sie die gefährliche UV-B-/UV-C-Strahlung absorbiert. Diese schützende, lebenserhaltende Schicht nimmt in ihrer Konzentration ab, sodass ein sogenanntes Ozonloch entsteht, weil anthropogene Fluorchlor-Kohlenwasserstoffe (FCKW) den natürlichen Ozonabbau dramatisch verstärken.

Die Ozonzersetzung geschieht verstärkt während der Winterhalbjahre über den Polen, besonders über der Antarktis. Bei steigenden Temperaturen im Frühjahr werden sie rasch freigesetzt und zerstören große Mengen von Ozon. So kommt es vor allem im September und Oktober über der Südhalbkugel zu einem ausgeprägten Ozonloch. Dann gelangt die UV-Strahlung ungehindert auf die Erde. Sie zerstört bei den Pflanzen Zellen und beeinträchtigt die Fotosynthese.

Besonders betroffen ist das Phytoplankton (Fotosynthese betreibende ein- und mehrzellige pflanzliche Kleinstlebewesen) in den Weltmeeren. So wird einerseits die Nahrungskette geschädigt und andererseits die Funktion der Weltmeere als CO_2-Senken gemindert. Dadurch steigert sich der natürliche Treibhauseffekt. Beim Menschen führt erhöhte UV-Strahlung zu einer Zunahme von Augenerkrankungen und Hautkrebs sowie zur Störung des Immunsystems.

Die Konzentration von CO_2 und verschiedenen Spurengasen hat sich seit Beginn der Industrialisierung (CO_2-Ausstoß bei der Verbrennung fossiler Brennstoffe) und der Intensivierung der Landwirtschaft (Freisetzung von Methan aus Reisfeldern und infolge der Massentierhaltung) deutlich verstärkt. Zusammen mit künstlichen Stoffen wie FCKW wird so der anthropogene Treibhauseffekt verursacht.

Die sich über der Stratosphäre anschließenden höheren Schichten der Atmosphäre spielen für das Klima auf der Erde keine unmittelbare Rolle. Aus diesem Grund wird auf sie hier nicht eingegangen.

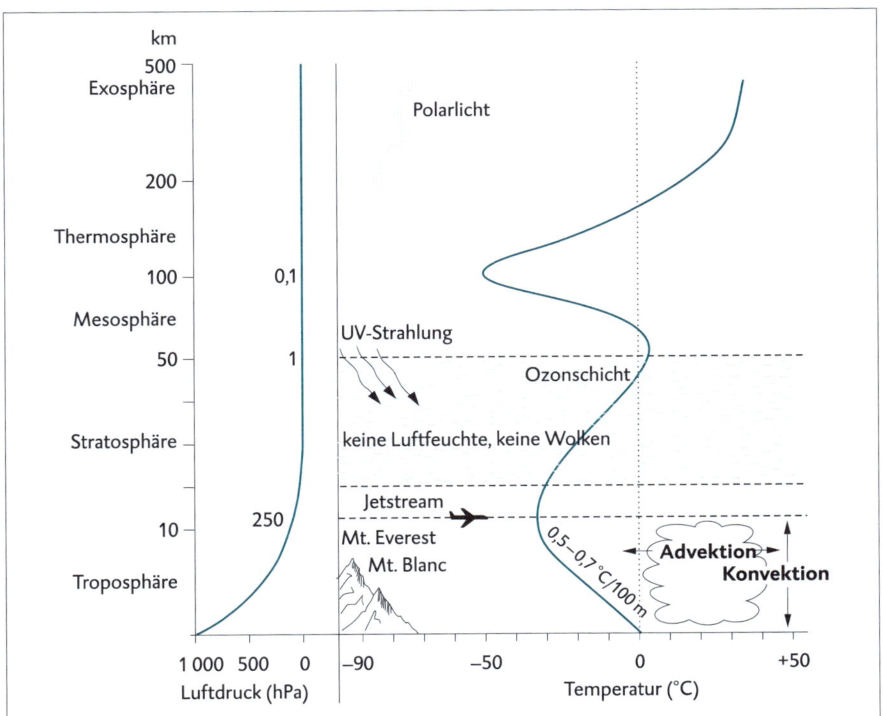

M22: Stockwerkbau der Atmosphäre

Gas	Volumen-%
Stickstoff (N_2)	78,08
Sauerstoff (O_2)	20,95
Argon (Ar)	0,93
Kohlendioxid (CO_2)	0,04
Spurengase wie Methan (CH_4), Distickoxid (N_2O), FCKW, Kohlenmonoxid (CO), Ozon (O_3), Krypton	0,03

M23: Zusammensetzung der Atmosphäre

1.2 Strahlungs- und Wärmehaushalt

Die Sonne ist die wichtigste Energiequelle für das Leben auf der Erde und das Wettergeschehen in der Atmosphäre, obwohl nur ca. 2 Milliardstel der Sonnenenergie die Erde erreichen. Aufgrund der hohen Oberflächentemperatur der Sonne (~ 5 700 °C) liegt die maximale Intensität ihrer Ausstrahlung im kurzwelligen Bereich (solare Strahlung 0 ~ 0,4 Mikrometer). Die Strahlung fällt, bedingt durch die große Entfernung zur Erde, annähernd parallel ein. An der Oberfläche der Atmosphäre beträgt die Energiemenge der **solaren Einstrahlung** 1 376 W/m^2. Dieser Wert wird als Solarkonstante bezeichnet.

Die Solarenergie setzt sich zusammen aus:
- Röntgenstrahlen,
- Licht
  - UV-Licht (9 %),
  - sichtbares Licht (45 %),
  - Infrarotlicht (46 %),
- sonstigen elektromagnetischen Wellen.

Von der ankommenden kurzwelligen Strahlung wird ungefähr ein Drittel direkt wieder reflektiert. Das Verhältnis von reflektierter zu einfallender Strahlung wird als **Albedo** bezeichnet. Die Albedo hängt von der Farbe der jeweiligen Oberfläche (je heller die Fläche, desto größer in der Regel die Albedo; vgl. M24) und vom Einfallswinkel (über Wasserflächen) ab.

Insgesamt kann Wasser viel Energie absorbieren und über längere Zeit speichern, da die tief eindringenden Sonnenstrahlen ein großes Volumen erwärmen können und weil eventuelle Konvektionsvorgänge die Wärme in tiefere Wasserschichten transportieren. Landoberflächen werden meist rasch und stark, aber nur oberflächlich erwärmt. Deshalb kühlen sie auch schnell wieder ab.

Wasser	
Sonne nah am Horizont	50–80 %
Sonne nahe Zenit	3–5 %
Wüste	25–30 %
Steppe	20–25 %
unbedeckter, trockener Boden	15–25 %
unbedeckter, feuchter Boden	10 %
Wald	5–10 %
frischer Schnee	80–85 %
dünne Wolke (z. B. Cirrus)	25–50 %
dicke Wolke (z. B. Cumulus)	70–80 %

M24: Albedowerte

Um die 20 % der solaren Strahlung werden im Bereich der Ozonschicht absorbiert. Sie schützt vor gefährlicher UV-Strahlung. Somit kommen noch ca. 50 % an der Erdoberfläche an und diese eintreffenden Sonnenstrahlen erwärmen die Erdoberfläche. Diese strahlt dann wiederum selbst langwellige Wärmestrahlung aus (Eigenemission). Diese Wärmestrahlung wird an die Atmosphäre abgegeben und erwärmt die Luft (Absorption durch H_2O und CO_2). Ein Teil der langwelligen Wärmeenergie verlässt die **Atmosphäre** als Ausstrahlung in den Weltraum. Ein anderer Teil wird von den Wolken als Gegenstrahlung zur Erdoberfläche zurückgeworfen, steht als Energie für Verdunstung und Wärmetransport zur Verfügung und bildet den natürlichen Treibhauseffekt der Erde.

Strahlungsbilanz

Der natürliche Treibhauseffekt der Atmosphäre sorgt für eine Durchschnittstemperatur von +14 °C auf der Erde und dafür, dass flüssiges Wasser die Lebensprozesse ermöglicht. Ohne ihn wären es –18 °C und ein Leben auf der Erde wäre nicht möglich.

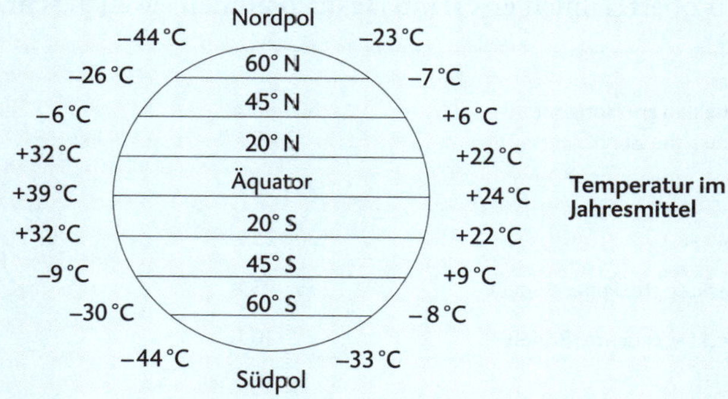

Durch die Kugelgestalt der Erde, die Neigung der Erdachse um 23,5° und die Rotation ist die **Strahlungsbilanz** auf der Erde unterschiedlich. Die Pole erhalten im jeweiligen Sommer mehr Energie als im Winter und der äquatoriale Bereich ganzjährig mehr Energie als die höheren Breiten. Das führt zu einem Wärmetransport aus den Energieüberschussgebieten zu den Defizitgebieten und setzt wesentliche klimatische Prozesse in Gang.

Glashauswirkung der Atmosphäre gegenüber den dreiatomigen Gasen (Treibhausgasen) H_2O, CO_2 und O_3

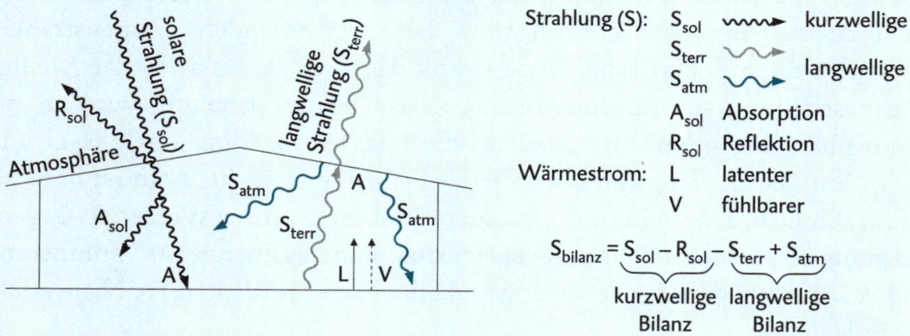

1.3 Wasser in der Atmosphäre und Wolkenbildung

Lediglich 0,001 % der globalen Wassermenge (das entspricht ungefähr der 300-fachen Wassermenge des Bodensees) befinden sich in der Atmosphäre. In nur 10–12 Tagen wird diese Wassermenge durch den **Wasserkreislauf** ausgetauscht (siehe Kapitel Hydrosphäre, M58, S. 75).

Wasser kommt in der **Atmosphäre** in drei Aggregatzuständen vor: als unsichtbarer Wasserdampf (Luftfeuchte), als flüssiges Wasser (Wolken- und Regentropfen) und als Eis (Eiswolken, Schnee, Hagel). Beim Übergang vom einen zum anderen Aggregatzustand werden große Energiemengen umgesetzt.

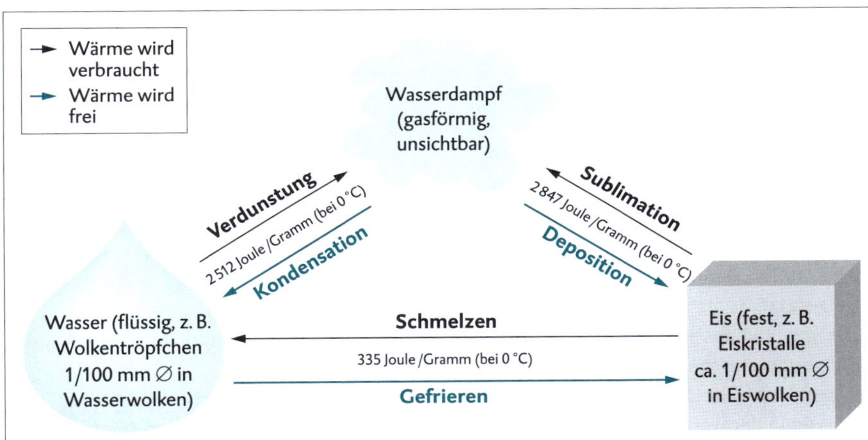

M25: Wasserumwandlungsprozesse in der Atmosphäre

Die Wasseraufnahme-Kapazität hängt von der Temperatur der Luft ab: Je wärmer sie ist, desto mehr Wasserdampf kann sie aufnehmen, bis sie gesättigt ist.

Die absolute Luftfeuchte gibt den tatsächlich in der Luft enthaltenen Wasserdampf in Gramm Wasser pro m^3 Luft an. Die relative Luftfeuchte gibt dagegen das Verhältnis der in der Luft vorhandenen Wassermenge zu der bei der gerade herrschenden Temperatur möglichen Wassermenge in Prozent an.

Bei 100 % relativer Feuchte hat die Luft die maximal mögliche Menge an Wasserdampf aufgenommen: Sie ist gesättigt, der **Taupunkt** ist erreicht.

Wenn sich warme, ungesättigte Luft abkühlt, steigt die relative Feuchte, bis die Taupunkttemperatur erreicht ist. Bei weiterer Abkühlung kondensiert der überschüssige Wasserdampf zu Tröpfchen, die sich an Aerosole als Kondensationskerne anlagern und **Wolken bilden**. Am Boden entsteht so Nebel bzw. Tau oder Reif an Gräsern und Blättern.

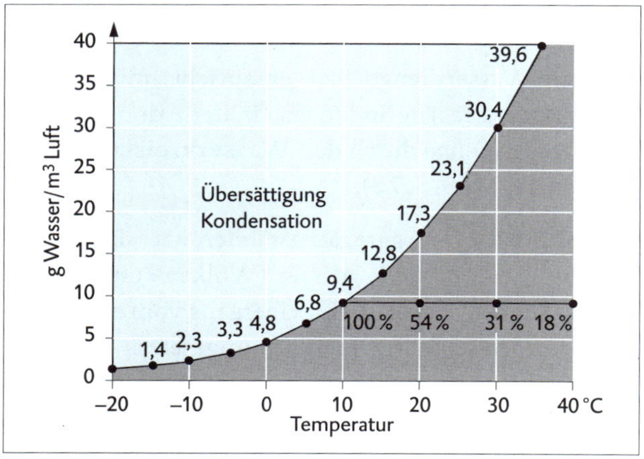

M26: Taupunktkurve mit Beispielen für relative Feuchtegehalte

Temperaturabnahme mit der Höhe

Solange sie nicht gesättigt ist, kühlt sich warme Luft beim Aufsteigen **trockenadiabatisch** um ca. 1 K/100 m Höhe ab.
Bei gesättigter Luft beträgt die **feuchtadiabatische** Temperaturabnahme nur rund 0,6 K/100 m, denn bei der Kondensation von Wasserdampf zu Wasser wird Wärme freigesetzt.
Die feuchtadiabatischen Temperaturgradienten schwanken regional stark und hängen von der geographischen Breite ab.
In den Tropen ist die feuchtadiabatische Abkühlung geringer, da die große Menge an Wasser in der warmen Luft beim Kondensieren große Mengen an Energie freisetzt und so die Abkühlung verringert.

Wolkenbildung

Wolken sind das sichtbare Kondensationsprodukt des unsichtbaren Wasserdampfs. Sie bestehen aus Eiskristallen oder feinsten Wassertröpfchen.

Zwar können alle **Wolkenformen** nahezu überall auf der Erde vorkommen, jedoch sind bestimmte Wolkenarten typische Kennzeichen bestimmter Wetterlagen und künftiger Wetterentwicklung (vgl. M27).

Amerikanische Forscher erklären die Entstehung von Regentropfen durch Nukleation: Ausgelöst durch Turbulenzen in der Luft bilden sich im Wechsel von **Kondensation** und Verdampfen Wassertröpfchen unterschiedlicher Größe. Bei der homogenen Nukleation geschieht das ohne Kondensationskerne, bei der heterogenen Nukleation an diesen. Die Wassertröpfchen fallen erst dann als Niederschlag zur Erde, wenn ihr Gewicht größer ist als der Auftrieb durch aufsteigende Luft. Das erklärt, warum nicht aus jeder Wolke Regen fällt.

Name/Abkürzung	deutsche Bezeichnung	Bedeutung
Cumulonimbus (Cb)	Gewitterwolken	hohe Instabilität der gesamten Troposphäre; Hitzegewitter; starke Vertikalbewegungen beim Kaltfrontdurchzug
Cumulus (Cu)	Haufenwolken	Schönwetterwolke an Küsten und über Bergen; Hinweis auf Instabilität
Nimbostratus (Ns)	Regenschichtwolken	Dauerregen (vor Warmfront)
Cirrostratus (Cs)	hohe Schleierwolken	Vorläufer einer Warmfront
Altostratus (As)	mittelhohe Schichtwolken	beim Warmfrontaufzug dem Cirrostratus folgend
Stratus (St)	niedrige Schichtwolken	Hinweis auf ruhige Wetterlage; Winterwolke im Hoch; manchmal im Warmluftsektor eines Tiefs
Cirrus (Ci)	Federwolken	Vorläufer von Cirrostratus an Aufgleitfronten vor einem Tief
Cirrocumulus (Cc)	hohe Schäfchenwolken mit welligem Muster	bilden sich, wenn Cirruswolken von unten langsam erwärmt werden
Altocumulus (Ac)	grobe Schäfchenwolken	in ruhigen Schichten ohne besondere Bedeutung; Hinweis auf Instabilität der höheren Luftschichten; Föhn; Gewitterneigung
Stratocumulus (Sc)	Haufenschichtwolken	Schönwetterwolke über See im Sommer, über Land im Winter; Wolkenform nach Kaltfrontdurchzug

M27: Was sagen die Wolken über das Wetter?

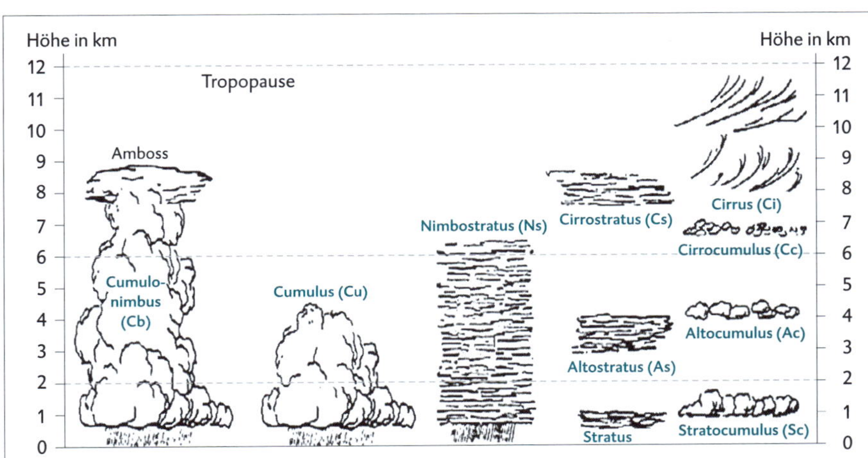

M28: Die Wolkengattungen in ihren Stockwerken (siehe auch M40)

1.4 Luftdruck und Wind

Den Druck, mit dem die Luftschicht auf der Erdoberfläche lastet, nennt man Luftdruck. Im globalen Mittel beträgt der durchschnittliche Luftdruck in Meereshöhe 1 013 hPa. Infolge der abnehmenden Luftdichte verringert sich auch der Luftdruck mit der Höhe (Halbierung des Luftdrucks alle 5,5 km). Deshalb kann das Luftdruckmessgerät, das Barometer, auch als Höhenmesser eingesetzt werden.

Auf Wetterkarten stellt man den Luftdruck mit **Isobaren** (Linien gleichen Luftdrucks) dar. So lassen sich Gebiete abbilden, die einen höheren oder niedrigeren Druck aufweisen in Bezug auf Meeresniveau als benachbarte Regionen. Hoch und Tief sind als relative Bezeichnungen für den Luftdruck in einem Gebiet immer auf ein Höhenniveau bezogen.

Der Abstand von zwei **isobaren Flächen** (= Flächen mit gleichem Luftdruck) ist von der Temperatur abhängig. Dadurch entstehen in verschiedenen Höhen Luftdruckunterschiede, die als Antrieb für Wind fungieren. Im gezeigten Beispiel (M29) besteht der Luftdruckunterschied zwischen warmer Luft (links) und kalter (rechts) im oberen Bereich.

Zwischen benachbarten Gebieten unterschiedlichen Luftdrucks kommt es zum Druckausgleich, indem Luftteilchen vom Hoch zum Tief strömen. Diese Luftbewegung nennt man Wind. Seine Stärke hängt vom Gefälle der Luftdruckunterschiede ab (Gradientkraft). Die Windstärke bzw. Windgeschwindigkeit wird mit der aus der Schifffahrt stammenden Beaufortskala angegeben. Herrschen dauerhaft Windgeschwindigkeiten von über 118 km/h sprechen Meteorologen von einem **Orkan**. Dies entspricht der höchsten Stufe 12 der Beaufortskala.

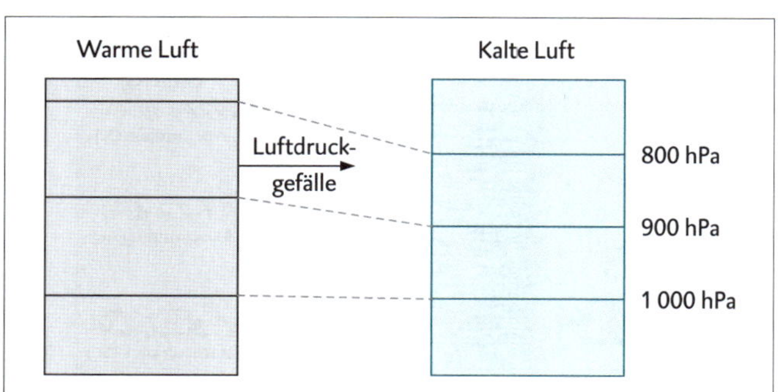

M29: Wind durch Luftdruckunterschiede

gabe 7 Die Winter 2005/2006 und 2009/2010 waren sehr schneereich, weite Bereiche Europas waren von November bis März schneebedeckt.
Erklären Sie, welche klimatischen Auswirkungen solche Winter aufgrund der Albedo haben können.

gabe 8 Vergleichen Sie die beiden Darstellungen zum Klima von Karlsruhe und erklären Sie die Unterschiede.

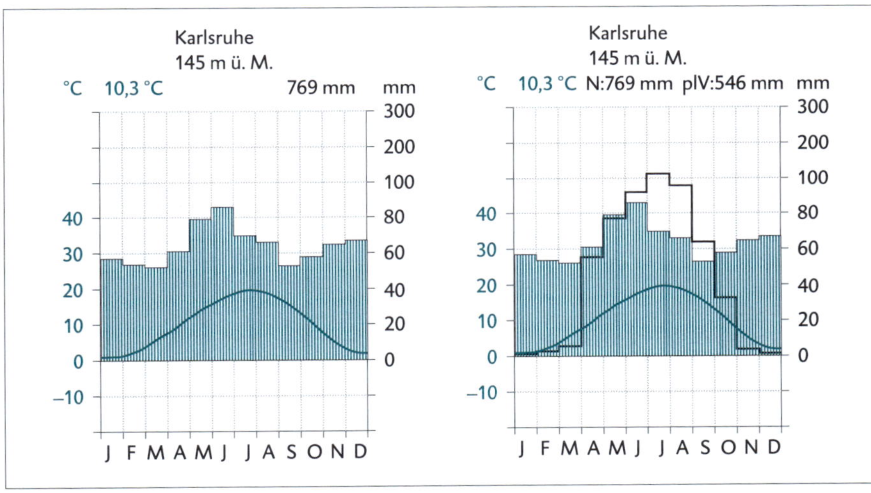

M30: Klimadiagramm von Karlsruhe nach WALTHER/LIETH (links) u. SIEGMUND/FRANKENBERG (rechts)

2 Regionale Windsysteme

2.1 Land-See-Windsystem

Das Land-See-Windsystem hat **thermische** Ursachen. Es tritt bei ruhigen Großwetterlagen an großen Seen und an den Küsten als lokales **Windsystem** auf.

In der Ausgangssituation ist der Luftdruck über Wasser und Land gleich und nimmt in der Höhe ab. Durch die Sonneneinstrahlung wandelt sich die Situation: Die Landoberfläche erwärmt sich schneller und stärker als das Wasser und gibt diese Wärme an die Luft ab, die sich dadurch stärker ausdehnt. Durch die starke Erwärmung vergrößert sich der Abstand der **isobaren Flächen** über Land. In der Höhe entsteht also ein Druckunterschied.

Infolgedessen fließt Luft in der Höhe zum tieferen Druck, wodurch an Land die Masse der auflastenden Luftsäule verringert wird (siehe M31 oben).

Es entsteht ein Tiefdruckgebiet am Boden. In den Höhen über dem Wasser wird Masse zugeführt, woraus ein Bodenhoch resultiert. Die Luft fließt nun als Seewind vom hohen Bodendruck über dem Wasser zum Tiefdruck über Land (M31 u. links). Insgesamt bildet sich nach einer bestimmten Zeit ein geschlossenes Strömungssystem aus, das sich in der Nacht umkehrt (M31 u. rechts).

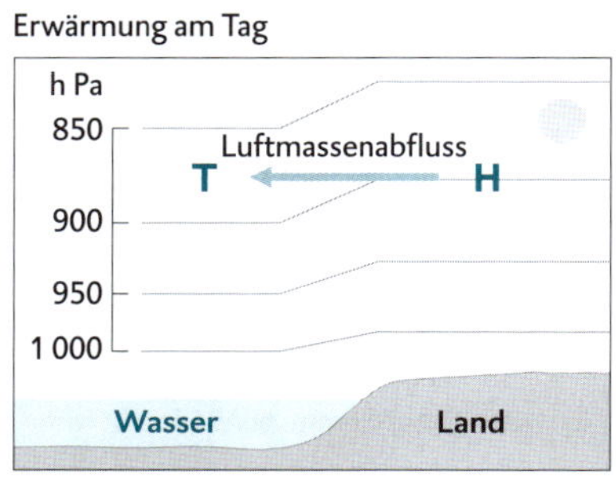

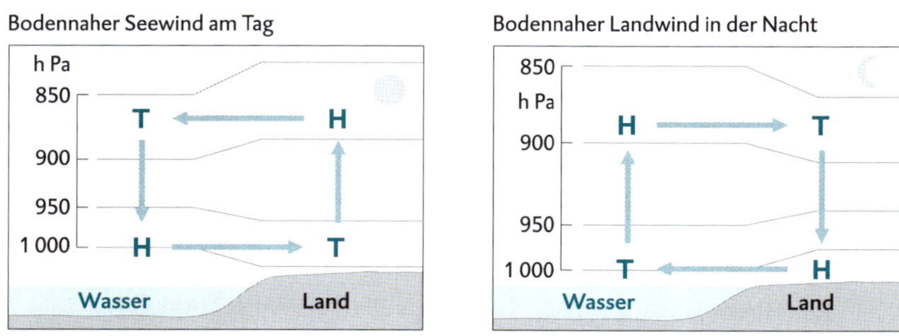

M31: Land-See-Windsystem

2.2 Berg-Tal-Windsystem

Die Berg- und Talwind-Zirkulation ist ein häufig im Gebirge auftretendes System von **thermischer Zirkulation** mit Tagesgang. Durch das Zusammenwirken von Hangauf- und Hangabwinden bildet sich ein komplexes übergeordnetes System von Berg- und Talwinden.

Das Berg- und Tal-Windsystem entsteht nur bei Strahlungswetter – also bei einer strahlungsintensiven Hochdruck-Wetterlage, bei der großräumige übergeordnete Windströmungen keinen Einfluss ausüben.

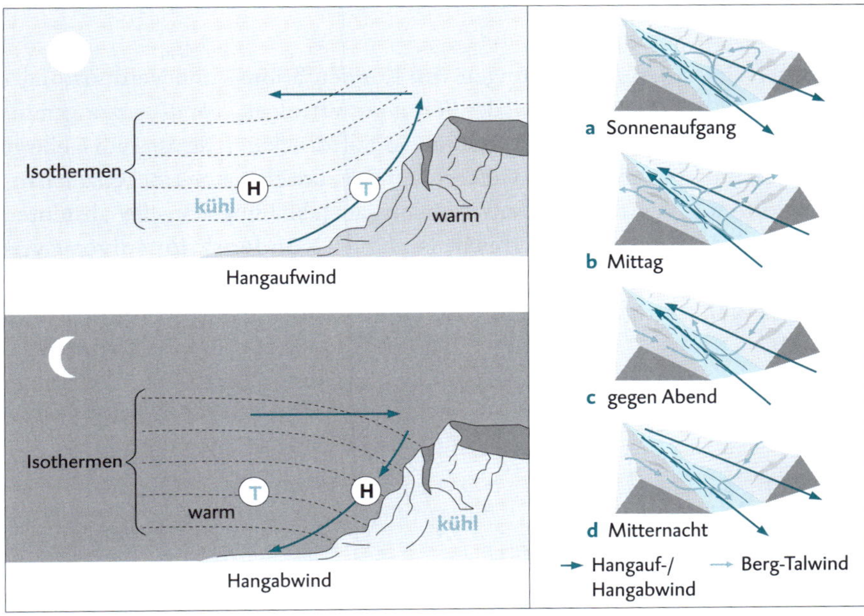

M32: Schema des Hang-Wind-Systems

An einem sonnenbeschienenen Berghang (wichtig sind Exposition, Neigung) setzt nach Sonnenaufgang eine starke Erwärmung des Bodens ein, wodurch sich die bodennahe Luft rascher erwärmt als die hangfernere Luft. Es entsteht ein thermisches Tief am Hang. Durch die Verringerung der Luftdichte (thermischer Auftrieb) setzt ein Hangaufwind ein, der im Laufe des Vormittags zu einem sogenannten **Talwind** wird, weil die an den Hängen aufsteigende Luft von unten her nachströmt. In den frühen Morgenstunden weht zunächst noch der nächtliche Bergwind.

Umgekehrt kühlt sich nach Sonnenuntergang die hangnahe Luft infolge der Ausstrahlung des Bodens ab. Die nun kältere, spezifisch dichtere Luft beginnt als Hangabwind ins Tal zu strömen. Von mehreren Seiten im Talgrund zusammenströmend, erzeugt sie einen merklichen, zum Talausgang gerichteten **Bergwind** und kann Umkehrthermik auslösen. Diese Winde setzen aber erst verspätet ein und haben für viele Städte eine kühlende und reinigende Wirkung. Ein bekanntes Beispiel ist der Höllentäler in Freiburg.

2.3 Föhn

Die wetterwirksamen Auswirkungen von Kondensations- und Verdunstungsvorgängen lassen sich am Beispiel des Föhns gut verfolgen. Voraussetzungen für den **Föhn** sind Luftmassen, die aufgrund der Luftdruckverhältnisse ein Gebirge überqueren müssen. Im **Luv** des Gebirges erfolgt zunächst eine trockenadiabatische Abkühlung, bis das Kondensationsniveau (abhängig von der absoluten Feuchte und der Temperatur) erreicht ist. Unter **Kondensationsniveau** versteht man die Höhenlage, an der der Taupunkt erreicht wird. Beim weiteren Aufsteigen kühlt sich die Luft nun **feuchtadiabatisch** nur noch um 0,6 K/ 100 m ab.

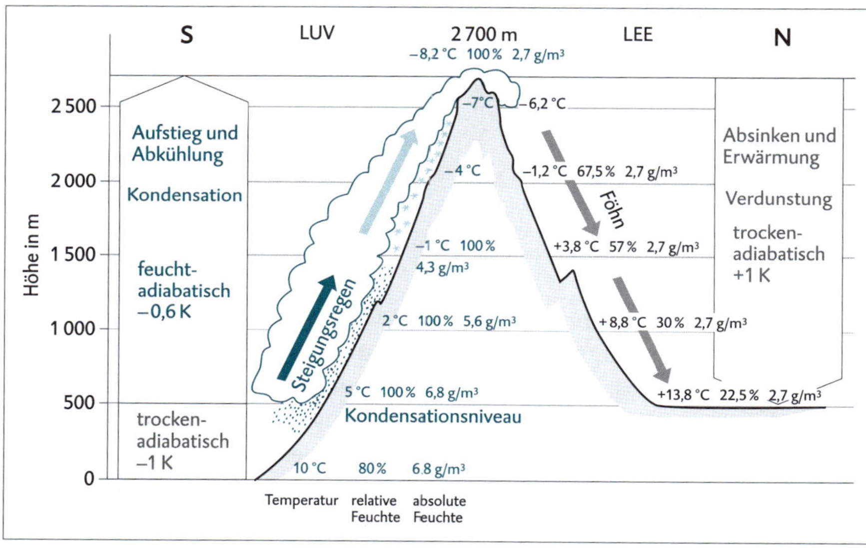

M33: Steigungsregen und Föhn

Es kommt zur Kondensation und zum Steigungsregen (orographischer Niederschlag). Nach dem Überqueren des Gebirgskamms sinken die Luftmassen auf der **Leeseite** ab und erwärmen sich **trockenadiabatisch** um 1 K/100 m, weil die relative Feuchtigkeit durch die Erwärmung sinkt. Wolken lösen sich auf. Die absinkende erwärmte und trockene Luftmasse (Fallwind) wird Föhn genannt. Bei Föhnlagen kommt es zur Verdunstung, da die wärmere, trockenere Luft wieder vermehrt Feuchtigkeit aufnehmen kann.

fgabe 9 In Luvlage eines Gebirges befindet sich in 200 m Höhe eine 20 °C warme Luftmasse mit einer absoluten Feuchte von 12,8 g/m³, was einer relativen Feuchte von 70 % entspricht. Diese Luftmasse wird aufgrund der Luftdruckverhältnisse zum Überqueren des Gebirges (3 400 m) gezwungen, in Leelage sinkt die Luft dann auf 800 m ab. Berechnen Sie:

a Temperatur und Höhenlage des Kondensationsniveaus,

b Temperatur am Gebirgsfuß in Leelage.

3 Globale atmosphärische Zirkulation

3.1 Grundlagen der allgemeinen Zirkulation der Atmosphäre (auch: Planetarische Zirkulation)

Aufgrund der Kugelgestalt der Erde, der Neigung der Erdachse und der Bahn der Erde um die Sonne ist die solare Einstrahlung nicht gleichmäßig verteilt. Diese großräumigen Unterschiede bei der Sonneneinstrahlung führen zu zonalen Temperatur- und Druckunterschieden, aus denen wiederum die Windgürtel resultieren. Daraus ergibt sich die globale Verteilung bodennaher **Drucksysteme** und Windgürtel (vgl. M34), die sich in typischen Wetterabläufen und Klimaphänomenen in den Mittelbreiten, den Tropen und den Polarzonen äußern.

Um diese Prozesse zu verstehen, sind einige Vorüberlegungen nötig: Im globalen Mittel erhalten die Tropen einen Strahlungsüberschuss und haben somit gegenüber den Polarregionen einen Überschuss an Wärme und Energie. In den Polarzonen herrscht also ein Defizit an Energie. Im Bereich der Mittelbreiten erfolgt der Übergang. Da die Tropen nicht immer wärmer und die Polarregionen nicht immer kälter werden, muss ein Wärmetransport von den Tropen in die Polarregionen erfolgen. Dies geschieht über großräumige Meeres- und Luftströmungen, die ihrerseits wiederum ein Resultat dieser globalen Temperaturunterschiede sind. Die Höhenwinde der Mittelbreiten (Kapitel 3.2), aber auch die tropische **Passatzirkulation** (Kapitel 3.3) spielen eine wichtige Rolle hierbei.

Im Folgenden werden schon einmal alle Elemente der planetarischen Zirkulation genannt: Am Äquator liegen die thermischen Hitzetiefs und bilden durch das dortige Aufeinandertreffen (Konvergieren) der Passate die **Innertropische Konvergenzzone (ITC)**. Die mit der ITC verbundenen subtropischen aber dynamisch verstärkten Hochdruckgürtel (z. B. Azorenhoch, Hawaiihoch) schließen sich bei etwa 30–35° nördlicher und südlicher Breite an.

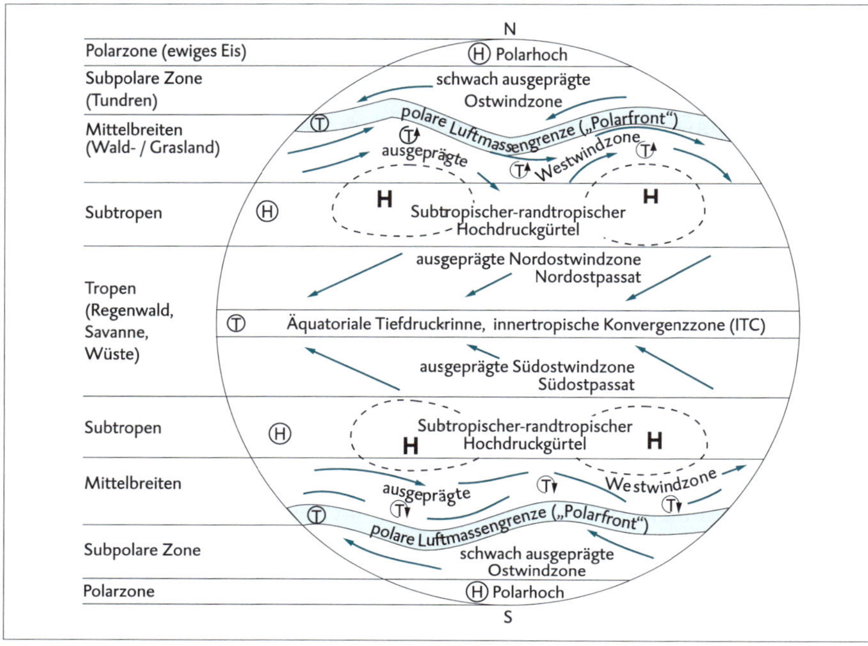

M34: Schematische Anordnung von Luftdruckgebieten und Windgürteln

Polwärts folgen die dynamisch entstandenen Tiefdruckgebiete, die Zyklonen (bei ca. 60° nördlicher und südlicher Breite). Diese jeweils nur im statistischen Mittel als wirkliche „Gürtel" existierende Druckverteilung wird je nach Jahreszeit über den Kontinenten durch thermische Kältehochs bzw. Hitzetiefs unterbrochen. An den Polen liegt jeweils ein recht stabiles Kältehoch, das Polarhoch.

Zwischen den Luftdruckgebieten gibt es auf jeder Erdhalbkugel drei unterschiedliche Windsysteme: die an den Polen vorherrschenden **Ostwinde**, die durch das **Höhenwestwindband** bedingte **Westwindzone der Mittelbreiten** und die zur innertropischen Zirkulation gehörenden **Passate**.

Mit der jahreszeitlichen Verlagerung des Sonnenhöchststandes verlagern sich die Druckgebiete mit den zwischen ihnen wehenden Winden um jeweils 5–8 Breitengrade nach Norden bzw. Süden. Somit werden bestimmte Klimazonen oder Regionen wie z. B. der Mittelmeerraum je nach Jahreszeit von unterschiedlichen Luftdruck- und Windverhältnissen geprägt.

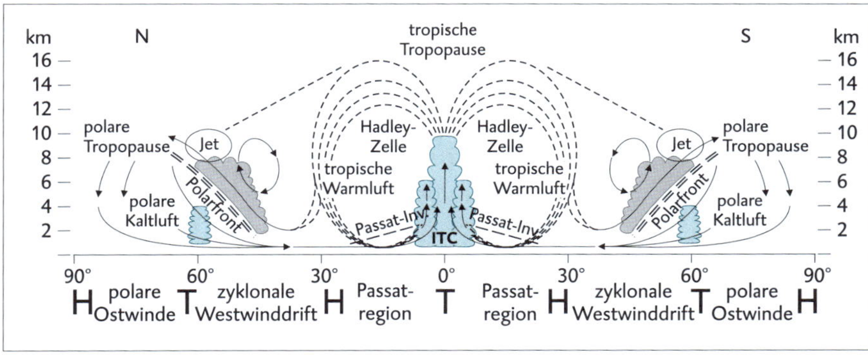

M35: Schematische Darstellung der planetarischen Zirkulation

3.2 Die dynamische Zirkulation der Mittelbreiten

Außertropische Westwindzone

Die **außertropische Westwindzone** ist ein wesentlicher Teil der planetarischen Zirkulation. Deshalb ist es sinnvoll, die Entstehung und Auswirkung der Westwindzone der Mittelbreiten vor der Erklärung der tropischen **Passatzirkulation** zu verstehen, da die in der Westwindzone entstehenden dynamischen Hochdruckgebiete die thermischen Hochdruckgebiete im subtropisch-randtropischen Hochdruckgürtel verstärken.

Stellen wir uns eine Modellerde ohne Rotation vor (siehe M36). Die aufsteigenden Luftmassen im Bereich der stärksten Erwärmung in den Tropen bilden dort ein Höhenhoch und strömen als Luftdruckausgleichsströmung polwärts (Gradientwinde). In den Mittelbreiten herrscht der größte Druckgradient in der Höhe. Die Übergangszone zwischen tropischer Warmluft und polarer Kaltluft nennen wir die planetarische Frontalzone. Ein Teil dieser nun beschleunigten Luft in der oberen Troposphäre sinkt über den Wendekreisen bodenwärts und verstärkt den rand- oder subtropischen Hochdruckgürtel. Der andere Teil weht als Höhenausgleichsströmung zu den polaren Höhentiefs.

Da die Erde aber rotiert, tritt dies so nie ein: Die Rotationsgeschwindigkeit der Erde (in 24 Stunden um die eigene Achse) ist am Äquator größer als in höheren Breiten (vgl. M37). Da die Luft als träge Masse ihre Rotationsgeschwindigkeit beibehält, eilt sie, wenn sie in höhere Breiten mit einer geringeren Rotationsgeschwindigkeit der Erde kommt, der Erde voraus. Die scheinbar ablenkende Kraft heißt nach ihrem Entdecker **„Corioliskraft"**, ist aber nur eine Geschwindigkeitsüberlagerung – also eine Scheinkraft. Sie wirkt immer im rechten Winkel zur jeweiligen Bewegungsrichtung. Auf der Nordhalbkugel nach rechts und auf der Südhalbkugel nach links.

Weil die polwärts gerichteten Höhenwinde durch die Corioliskraft auf der Nordhalbkugel nach rechts abgelenkt werden, werden sie zu Westwinden in ca. 10 km Höhe. So entsteht durch die **Coriolisablenkung** ein Höhenwestwindband, bei welchem die besonders hohen Windgeschwindigkeiten auch der **Jetstream** (Strahlstrom) oder Polarfrontjet genannt werden. Das Höhenwestwindband umkreist die Erde mit Geschwindigkeiten von 100–600 km/h, da es nicht von der Bodenreibung abgebremst wird. Dieser Wind weht parallel zu den Isobaren und wird geostrophischer Wind genannt.

Dieser Höhenwind prägt sich in abgeschwächter Form bis nahe der Erdoberfläche durch und nimmt bodennahe Luftschichten als Westwinddrift mit. Dadurch ist zunächst ein Luftmassen- und Wärmeaustausch zwischen den Tropen und Polarregionen blockiert. In der Folge steigen der Temperaturgegensatz und somit auch der Druckgradient zwischen Pol und Äquator so lange an, bis ein kritischer Wert überschritten ist. Dann gerät das Höhenwestwindband quasi ins „Schlingern" bzw. Mäandrieren. Starke Reliefunterschiede zwischen Gebirgen und Meeren verstärken dies.

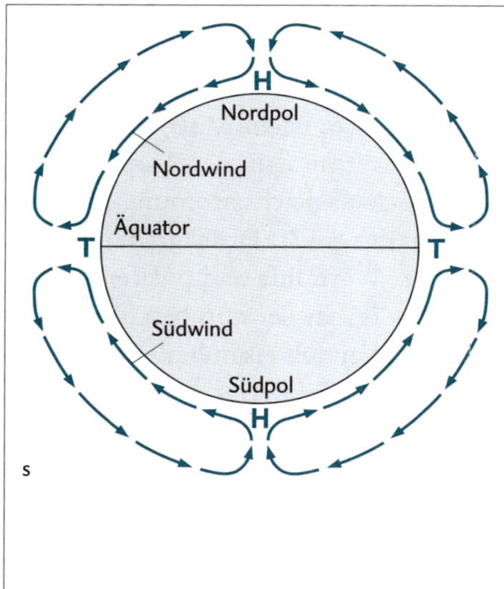

M36: Die hypothetische thermische Zirkulation einer nicht rotierenden Erde

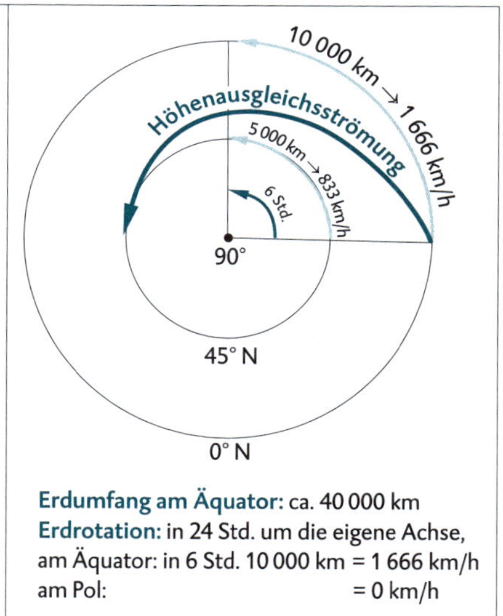

M37: Rotationsgeschwindigkeit der Erde

Die Mäanderbögen verlagern sich, haben jedoch durch die Land-Meer-Verteilung bedingt bestimmte Vorzugslagen und schwingen aber jahreszeitlich gemäß des sich verschiebenden Sonnenhöchststandes unterschiedlich weit aus. Beim Mäandrieren stoßen auf der Nordhalbkugel polare Luftmassen nach Süden vor (Kaltlufttröge) und tropische Warmluft schiebt sich nach Norden (Warmluftrücken).

Die Zirkulation verläuft breitenkreisparallel – also zonal (siehe M38a). Luftmassenaustausch tritt erst ein, wenn sich die Luftmassen verwirbeln bzw. wenn eine Wellen- oder Meridionalzirkulation (siehe M38b) eintritt. Dann können kalte polare Luftmassen nach Süden und warme tropische Luftmassen nach Norden vorstoßen. Zudem entstehen genau an diesen Mäandern **dynamische Hoch- und Tiefdruckgebiete**, die aufgrund ihrer Rotation ebenfalls zum Luftmassenaustausch beitragen.

a) **Zonalzirkulation**
Temperaturunterschied in der Höhe, entlang eines Meridians gemessen < 6 °C/1 000 km

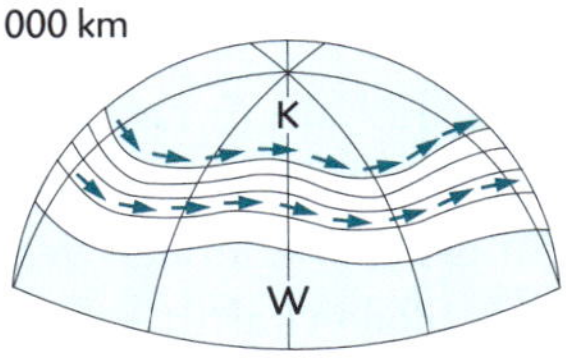

b) **Wellenzirkulation (Meridionalzirkulation)**
Temperaturunterschied in der Höhe, entlang eines Meridians gemessen > 6 °C/1 000 km

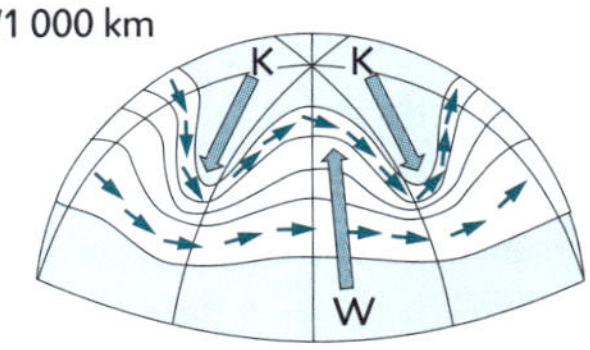

M38: Mäandrieren des Höhenwestwindbandes der Mittelbreiten (Lange Wellen der Höhenströmung)

Zyklone und Antizyklone (dynamische Tief- und Hochdruckgebiete)

Höhenwestwinde und Jetstreams sind zwar ein Phänomen der oberen Troposphäre, gleichzeitig aber auch Ursache und Motor des Windsystems am Boden.

In diesen Höhenwinden treten aus thermischen und dynamischen Gründen an den langen Wellen der Höhenströmung (M21b) Konvergenzen und Divergenzen auf, die mit der Höhenströmung mitwandern. Eine Konvergenz in der oberen Troposphäre erzeugt wegen der damit verbundenen Massenzufuhr einen Druckanstieg in der gesamten Luftsäule darunter, also eine wandernde Hochdruckzelle **(Antizyklone = dynamisches Hochdruckgebiet)**. Eine Divergenz in der Höhe führt zur Druckabnahme in den tieferen Schichten, also einer wandernden Tiefdruckzelle **(Zyklone = dynamisches Tief)**. Vereinfacht, physikalisch aber nicht wirklich korrekt, kann man sich diese Prozesse als Pump-Saug-Effekte vorstellen.

Die dynamischen Tiefs und Hochs wandern mit den Höhenwestwinden in der Westwindzone meist von Westen nach Osten und bestimmen unser Wetter.

Wir sprechen also von dynamischen Hoch- und Tiefdruckgebieten, da ihre Entstehung mit der Dynamik – also der Bewegung (Mäandrieren) – des Höhenwestwindbandes zusammenhängt und nicht primär, wie beim Land-See-Wind-System oder bei der tropischen Passatzirkulation, thermisch bedingt ist.

Aufgrund ihrer Wirbelbewegung und der **Corioliskraft** scheren die Zyklonen (Tiefs) nach Norden polwärts aus und bilden den subpolaren Tiefdruckgürtel. Zu diesem gehören das Islandtief und das Alëutentief.

Die **Antizyklonen** (Hochs) scheren an der Südseite des Höhenwestwindbandes aus und bilden die Hochdruckgebiete des subtropisch-randtropischen Hochdruckgürtels mit Azoren- oder Hawaii-Hoch. Gleichzeitig verstärken sie auch den thermisch bedingten absinkenden Ast der Passatzirkulation.

Dynamische Luftdruckgebilde unterscheiden sich von thermischen vor allem dadurch, dass sie sowohl am Boden als auch in der Höhe den gleichen Luftdruck (relativ auf ein Höhenniveau gesehen) aufweisen.

Zyklonales und antizyklonales Wettergeschehen

In den Mittelbreiten „schaufeln" Zyklonen polare Kaltluft nach Süden und subtropische Warmluft nach Norden und sorgen durch ihre Drehbewegung für die Verwirbelung von Luftmassen und somit für den horizontalen Wärmeausgleich zwischen Tropen und Polarzone. Durch den vertikalen Luftmassenaustausch wird ebenfalls Wärme freigesetzt oder aufgenommen (latenter Wärmeaustausch).

An der Vorderseite einer Zyklone schiebt sich die vordringende leichtere Warmluft schräg auf die vorhandene schwerere Kaltluft auf. Dabei eilt die Warmluft in der Höhe derjenigen am Boden meist 100 – 250 km voraus. Es gibt also keine einheitliche Warmfront, sondern eher eine Warmfrontzone. Als Front wird die Vordergrenze der Luftmasse bezeichnet. Beim Aufgleiten der warmen Luft auf die vorhandene Kaltluft wird die Warmluft an der Aufgleitfläche und mit der Höhe abgekühlt; es kommt zur **Kondensation** und **Wolkenbildung** mit hellen Federwolken aus Eiskristallen (Cirren) 7–13 km hoch am blauen Himmel. Den Cirren folgen durchscheinende Schleierwolken (Cirrostratus), die sich zu hohen Schichtwolken (Altostratus) in 2–7 km Höhe verdichten. Mächtige Schichtwolken (Nimbostratus, Ns) folgen, aus denen lang anhaltender gleichmäßiger Regen (Niesel- bis Landregen) fällt (siehe M40).

Die Warmluft verdrängt langsam die Kaltluft. Mit dem Durchzug der Bodenwarmfront hört der Regen auf.

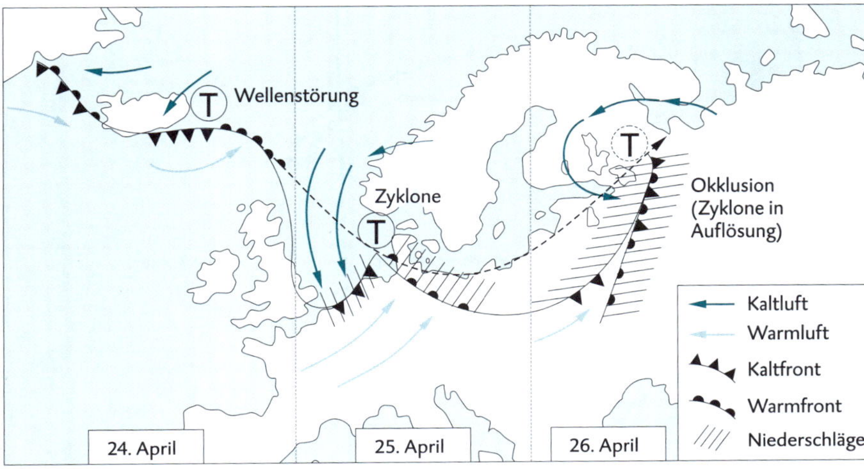

M39: Entwicklung einer Zyklone

Im Warmluftsektor scheint oft die Sonne, die Temperatur steigt. Lokale Konvektion, aber auch durch Luftmassenverlagerung in der Höhe entstandene Divergenzen in der oberen Troposphäre führen zur Bildung von Cumuluswolken, aus denen es regnen kann. Der Wind kommt zunehmend aus West.

Das Herannahen von polarer Kaltluft im Bereich der Kaltfront beendet diese Phase relativ schöneren Wetters. Da die Kaltluft schwerer und schneller als die Warmluft ist, engt sie den Warmluftsektor ein, indem sie die Warmluft zum raschen Aufstieg zwingt. Es bilden sich hoch auftürmende Haufenwolken (Cumulonimbus, Cb), aus denen heftige Schauer teils mit Gewitter und Hagel fallen. Die Temperatur sinkt rasch ab, der Luftdruck steigt, der Wind dreht von West auf nordwestliche Richtungen, es klart sich meist rasch auf und die Temperaturen bleiben kühler.

Im sogenannten Reifestadium holt die Kaltfront die Warmfront ein. Kalte Luft hat sich unter die Warmluft des Warmluftsektors geschoben und diese hochgehoben. Dies nennt man Okklusion. Die Warmluft in der Höhe kühlt ab, die gespeicherte Luftfeuchtigkeit kondensiert und regnet ab. Mit der Okklusion ist das Tief aufgefüllt und die Zyklone „gestorben".

In den **Antizyklonen**, die ebenfalls durch die Dynamik des Höhenwestwindbandes einstehen, sinkt die Luft ab und wird dabei **trockenadiabatisch** erwärmt. Sie kann vermehrt Wasserdampf aufnehmen, es kommt zur Wolkenauflösung und infolgedessen zu trockenem, wolkenlosem Wetter mit starker Insolation bei Tag und starker Ausstrahlung bei Nacht.

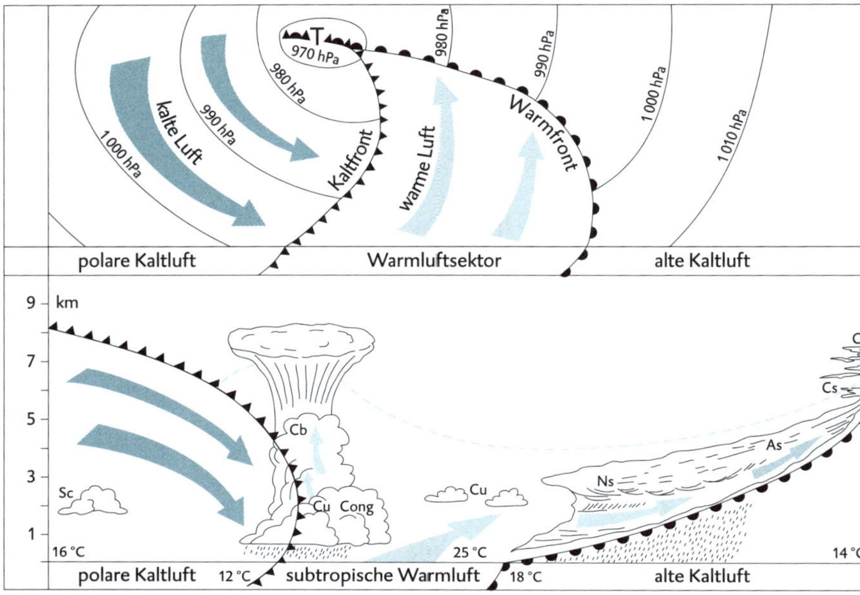

M40: Wetterablauf beim Durchzug einer Zyklone

Der über Europa mäandrierende Höhenwestwind sorgt dafür, dass das Wettergeschehen je nach Lage der Druckgebilde von sehr unterschiedlichen Luftmassen geprägt wird. In Mitteleuropa können je nach Jahreszeit tropische, polare, ozeanische oder kontinentale Luftmassen das Wettergeschehen beeinflussen. Dabei bilden sich immer wieder typische Großwetterlagen heraus, die zu charakteristischen Wetterabläufen führen (vgl. M41, M42).

Die Großwetterlagen lassen sich leicht entschlüsseln, wenn man grundlegende Eigenschaften der Luftdruckzellen beachtet: Auf der Nordhalbkugel dreht sich ein Hoch im Uhrzeigersinn, der Luftüberschuss fließt also auch im Uhrzeigersinn aus dem Hoch zum Tief. Luft strömt gegen den Uhrzeigersinn ins Zentrum des Tiefs. Wichtig ist nun zu beachten, in welcher Position die Druckgebilde zueinander liegen, dies bedingt dann das Wetter mit der vorherrschenden Windrichtung.

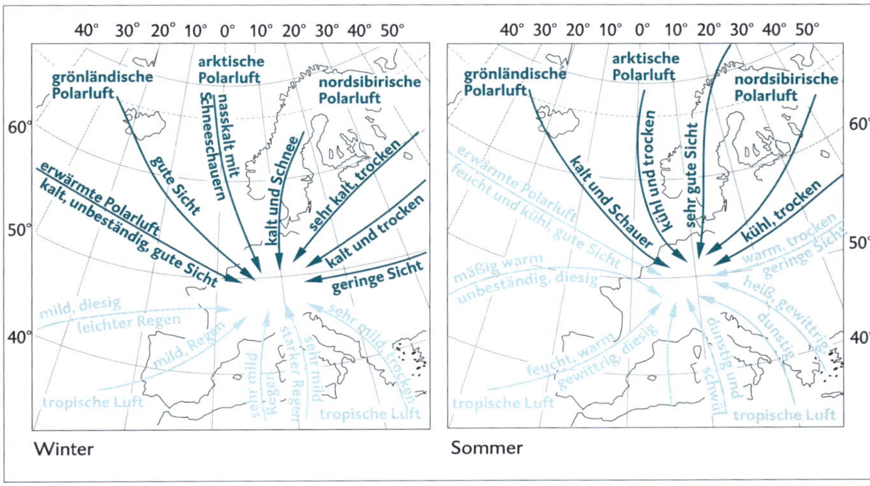

M41: Luftströmungen bringen typisches Wetter

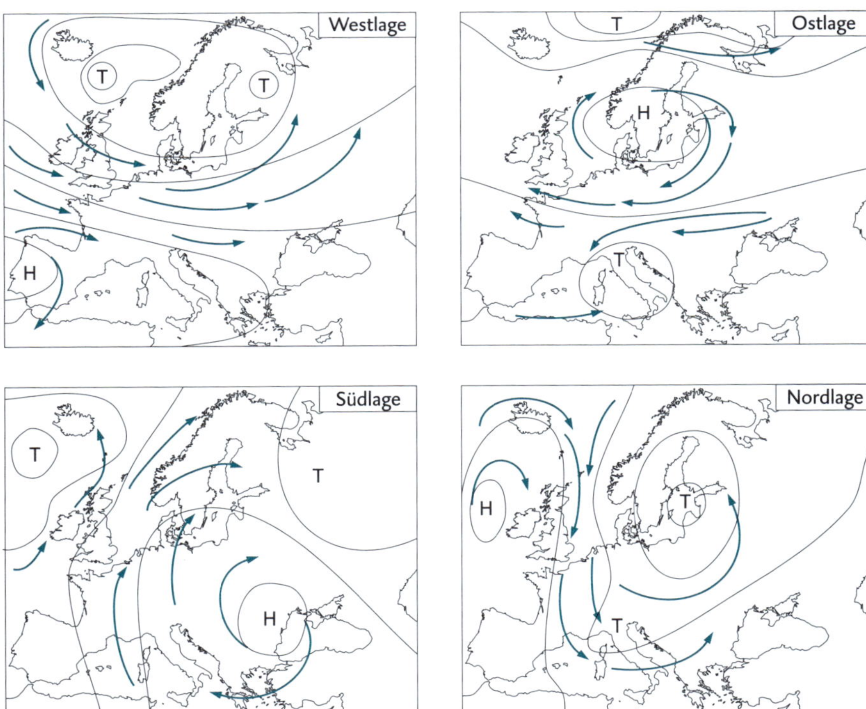

M42: Großwetterlagen in Europa

3.3 Die thermische Zirkulation der Tropen

Die Passatzirkulation der Hadley-Zelle

Die **thermisch bedingte Passatzirkulation** zwischen Äquator und den Wendekreisen ist ein weiterer wichtiger Teil der planetarischen Zirkulation.

Sie verschiebt sich mit dem Zenitalstand der Sonne. Senkrecht („im Zenit") steht die Sonne am 21. 03. und 23. 09. über dem Äquator, am 21. 12. über dem südlichen und am 21. 06. über dem nördlichen Wendekreis.

Im Bereich des jeweiligen Zenitalstandes wird die Erdoberfläche besonders intensiv bestrahlt. Das führt zu einer starken Erwärmung der unteren Luftschichten. Diese steigen bis zur Tropopause in ca. 15 km Höhe auf, am Boden bilden sich die thermischen Tiefs der äquatorialen Tiefdruckrinne. Die warme, feuchte Luft kondensiert beim Aufsteigen, was zu ergiebigen Regenfällen führt.

In der Höhe entsteht ein Druckgradient nach Norden und Süden, von dem aus die nachströmende abgekühlte und abgeregnete Luft zunächst polwärts weht. Dabei wird sie von der **Corioliskraft** nach rechts abgelenkt. Diese Luftströmung in der Höhe wird auch Antipassat genannt. Da ihm die Bodenreibung aufgrund der Höhe fehlt, ist der Antipassat – anders als die Modelle dies suggerieren – ein geostrophischer Wind, also ein reiner Westwind, und weht nicht bzw. nicht in der angenommenen Beständigkeit in Richtung Randtropen bzw. den Wendekreisen.

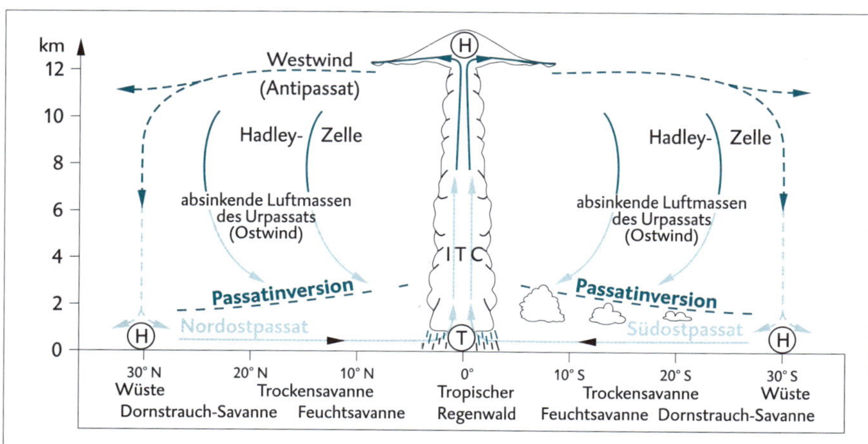

M43: Passatzirkulation mit Innertropischer Konvergenz (ITC)

Nur ein kleiner Teil der Luftmassen der Antipassate sinkt im Bereich des 20. – 30. Breitenkreises ab. Verstärkt wird die Absinktendenz dort durch die dynamischen Hochdruckgebiete der Mittelbreiten, die sich im statistischen Mittel aufgrund ihrer Tendenz, nach Süden auszuscheren, dort befinden. Dabei erwärmt sich diese Luft **trockenadiabatisch** und bildet am Boden die randtropischen Hochdruckzellen aus. Dynamische und thermische Hochdruckgebiete bilden dort nun den subtropisch-randtropischen Hochdruckgürtel. Von hier aus strömt die nun sehr trockene Luft, die jetzt viel Feuchtigkeit aufnehmen kann, als ständig wehender bodennaher Wind, als Nordostpassat bzw. Südostpassat, zur Tiefdruckrinne. Dort treffen die beiden Passate aufeinander. Diese Zone wird als **Innertropische Konvergenzzone (ITC)** bezeichnet. Als Folge dieser Strömungskonvergenz weicht die Luft nach oben hin aus. In der sehr feuchten Luft der inneren Tropen genügen kleine Hebungsimpulse – hier durch großräumige Konvergenz herbeigeführt, um **Konvektion** auszulösen. Gleichzeitig wirkt die starke Konvektion im Bereich der ITC wie ein gigantischer Staubsauger, der wiederum die Luftmassen der Passate „ansaugt“. Dieses Zusammenspiel von Konvergenz und Konvektion treibt die tropische Wettermaschine an. Man spricht auch von der CC-Wettermaschine *(convergence – convection)* der Tropen.

Über den durch Reibung abgelenkten NO- und SO-Passaten weht mehrere Kilometer mächtig der Urpassat als Ostwind. Mit ihnen ziehen tropische Wirbelstürme von Osten nach Westen.

Beide Passatkreisläufe bilden jeweils eine sogenannte Hadley-Zelle. In einer Hadley-Zelle sind also drei Windschichten vorhanden: In der Höhe der Antipassat (Westwind mit polwärtiger Komponente), am Boden der zur **ITC** wehende Passat und der darüber gelagerte Urpassat (Ostwind). Da aus dieser mächtigen Passat-Oberschicht, dem Urpassat, ständig Luftmassen absinken und sich dabei erwärmen, bildet sich in etwa 2 000 m Höhe eine Inversionsschicht (Passatinversion). Dadurch wird das Aufsteigen größerer Luftmassen aus dem NO- bzw. SO-Passat und deren **Kondensation** verhindert, sodass es zwischen den Hochdruckzellen und der ITC keine ergiebigen Niederschläge gibt.

Die Vorstellung der **Passatzirkulation** mit der Hadley-Zelle beruht auf dem thermischen Modell unter Berücksichtigung der rotierenden Erde. So entsteht die Vorstellung einer auf beiden Seiten des Äquators sich um die Erde spannenden Doppelschraube, die zudem oft sehr überhöht dargestellt wird. Folgende Punkte müssen bedacht und an wesentlichen Stellen korrigiert werden (siehe M44).

- Der Antipassat kann aufgrund der fehlenden Reibung als geostrophischer Wind nicht der polwärtige Ast der Passatzirkulation sein bzw. nicht als solcher ausschließlich dargestellt werden. Vielmehr ist er ein Höhenwestwind. Was sorgt also für den polwärtigen Rückfluss an Luft?
- Die dynamischen Hochdruckgebiete, die am Höhenwestwindband der Mittelbreiten entstehen und äquatorwärts ziehen, verstärken die randtropischen Hochdruckzellen. Somit verändert sich das Niveau des Luftdruckausgleichs.
- Insgesamt sind die bodennahen NO- und SO-Passate eine geringmächtige Schicht im Vergleich zu den Ur- und Antipassaten. Somit reicht in diesen mächtigen Schichten eine kleine meridionale Komponente (N-S-gerichtet), um den Kreislauf zu schließen.
- Die **Monsune** *(siehe nächstes Kapitel)* sorgen für einen Großteil des Luftmassenaustauschs innerhalb der Hadley-Zelle. Die Monsune verfrachten große Mengen an tropischer Luft in Richtung der Wendekreise.
- An den Westseiten der dynamischen Hochdruckzellen (SRH) strömt Luft nach Norden und wird dort teilweise in die Westwindzirkulation eingespeist und sorgt für den Energieaustausch.

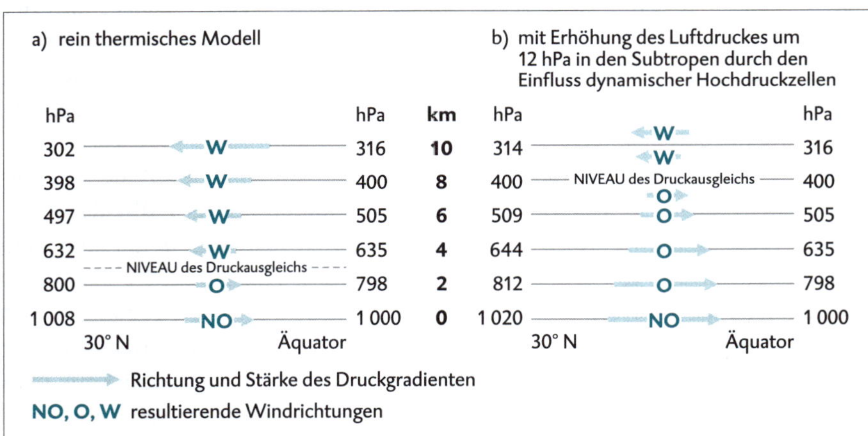

M44: Modifikationen des Modells der Hadley-Zelle

Der innertropische Passatkreislauf verlagert sich mit dem Zenitstand der Sonne, im Sommer bewegt sich die **ITC** auf der Nordhalbkugel, dann gibt es hier eine Regenzeit. Entsprechend verschieben sich die randtropischen Hochdruckzellen auf der Südhalbkugel äquatorwärts, es herrscht Trockenzeit im Südwinter.

Im Winter bringt die südwärts wandernde ITC eine Regenzeit auf der Südhalbkugel (Südsommer). Zeitgleich verschieben sich auf der Nordhalbkugel die randtropischen Hochdruckzellen mit ihrer absinkenden trockenen Luft Richtung Äquator, was eine Trockenzeit zur Folge hat. So erklären sich die wechselfeuchten Tropen.

Da sich die Wolkenmassen der ITC wie eine träge Masse verhalten, „hinken" sie stets dem Zenitstand der Sonne hinterher und erreichen mit ihren Regenfällen nie die Wendekreise. Das erklärt die Wendekreiswüsten der trockenen Tropen, die sich ganzjährig im Einfluss der absinkenden Luftmassen befinden.

Liegt die Zone des Zenitstandes nicht über dem Äquator, bildet sich im Bereich des Äquators eine zweite ITC aus, denn der Passat wird beim Überschreiten des Äquators durch die **Corioliskraft** zu einer Richtungsänderung gezwungen, dabei abgebremst und steigt auf (vgl. M45).

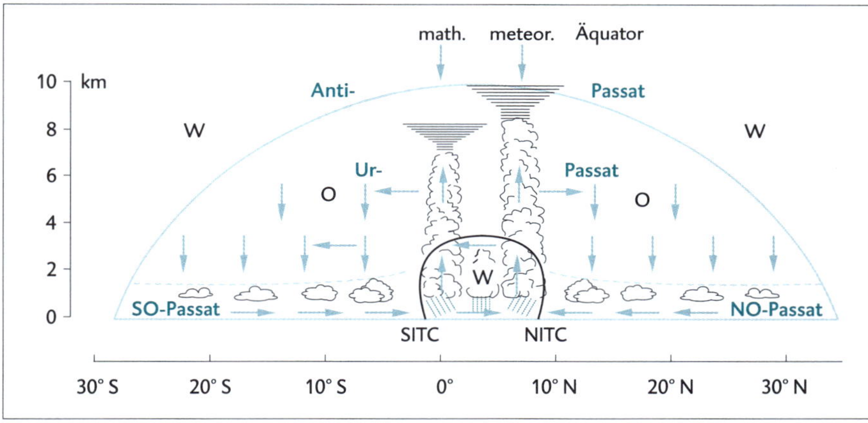

M45: Passatkreislauf, Schema mit doppelter ITC und äquatorialer Westwindzone

Der Monsun als Sonderfall der Passatzirkulation

Beim **Monsun** als Sonderfall der Passatzirkulation handelt es sich um ein beständig wehendes Windsystem mit halbjährlichem Richtungswechsel, das durch ein hohes Druckgefälle ausgelöst wird.

Monsune bilden sich dort, wo große Landmassen am Rande weiter Wasserflächen im Zentrum der Tropen liegen (z. B. Guineaküste/Afrika, Indien): Die Landmassen werden im Sommer stark aufgeheizt. Infolgedessen verlagert sich die **ITC** nicht parallel zu den Breitenkreisen, sondern über den Kontinenten weiter nach Norden bzw. Süden.

Im Bereich des indischen Subkontinents zeigt sich die Monsunzirkulation besonders ausgeprägt: Über Pakistan bildet sich im Sommer ein starkes Hitzetief, das durch die großen Heizflächen im Hinterland weiter verstärkt wird. Der

Luftdruck sinkt hier deutlich tiefer ab als sonst in der äquatorialen Tiefdruckrinne üblich. Aufgrund des hohen Druckgefälles wird der Südostpassat über den Äquator hinweg in dieses Tief „eingesaugt".

Da der in Äquatornähe liegende Tiefdruckgürtel weiterhin besteht, kommt es zur Aufspaltung der ITC in einen nördlichen (NITC) und einen südlichen Ast (SITC).

Überschreitet der Südostpassat den Äquator, wird er von der **Corioliskraft**, die auf der Nordhalbkugel nach rechts gerichtet ist, zum **Südwestmonsun** abgelenkt. Über den warmen Meeren der Tropen kann der Südwestmonsun durch Verdunstung große Wassermengen aufnehmen. Als feuchtheiße Luftmasse trifft der Monsun auf den indischen Subkontinent, wo er noch einmal aufgeheizt wird. Das führt zur **Konvektion** und **Kondensation** sowie zu heftigen und ergiebigen Niederschlägen. An den Westghats und dem Himalaya werden diese Niederschläge durch Steigungsregen extrem verstärkt, da sich in Luvlage die Luftmassen stauen. Im Khasigebirge (Himalaya) kommt es zu den mit ca. 11 000 mm/Jahr weltweit höchsten Niederschlägen. Durch die Mauer des Himalaya werden die gestauten Luftmassen nach Westen hin zum Tief gelenkt.

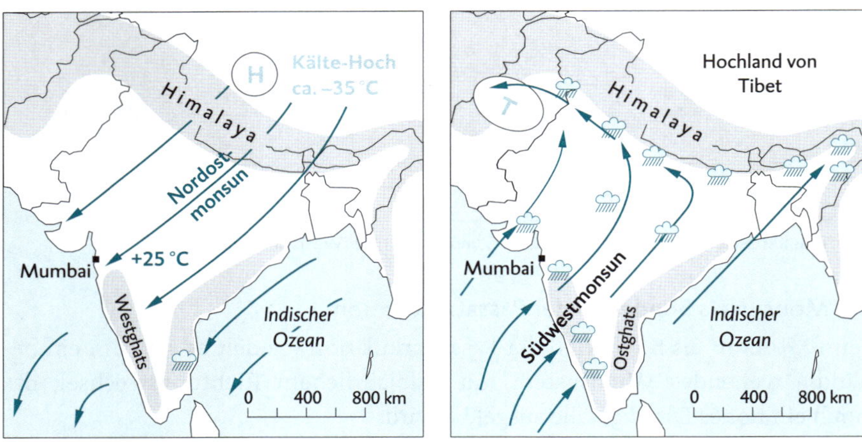

M46: Monsun in Indien

Da nach der monatelangen Dürre die Böden ausgetrocknet sind, können die Wassermassen zunächst kaum versickern. Sie fließen oberflächlich ab, es kommt zu starken Hochwassern und Überschwemmungen.

Im Winter wird das Klima Indiens vom **Nordostmonsun** bestimmt, der dem Nordostpassat entspricht. Über dem Hochland von Tibet hat sich infolge der starken Abkühlung des eurasischen Kontinents ein umfangreiches Kältehoch mit sehr niedrigen Temperaturen gebildet. Die kalte trockene Festlandsluft erwärmt sich beim Absinken in die Gangesebene trockenadiabatisch, dabei sinkt ihre relative Feuchte drastisch. Auf ihrem Weg zur **ITC**, die sich südlich des Äquators befindet, vermischt sich diese „Föhnluft" mit den absinkenden trockenen Luftmassen des Randtropenhochs. Während des Nordostmonsuns herrschen extreme Trockenheit und hohe Temperaturen.

Überquert der Nordostmonsun jedoch den Golf von Bengalen, kann er dort reichlich Wasserdampf aufnehmen, den er an den Ostghats in Indien und an der Nordostküste von Sri Lanka als Stau- und Steigungsniederschlag abregnet.

Die polare Ostwindzone

Die Zirkulation der Polargebiete ist durch die thermischen Hochdruckgebiete, die sich im statistischen Mittel dort bilden, geprägt. Man spricht vom Polarhoch oder vom polaren Kältehoch. Es sind Kaltluftantizyklonen, die auf die unteren Troposhärenschichten beschränkt sind und in der Stratosphäre von der Polarzyklone, dem Polarwirbel *(polar vortex)*, abgelöst werden. Aufgrund des Druckgefälles vom Polarhoch zum subpolaren Tiefdruckgürtel entsteht ein polarer Ostwind, der relativ beständig um das Polarhoch herum weht **(polare Ostwindzone)**.

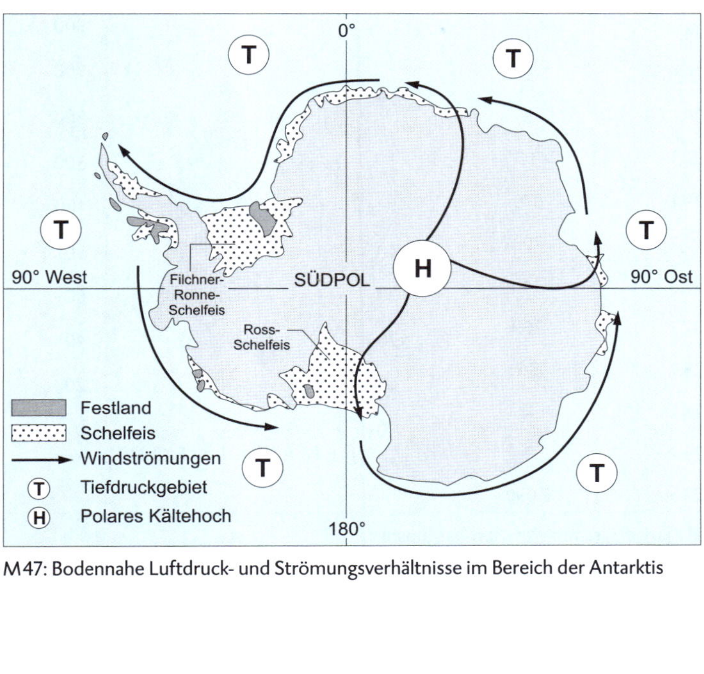

M47: Bodennahe Luftdruck- und Strömungsverhältnisse im Bereich der Antarktis

Immer wieder interagiert der Polarwirbel im dem Höhenwestwindband der mittleren Breiten. Der Polarwirbel ist ein kalter Luftstrom, der ganzjährig in einer Höhe von 30 – 40 km, also in der Stratosphäre, mit sehr hoher Geschwindigkeit um die jeweiligen Pole zirkuliert. Man geht davon aus, dass der Wirbel durch die Druckunterschiede zwischen den Mittelbreiten und der Polarzone entsteht. Im Winter ist das Phänomen ausgeprägter als im Sommer. Im Zug der Klimaerwärmung, wovon die Arktis überproportional betroffen ist, nehmen die Temperaturunterschiede zwischen Polarzone und Mittelbreiten vor allem im Winter ab. Die arktischen Luftmassen, gesteuert vom Polarwirbel, können so immer öfter nach Süden ausbrechen und dort für deutlich kältere Temperaturen sorgen. Im Winter 2018/2019 litten die Menschen in großen Teilen Kanadas und den USA an Temperaturen von –50 °C. Wetter- und Klimaforscher haben dieses Phänomen aber noch nicht abschließend erforscht und verstanden.

Aufgabe 10 Beschreiben Sie das Klima von Mumbai (auch: Bombay) und erklären Sie es anhand der planetarischen Zirkulation.

Monat	Temperatur (°C)	Niederschlag (mm)
Januar	24,4	1
Februar	24,9	1
März	26,9	1
April	28,6	2
Mai	30,1	11
Juni	29,1	579
Juli	27,7	703
August	27,3	443
September	27,7	269
Oktober	28,7	56
November	28,1	17
Dezember	26,2	7
Jahresmittel	27,5	2 090

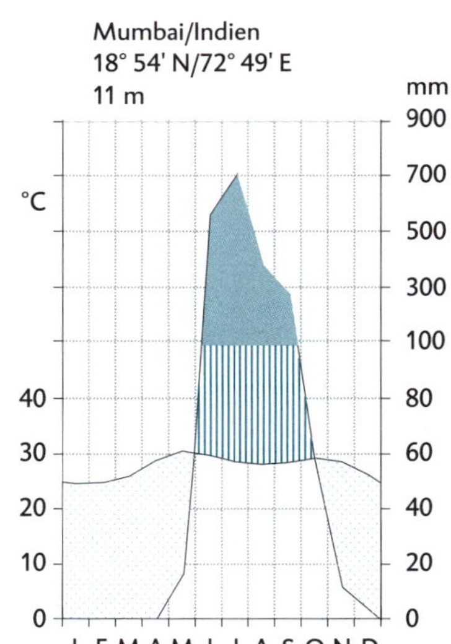

M48: Klimatabelle und Klimadiagramm von Mumbai/Indien

abe 11 Untersuchen Sie die folgenden Klimadiagramme A und B.
- a Überprüfen Sie, auf welcher Erdhalbkugel die Stationen liegen, und begründen Sie Ihre Zuordnung.
- b Ordnen Sie die Stationen einer Klimazone zu, und begründen Sie Ihre Entscheidung.
- c Erläutern Sie die jeweilige Niederschlagsverteilung.

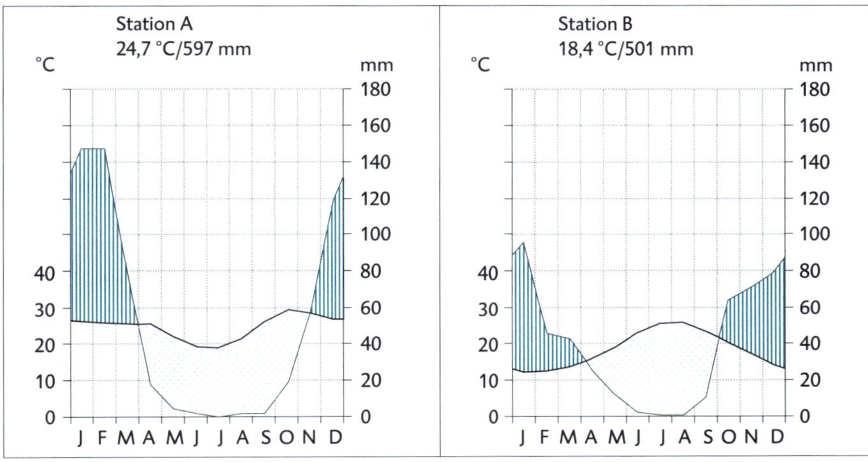

M49: Klimadiagramm Station A und Station B

4 Klima von Meeresräumen und Küstengebieten

Küstenregionen zeichnen sich durch ein ganz eigenes typisches Klima aus. Dieses sogenannte Küstenklima wirkt sich auf die gesamte belebte und unbelebte Umwelt aus. So unterscheiden sich Küstenräume nicht nur klimatisch, sondern auch ökologisch sehr von den Gebieten im Landesinneren. Insbesondere spielen die **Meeresströmungen**, das küstennahe Relief sowie die vorherrschende Windrichtung (auflandig, ablandig) eine entscheidende Rolle bei der Ausprägung des Küstenklimas.

4.1 Maritimität versus Kontinentalität

Vor allem in den von Westwinden geprägten Mittelbreiten, aber auch in vielen anderen Klimazonen spielt die Lage zum Ozean (z. B. Atlantik) für das Klima eine entscheidende Rolle. So unterscheiden sich der Temperaturverlauf und die Niederschläge je nach Meeresnähe oder -ferne oft sehr.

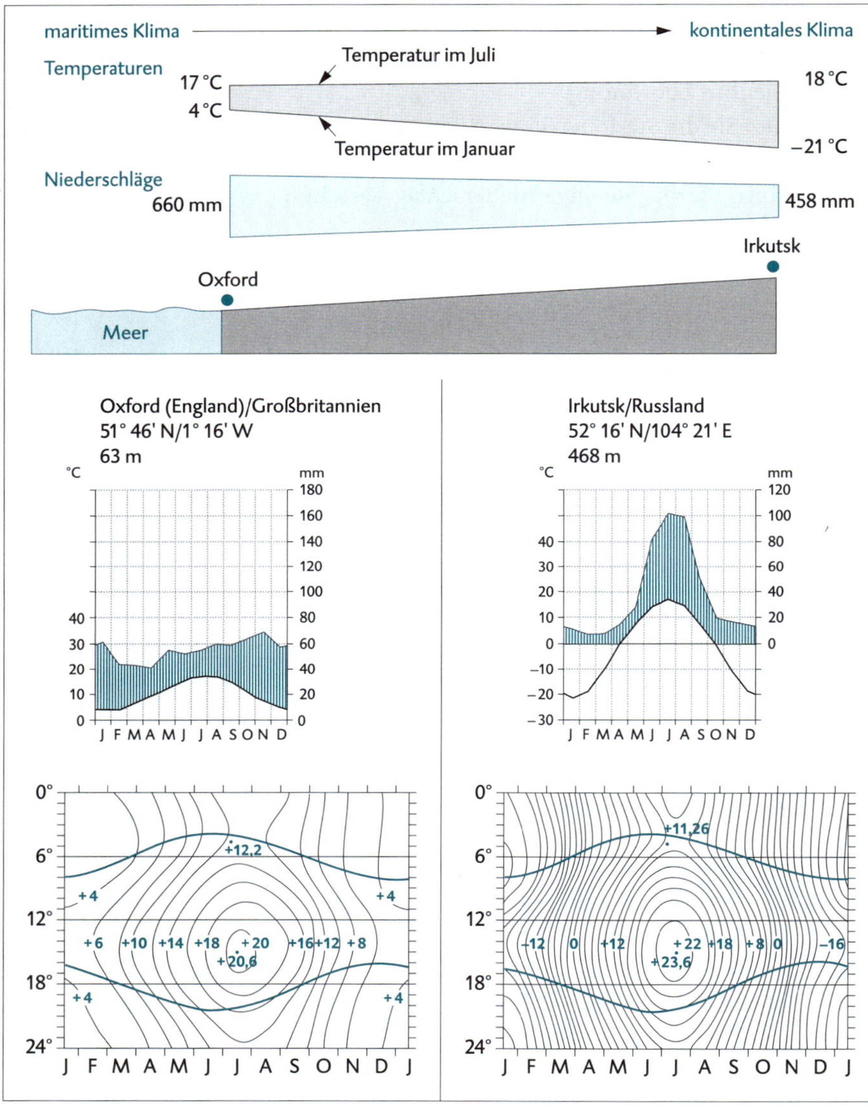

M50: Maritimität versus Kontinentalität

(Meer)wasser erwärmt sich im Sommer langsamer und kühlt im Winter auch langsamer ab. Es speichert im Vergleich zu Böden oder Gestein Wärme viel besser. Ein maritimes Klima zeichnet sich durch milde Winter, kühle Sommer, eine relative geringe Differenz zwischen dem wärmsten und dem kältesten Monat (Temperaturamplitude) und viel Niederschlag aus. Kontinentale Klimate hingegen sind geprägt durch kalte Winter, heiße Sommer, eine hohe Temperaturamplitude und relativ wenig Niederschlag. Über die Temperaturamplitude kann man den Grad der **Maritimität bzw. Kontinentalität** abschätzen oder je nach Klimaklassifikation (z. B. SIEGMUND/FRANKENBERG) auch bestimmen.

4.2 Nebelbildung

Die Bildung von Nebel ist eine typische Eigenschaft von **marinen Ökosystemen (Küstenökosystemen)**. Tritt **Kondensation** oder Sublimation des Wasserdampfes nicht an festen Oberflächen, sondern direkt in gesättigter feuchter Luft ein, so spricht man von Nebel oder Dunst. Solange die Sicht zwar behindert, man aber noch weiter als einen Kilometer sehen kann, spricht man von Dunst; bei Sichtweiten von weniger als einem Kilometer von Nebel. Für Küstengebiete sind verschiedene Typen der Nebelbildung möglich. Oft treten auch Mischformen auf. Am häufigsten bildet sich **Küstennebel** durch Advektionsprozesse.

Advektionsnebel

Sehr langlebiger und über eine längere Zeit bestehender Nebel entsteht dann, wenn warme und feuchte Luftmassen herangeführt werden **(Advektion)** und dann über sehr kalte Unterlagen, Luftschichten oder Wasserflächen geschoben werden. Aufgrund seiner Dauerhaftigkeit ist der Advektionsnebel für die folgende Auswahl an Küstengebieten prägend.

Region	Gewässer	Entstehung
Küstennebel an der Ostsee	Ostsee	Im Spätfrühjahr nach langen und kalten Wintern sind die Meere und großen Binnenseen oft deutlich kälter als das Festland. Strömt die Luft von dort auf die Wasserflächen, so bildet sich durch die Abkühlung der Luft Nebel.
Neufundland Aleuten	Labradorstrom und Golfstrom Oyashio-Strom und Kuroshio-Strom	Überall dort, wo kalte und warme **Meeresströmungen** aufeinandertreffen, bildet sich Advektionsnebel. Dies ist beispielsweise dort der Fall, wo der kalte Labradorstrom auf den warmen Golfstrom trifft. Strömt Luft von der warmen auf die kalte Meeresoberfläche, bildet sich Nebel.

Region	Gewässer	Entstehung
Peru, Nordchile Kalifornien Namibia	Benguelastrom Kalifornienstrom Humboldtstrom	An den Westküsten der Kontinente werden durch die **Passate** und Hochdruckgebiete die warmen Oberflächenwasserschichten auf die Ozeane geschoben. Kaltes Tiefenwasser dringt an die Oberfläche **(Upwelling)**. Dort wird die an sich warme Luft abgekühlt und Nebelbänke bilden sich.
Grönlandnebel	Eismassen Grönlands und nordisches Eismeer	Analog zu den Nebelfeldern auf Schneeresten bei uns im Frühjahr bildet sich Nebel durch Abkühlung warmer Luft an den grönländischen Eismassen.
Arktischer Nebel	Arktischer Ozean	In den Randbereichen der Polargebiete, v. a. der Arktis, kommt es infolge der Zufuhr von kaltem Schmelzwasser und warmer Luft aus Süden zur intensiven Nebelbildung.

M51: Advektionsnebel

Mischungsnebel

Eine weitere oft an Küsten oder Ufern zu beobachtende Ursache für Nebelbildung ist die **Mischungskondensation**. Hier treffen unterschiedlich feuchte und temperierte Luftmassen aufeinander, die den Taupunkt erst durch ihre Mischung unterschreiten und zu Nebel kondensieren.

In der Realität geschieht dies oft im Herbst über sich nur langsam abkühlenden Gewässern. Einzelne Luftpakete werden vom Wasser erwärmt, steigen wie kleine Heißluftballons auf und mischen sich mit der kälteren Luft darüber. Mischungsnebel in Form von kleinen rauchenden Flecken auf der Wasseroberfläche entsteht. Physikalisch entspricht das „Dampfen“ über heißen Suppen oder Teetassen demselben Prinzip.

4.3 Küstenwüsten

Küstenwüsten sind eine Sonderform der Wendekreiswüsten. Sie liegen an Küsten im Bereich der Wendekreise an den Westseiten der Kontinente. Die dort vorherrschenden kalten **Meeresströmungen** stabilisieren Hochdruckgebiete, die durch trockenadiabatische Erwärmung der absteigenden Luftmassen für Trockenheit sorgen. Gleichzeitig treiben die Winde der Hochdruckgebiete die oberflächennahen Wassermassen seewärts und ermöglichen so den Aufstieg kalten Tiefenwassers **(Upwelling)**, welches wiederum die kalten Meeresströme verstärkt. Diese positive Rückkopplung sorgt für stabil geschichtete Luftmassen – die vom Meerwasser gekühlte Luft liegt unter der durch das Absinken der Luftmassen im Hoch erwärmten Luft. Man spricht von einer sogenannten Absinkinversion. Zusätzlich legt sich der warme Passatwind auf die kühlen Luftmassen. Es bildet sich eine Inversion, wodurch der Aufstieg von Luft zusätzlich unterbunden wird. Diese Temperaturanomalie wirkt nun im doppelten Sinne wie eine Sperrzone und verhindert dort intensive Wolkenbildung und konvektive Niederschläge. An der Unterseite dieser Inversionsschicht entsteht Hochnebel und Dunst, aus denen keine oder nur sehr geringe Niederschläge, dann meist als Tau, fallen. Zu den Küstenwüsten zählen neben der Namib in Südwestafrika auch die Atacama in Chile und Peru. Küstenwüsten zählen trotz der direkten Nähe zum Ozean zu den trockensten Wüstentypen.

4.4 Exkurs: El Niño

Die WALKER-Zirkulation ist das Basismodell eines zonalen Luftmassentransports in den Tropen. Sie ist in etwa senkrecht zur meridionalen HADLEY-Zirkulation angeordnet und ist somit eine nahezu breitenkreisparallele Zirkulation. Sie bildet zonale Zirkulationsräder mit Hebung über den relativ warmen Kontinentalgebieten und Absinken über den kühlen Ozeanen. Dieses Absinken ist relativ eng mit den kalten Meeresströmungen verbunden und sorgt in der **ITC** für einen den tiefen Druck überlagernden thermischen Hochdruckeinfluss. Diese zonalen Effekte werden oft als Zusatzkomponente der sonstigen tropischen Strömungen gesehen. Man rechnet sie zu den entscheidenden Faktoren des großen Wasserdampftransportes zum Amazonasgebiet, zum Kongobecken und zum indomalaischen Archipel. Wesentliche Impulse für das Klimageschehen der Erde gehen von der Interaktion zwischen Meer (71 % der Erdoberfläche) und **Atmosphäre** aus. Die ENSO (El Niño Southern Oscillation) ist Ergebnis großräumiger Veränderungen des Luftdrucks und der Meerestemperaturen in den tropisch-subtropischen Regionen des Pazifischen Ozeans.

El Niño

El Niño ist der lokale Name an der peruanischen Küste für einen **Sonderfall der WALKER-Zirkulation** zwischen der Küste Perus und dem indomalaiischen Archipel. Das Wort El Niño (= Christkind, wegen des Einsetzens im Dezember) bezieht sich auf einen warmen Meeresstrom, der aus dem äquatorialen Gegenstrom stammt und bis zu 500 km an der peruanischen Küste nach Süden entlang abgelenkt wird.

Normalmodus

Die SE-Passate bzw. die ost-west-gerichteten Winde verfrachten riesige Wassermengen nach Westen (Windschub). Vor der Küste Perus quillt kaltes Wasser nach oben **(Upwelling)**, was zu einer mittleren Wassertemperatur von 20 °C führt. Der Meeresspiegel ist, aufgrund des beständigen Absinkens der Luft, um ca. 20 cm abgesenkt. Die Thermokline (Dichtesprung zwischen warmem Oberflächenwasser und kaltem Tiefenwasser) ist nahe an der Ozeanoberfläche. Im Bereich des indomalaiischen Archipels steigt der Meeresspiegel um 50 cm gegenüber NN (Warmwasserstau). Die mittlere Ozeanoberflächentemperatur beträgt hier 30 °C. Dieses Wärme- und Energieangebot stabilisiert die aufsteigenden Äste der Walker-Zirkulation.

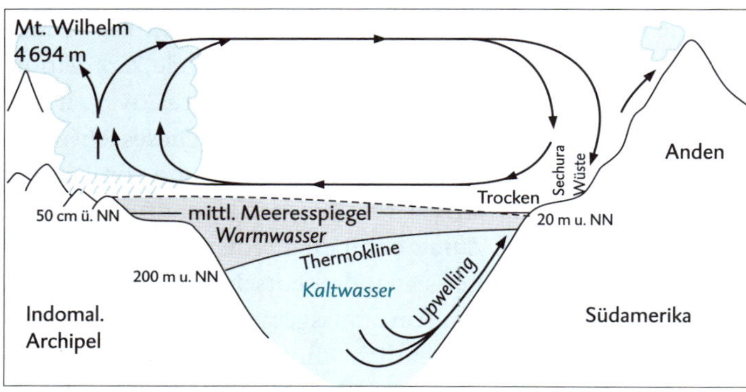

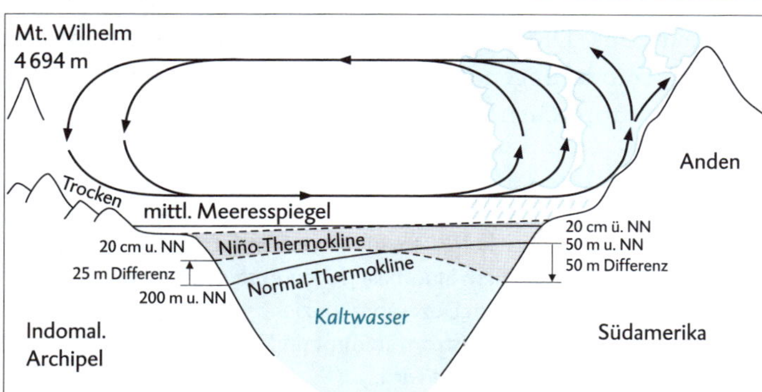

M52: WALKER-Zelle des Pazifik – Normalmodus und El Niño Jahr

El Niño-Phase

El Niño tritt jährlich um die Weihnachtszeit (also im Sommer der Südhalbkugel) ein und beendet für die Fischer Perus die jährliche Fangzeit, da den Fischen durch das warme Wasser die Nahrungsgrundlage genommen wird. Alle 7 bis 10 Jahre ist die Warmwasserzunge in extremem Maße ausgebildet und verdrängt bis nach Chile den durch kalte Auftriebswässer gekennzeichneten Humboldtstrom (**Upwelling** wird unterbunden). Die **ITC** verlagert sich auf die Südhalbkugel, die Druckgegensätze zwischen dem Malaiischen Archipel und Südamerika schwächen sich ab. Die Warmwasserbedeckung verlagert sich an die peruanische Küste. Die WALKER-Zelle über dem Pazifik kehrt sich nahezu komplett um. Die Thermokline vor Südamerika sinkt um 50 m, der Meeresspiegel steigt an und das Meer erwärmt sich. Intensive **Konvektion** und Starkregenfälle prägen nun diese Regionen.

Ein starkes El Niño-Jahr hat für die Menschen an der peruanischen Küste äußerst negative Auswirkungen. Neben den Starkniederschlägen und den damit verbundenen Verwüstungen, die auch den Tourismus und dessen Infrastruktur negativ beeinflussen, treten für die Küstenbewohner noch andere Probleme auf. Die mit der Abschwächung des Upwellings verbundene Zunahme der Wassertemperatur löst eine ganze Kaskade von Veränderungen in **marinen Ökosystemen** aus. Die normalerweise vom Ozean erbrachte **Dienstleistung** der Nahrungsbereitstellung entlang der Nahrungskette wird zumindest stark heruntergefahren bis ganz unterbrochen.

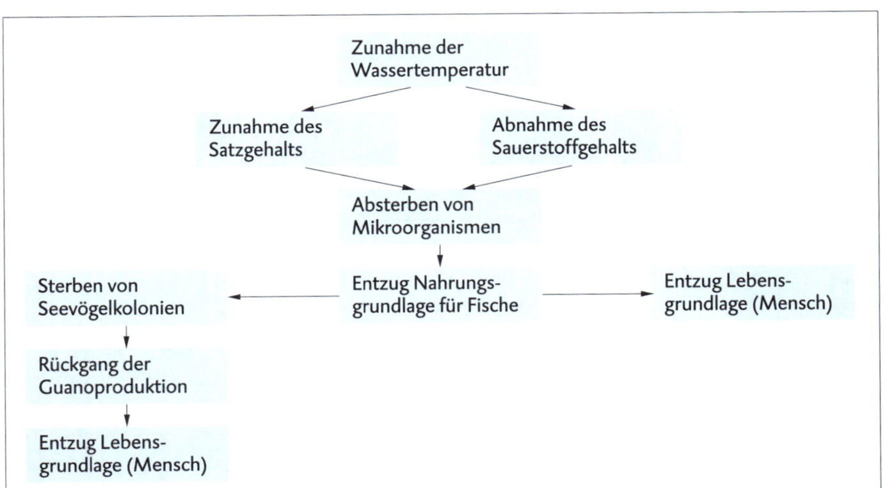

M53: Ökosystem Küste: Zusammenhänge und Abhängigkeiten

4.5 Tropische Wirbelstürme

Ein **tropischer Wirbelsturm** ist das wohl spektakulärste und bekannteste tropische Wetterphänomen und verdankt seine Entstehung unter anderem einer Interaktion der Atmosphäre mit Ozeanwasser. Im karibischen Raum wird ein tropischer Wirbelsturm als Hurrikan, im Bereich des Golfs von Bengalen als Zyklon und im Meeresgebiet des südlichen Ostasiens als Taifun bezeichnet. Die Australier nennen ihre tropischen Wirbelstürme Willy-Willy, wohingegen sie im Seegebiet nordöstlich von Madagaskar Mauritius-**Orkane** genannt werden. Generell können tropische Wirbelstürme aus Bereichen intensiver Konvektion entstehen. Es müssen allerdings noch drei weitere Faktoren hinzukommen:

- Der erste wichtige Faktor ist ein hinreichend warmes Meer (> 26 °C Oberflächentemperatur), das den nötigen Wasserdampf- und Energiebedarf liefert. So sind vor allem die von warmen Strömungen gekennzeichneten Westseiten der Ozeane Entstehungsgebiete von tropischen Wirbelstürmen. Der Südatlantik hingegen ist frei davon.
- Des Weiteren muss eine Höhendivergenz vorherrschen, die den schon entstandenen Hebungsvorgang beschleunigt oder auch im Extremfall erst einleitet. Für die tropische Zyklogenese ist der Druckfall bzw. die primäre Divergenz in der Höhe ausschlaggebende Singularität.
- Die dritte Randbedingung ist eine spürbare Coriolisbeschleunigung. Die Breitenkreisangaben, ab denen die Corioliskraft stark genug ist, schwanken zwischen 5 und 8 °N/S. Die Konsequenz beider Angaben ist allerdings, dass die inneren äquatornahen Tropen frei von tropischen Wirbelstürmen sind.

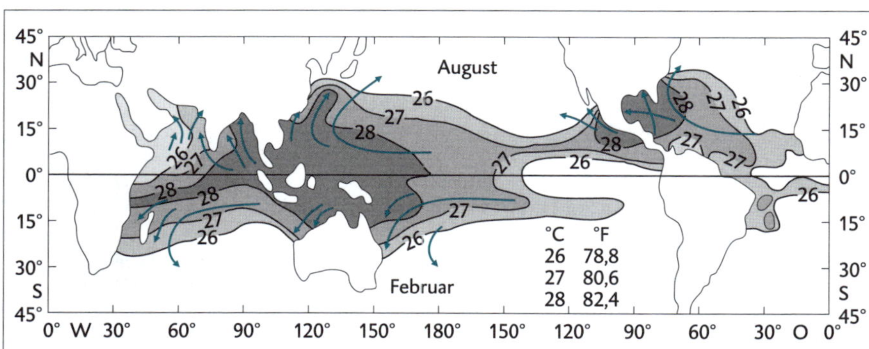

M54: Entstehungsgebiete und Zugstraßen tropischer Wirbelstürme. Ozeanoberflächentemperaturen

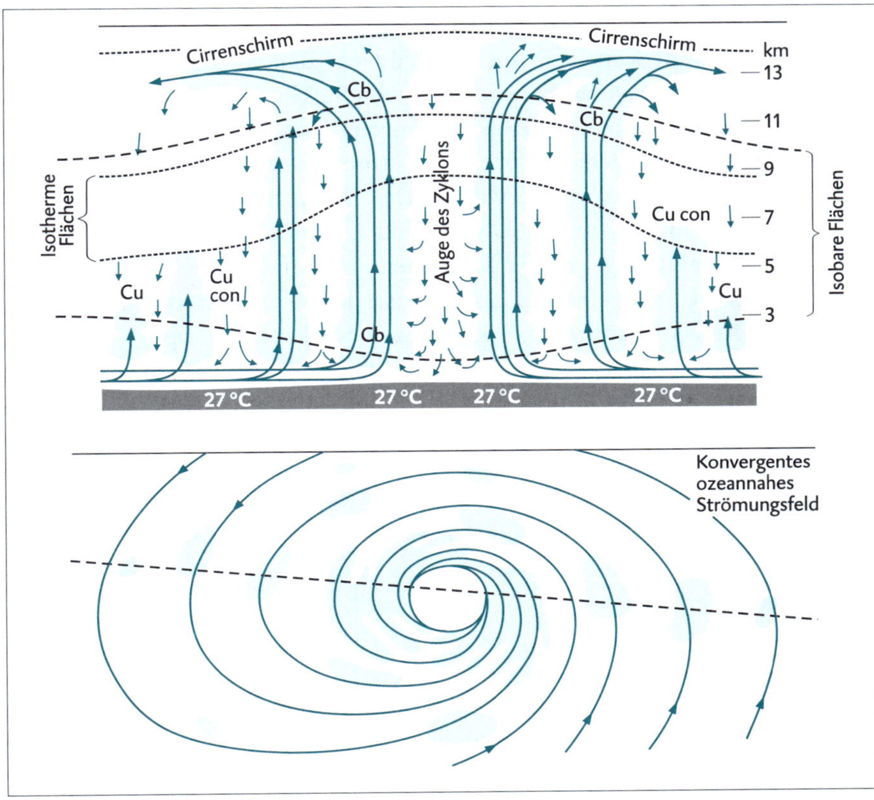

M55: Schnitt durch einen tropischen Wirbelsturm

Die tropischen zyklonalen Wirbel, die sich in ihrem Reifestadium in vielen Punkten von außertropischen Zyklonen unterscheiden, haben einen Durchmesser von 60–900 km. Diese extremen Zahlenwerte ergeben sich aus dem Vergleich von Lehrbüchern und jüngster Wirbelsturmereignisse in der Karibik. So haben laut WEISCHET tropische Zyklonen in der Regel einen Durchmesser von 60–200 km und sind somit „räumlich relativ begrenzt“. GOSSMANN geht von einem rasch rotierenden System von 150–500 km Durchmesser aus, in dem die Konvektion stark intensiviert wird. LAUER & BENDIX gehen von einem Durchmesser von 300–600 km aus. Die sehr zerstörerisch wirkenden Hurrikane Rita, Kathrina und Wilma hatten alle eine maximale Ausdehnung von 800 km. Die unterschiedlichen Zahlenwerte belegen mit Sicherheit nicht eine Zunahme der Ausdehnung tropischer Wirbelstürme, können aber vielleicht als Tendenz angesehen werden. Man muss bedenken, dass verschiedene Autoren verschiedene Kriterien für die Durchmesserbetrachtung anwenden. Wird nur der Bereich der am weitesten hochreichenden Quellwolken (bis 16 km) betrachtet, so ist eine maximale Ausdehnung von 900 km wohl stark übertrieben und die unterschiedlichen Angaben werden verständlicher.

Neben der Größe unterscheidet sich eine tropische Zyklone noch in anderen Bereichen von einer Polarfrontzyklone. Der Kernluftdruck eines tropischen Wirbelsturms kann bis unter 900 hPa fallen, wohingegen 980 hPa für ein dynamisches Tiefdruckgebiet der Mittelbreiten schon ein geringer Druckwert ist. Ein weiterer Unterschied, der das Zentrum des tiefen Drucks betrifft, ist das bei tropischen Wirbelstürmen vorkommende wolkenfreie Auge (15–30 km) aufgrund der starken Rotation. Zudem weist ein **tropischer Wirbelsturm** eine „rotationssymmetrische Temperaturverteilung" (WEISCHET 1995, S. 246) auf, also besitzt er keine Luftmassengegensätze, die die Zyklonen der Außertropen maßgeblich charakterisieren.

Tropische Wirbelstürme werden durch die Mechanismen von Konvergenz und intensiver **Konvektion** über mehrere Tage am Leben erhalten. Sie bilden sich vor allem im Sommer bzw. Herbst, wenn die tropischen Ozeane ihre Maximaltemperatur erreichen.

Aufgabe 12
a Vergleichen Sie die Klimadiagramme und die Thermoisoplethendiagramme von Oxford und Irkutsk (M50, S. 64).
b Erklären Sie die Unterschiede.

Aufgabe 13 San Francisco ist bekannt für die vielen Nebeltage.
Erklären Sie die Entstehung von Küstennebel in der Bucht von San Francisco.

Aufgabe 14 Zeichnen und erklären Sie, ausgehend von der Abbildung, die Entwicklung einer Zyklone.

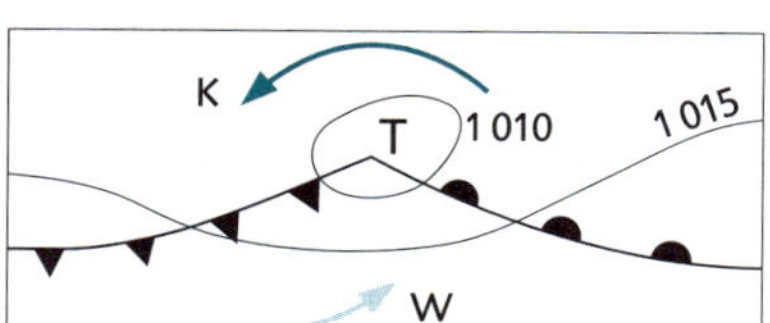

M56: Entwicklung einer Zyklone

Aufgabe 15 Erläutern Sie den Prozess des Upwellings und die Bedeutung für das Küstenklima sowie für das gesamte Küstenökosystem und den Menschen.

Hydrosphäre

1 Grundlagen

Die **Hydrosphäre** (Wasserhülle) der Erde ist wahrscheinlich durch Ausgasung aus Gesteinen und durch Vulkanausbrüche entstanden. Wasser ist ein wesentlicher Bestandteil des globalen Ökosystems. Es übernimmt in seinen verschiedenen Aggregatzuständen (fest, flüssig, gasförmig) im Kreislauf zwischen Atmosphäre, Ozeanen und Kontinenten Wärmespeicher-, Wärmeaustausch- und Steuerungsfunktionen. Wasser ist beteiligt an der Gestaltung der Erdoberfläche und an der Bildung von Böden. Es ist Voraussetzung für alles Leben auf unserem Planeten: Alle Lebewesen bestehen zum Großteil aus Wasser (Mensch 68 %, grüne Blätter 80–90 %). Im Organismus übernimmt das Wasser lebensnotwendige Transport-, Regelungs- und Austauschfunktionen. Wasser ist eine Grundvoraussetzung für die landwirtschaftliche Produktion und die Lebensmittelversorgung, aber auch eine elementare Ressource für die industrielle Produktion und die Energiegewinnung. Wasser ist die wertvollste **Ressource** unseres Planeten.

1.1 Wasser der Erde

Wasser scheint es im Überfluss zu geben: 70 % der Erdoberfläche sind von Wasser bedeckt. Das Salzwasser der Meere bildet mit 97,2 % den Hauptanteil der gewaltigen Wassermenge. Das Süßwasser (2,8 %) ist in Gletschern und Eisbergen gebunden sowie als Oberflächenwasser in Flüssen, Seen oder als Grundwasser unter der Erdoberfläche gespeichert, es befindet sich als Wasserdampf oder Wolken in der **Atmosphäre** und ist in der Biosphäre gebunden.

Ein Vergleich verdeutlicht die Verhältnisse:
Wenn ein Eimer voll Wasser (10 ℓ) die gesamte Wassermenge der Erde repräsentierte, würden Gletscher und Polareis eine Tasse füllen, das Grundwasser noch eine Vierteltasse, das Oberflächenwasser einen Fingerhut. Das als Luftfeuchtigkeit in der Atmosphäre gespeicherte Wasser entspräche nicht mehr als einem Wassertropfen (vgl. M57).

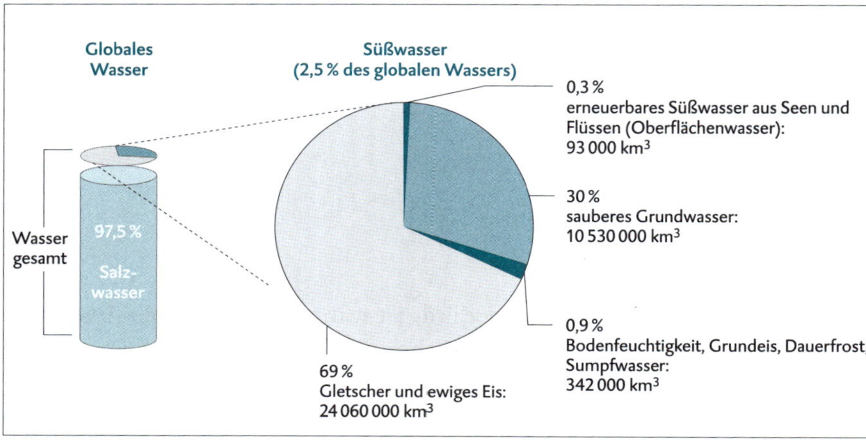

M57: Wassermengen und Wasservorräte auf der Erde

Das Wasser bewegt sich in einem ständigen Kreislauf von Verdunstung, Niederschlag und Abfluss zwischen Himmel und Erde, angetrieben von der Sonneneinstrahlung.

Für die Wasserversorgung stehen nur etwa 0,03 % der gesamten Wassermenge als Süßwasser zur Verfügung. Die nutzbaren Wasservorräte verringern sich seit Millionen von Jahren praktisch nicht, da Wasser einem ständigen Kreislauf unterliegt. Wasser kann bei entsprechender Reinigung/Selbstreinigung immer wieder verwendet werden. Dieser natürliche Reinigungsprozess wurde erst durch die intensive Landwirtschaft und die industrielle Tätigkeit der letzten 150 Jahre gestört.

1.2 Wasserkreislauf

Der globale Wasserkreislauf ist ein permanenter Prozess, der in zwei Teilkreisläufen stattfindet (vgl. M58). Ca. 90 % des über den Meeren verdunsteten Wassers regnen dort auch wieder ab. Nur 10 % regnen als Niederschlag über dem Land ab. Die Landniederschläge werden zudem aus Wasser, das über dem Land verdunstet, gespeist. Der globale Wasserhaushalt wird im Wesentlichen durch die unterschiedliche Sonneneinstrahlung, die globalen und regionalen Windsysteme, das Relief und die Vegetation bestimmt.

Die Wasserbilanz des hydrologischen Kreislaufs ergibt sich aus der Formel: Niederschlag = Abfluss + Verdunstung.

In Regionen, in denen die Niederschlagsmenge größer ist als die Verdunstung, herrscht **humides Klima**, dort, wo die Verdunstung höher ist als der

Niederschlag, herrscht **arides Klima**. Neueste Klimaklassifikationen und Klimadiagramme weisen Aridität und Humidität nur noch so aus. Ein Beispiel ist die effektive Klimaklassifikation von SIEGMUND/FRANKENBERG, die den Wasserhaushalt über die **potenzielle Landschaftsverdunstung (pLV)** bestimmt und diese als separate Kurve in den Klimadiagrammen ausweist (vgl. Kap. Atmosphäre, S. 29f.). Für die Menschen garantiert der globale Wasserkreislauf die kontinuierliche Erneuerung des **Wasserdargebots**.

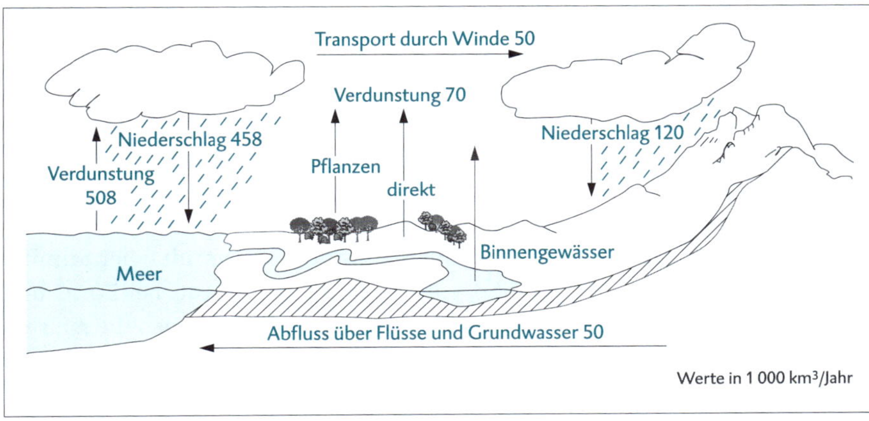

M58: Schema des Wasserkreislaufs der Erde

2 Meere und Ozeane

Um das **Nutzungs- und Gefährdungspotenzial mariner Ökosysteme** analysieren zu können (siehe S. 85 ff.), müssen zunächst einige Eigenschaften der Meere und Ozeane, vor allem die Funktion und Bedeutung von Strömungen dargelegt werden.

Es gibt auf der Erde drei große Ozeane, die die Kontinente voneinander trennen: der atlantische, der pazifische und der indische Ozean. In manchen Publikationen werden der arktische und der antarktische Ozean ebenfalls zu den Weltmeeren gezählt. In den Weltmeeren gibt es auch kleinere Meere, die aber grundsätzlich dieselben physikalischen und chemischen Eigenschaften haben wie die Ozeane. Die Nordsee und das Mittelmeer sind beispielsweise Randmeere des atlantischen Ozeans.

2.1 Physikalische und chemische Eigenschaften des Meerwassers

97,3 % der globalen Wassermenge sind Meerwasser der großen Ozeane (Pazifik, Atlantik, Indik) und der Neben- und Randmeere. Gleichmäßig verteilt, würde eine 2 400 m mächtige Wasserschicht die Erde überziehen. Tatsächlich sind 70 % der Erdoberfläche von Wasser bedeckt.

Das Wasser der Nordsee hat einen durchschnittlichen Salzgehalt (Salinität) von 3,5 %. Abgesehen von den primär im Urozean enthaltenen Stoffen und denen, die direkt durch Vulkanismus ins Meerwasser gelangten (große Mengen von CO_2), stammen alle gelösten Stoffe, auch das Salz, von den Kontinenten.

Im Meerwasser gelöst sind eine Reihe von Hauptkomponenten sowie Spurenstoffe (70 der 92 in der Natur vorkommenden chemischen Elemente) und in geringem Maße gelöste Gase wie Sauerstoff und CO_2. Welche Stoffe aus dem Wasser ausgeschieden und sedimentiert werden, hängt von den chemischen Gegebenheiten des Gesamtsystems ab. Steigen Temperatur oder Salinität, reduziert das z. B. die Löslichkeit von Sauerstoff. Wasser mit einer Salinität von 3,5 % enthält in der Regel 0,54 Vol.-% gelösten Sauerstoff bei 20 °C und 0,8 Vol.-% bei 0 °C. Sinkt der Sauerstoffgehalt unter 0,4 %, können die meisten Fischarten nicht mehr überleben (wobei ein Fisch bei 20 °C Wassertemperatur doppelt so viel Sauerstoff braucht wie bei 10 °C).

Chlor (Cl)	55,04 %	Calcium (Ca)	1,16 %	Borsäure (H_3BO_3)	0,07 %
Natrium (Na)	30,61 %	Kalium	1,10 %	Strontium (Sr)	0,04 %
Sulfate (SO_4)	7,69 %	Bicarbonate ($NHCO_3$)	0,41 %	Spurenelemente	0,01 %
Magnesium (Mg)	3,69 %	Brom (Br)	0,19 %	Fluor (F)	0,10 %

M59: Zusammensetzung des Meerwassers

Je geringer die Wassertemperatur ist, desto höher ist die Dichte des Wassers. Warmes Wasser ist also spezifisch leichter als kaltes. Das Dichtemaximum wird von reinem Wasser bei + 4 °C erreicht. Das gilt aber nicht für Salzwasser: Mit steigendem Salzgehalt erhöht sich die Dichte und der Gefrierpunkt sinkt. Der Salzgehalt im offenen Meer schwankt zwischen 3,2 % und 3,7 %. In verdunstungsreichen Nebenmeeren kann er 4,0 % betragen (östliches Mittelmeer), in solchen mit starkem Süßwasserzufluss weniger (Ostsee 0,4 – 2,0 %, Schwarzes Meer 1,7 %). Die Salinität zeigt größere Abweichungen, wenn durch Verdunstung oder Ausfrieren von Eis der Salzgehalt im übrigen Meerwasser erhöht wird oder wenn durch Niederschlag, Süßwasser von Flüssen oder Abtauen von Eis die Konzentration herabgesetzt wird. Diese Prozesse finden an der Oberfläche statt.

Die Dichte von Meerwasser ist ein wichtiger Parameter in der Ozeanographie, weil bereits geringe klimatisch ausgeprägte Dichteunterschiede zu Salzausgleichsströmungen führen. Diese sind abhängig von der Temperatur, der Salinität und dem Druck. Man spricht von **thermohalinen Strömungen**, wobei das „halin" für Salz steht.

Von besonderer Bedeutung sind auch die thermischen Eigenschaften des Meerwassers. Seine **Wärmespeicherkapazität** ist etwa 1000-mal höher als die der Luft. Bei gleicher Wärmezufuhr erwärmt sich Wasser langsamer als das Land, denn nur 73 % der eingestrahlten Energie dringen bis in 1 m Tiefe, 22 % erreichen 10 m und nur 0,5 % 100 m Wassertiefe. Deshalb entsteht bei Windstille eine stark erwärmte, spezifisch leichtere Schicht auf kaltem Wasser. An ihrer Grenze, der sogenannten thermischen Sprungschicht, entwickelt sich reiches **Planktonleben**. Die Sprungschicht wirkt auch als Sperre für den vertikalen Austausch, z. B. von Nährstoffen aus dem nährstoffreichen Tiefenwasser.

Meerwasser zeigt ein charakteristisches Tiefenprofil.

Oberflächenwasser	bis 300 m Tiefe
Thermische Sprungschicht	300–1 000 m (bei 550 m ca. 5 °C)
Tiefenwasser	1 000–3 000 m
Grundschicht	unter 3 000 m

M60: Tiefenprofil des Meerwassers

Wind und **Konvektion** können für eine Durchmischung der oberen Wasserschichten sorgen: Wasser strahlt Wärme ab. Dabei sinken die abgekühlten Wassermoleküle aufgrund ihrer höheren Dichte bis in eine Tiefe ab, in der das umgebende Wasser die gleiche Dichte aufweist. Im Ausgleich steigen andere Moleküle auf. Diese thermische Vertikalkonvektion kann mehrere Hundert Meter mächtige Wasserschichten durchmischen.

Die thermischen Unterschiede zwischen Tag und Nacht und zwischen den Jahreszeiten werden so durch das Meer ausgeglichen. Durch den Transport von Luftmassen, die über dem Meer Wasserdampf aufgenommen haben, wie auch durch die Meeresströmungen selbst erfolgt ein **Energietransport**, also werden große Wärmemengen über weite Strecken transportiert.

2.2 Meeresströmungen

Oberflächenströmungen

Meeresströmungen können sehr unterschiedliche Ursachen haben. Gemeinsam ist ihnen, dass sie genau wie die Luftmassen in der **Atmosphäre** durch die Corioliskraft abgelenkt werden, auf der Nordhalbkugel im Uhrzeigersinn (nach rechts), auf der Südhalbkugel dagegen (nach links).

Strömungssysteme an der Meeresoberfläche werden durch die globalen Windsysteme bzw. durch die Winddrift angetrieben. Die Kraft des Windes bewirkt nicht nur direkt ein horizontales Strömen des Wassers, sondern staut an Landhindernissen größere Wassermassen auf. Die dadurch entstehenden Druckunterschiede sind wiederum Ursache für starke Strömungen. Die Strömungen werden zudem von kompliziert wirkenden Reibungskräften und der breitenkreisabhängigen **Corioliskraft** beeinflusst (vgl. M61).

Hinzu kommen außerdem noch die Wirkungen der **Gezeitenströme**. Sobald sich das Wasser in Bewegung setzt, wirkt die Corioliskraft ablenkend ein. Die tieferen Wasserschichten werden durch die Reibung mitbewegt und durch die Corioliskraft immer weiter nach rechts gedreht. Dieser Prozess setzt sich von Schicht zu Schicht nach unten fort, bis er in etwa 200 m Tiefe aufhört. Das bedeutet auch, dass zwischen den Oberflächenströmungen und den Tiefenströmungen keine wesentlichen Zusammenhänge bestehen.

Die Oberflächenströmungen sind um 45° zur Windrichtung abgelenkt und erreichen nur etwa 3 % der Windgeschwindigkeit, trotzdem sind sie im Vergleich mit Tiefenströmungen recht schnell und haben eine zentrale Funktion beim Wärmetransport von niedrigen in hohe Breiten. Es entsteht im Zusammenwirken mit der Landverteilung ein kompliziertes Muster von großen und kleinen Ringströmungen.

Die Westwinddrift der Mittelbreiten (auch: gemäßigte Breiten) und die **Passate** erzeugen im Zusammenspiel große subtropische Wasserwirbel, auf der Nordhalbkugel rechts-, auf der Südhalbkugel linksdrehend. Dort, wo die Wassermassen zusammenströmen (Konvergenz), bilden sich „Wasserhügel" mit hohem Auflastdruck. An Stellen, an denen Wassermassen auseinanderströmen (Divergenz), entstehen „Wassersenken" mit geringerem Wasserdruck.

Im Inneren dieser Gebiete bilden sich Auftriebs- bzw. Absinkbewegungen. Das Druckgefälle zwischen den Gebieten bzw. die Neigung der Meeresflächen beeinflusst wiederum das Strömungsverhalten.

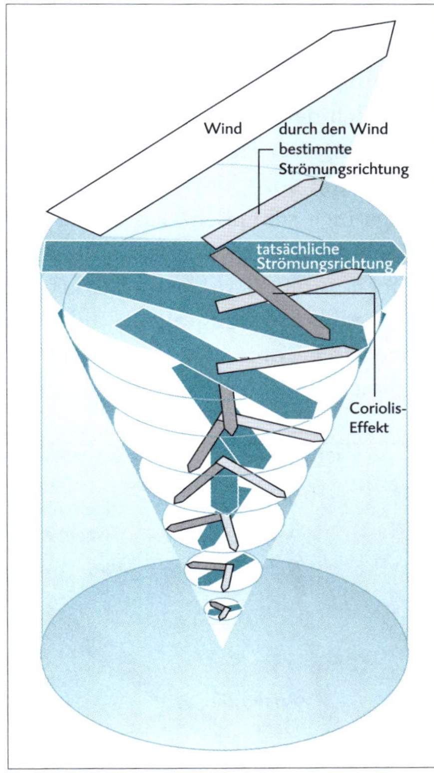

M61: Die Ekmann'sche Strömungsspirale

Diese Strömungsmuster transportieren aus den westlichen Randbereichen der Ozeanbecken warmes Wasser aus niedrigen Breiten polwärts *(western boundary currents)* wie der Golfstrom und der Kuro-Schio. Kaltes Wasser strömt aus den östlichen Randbereichen Richtung Äquator *(eastern boundary currents)* wie der Humboldt-, der Benguela- oder der Kanarenstrom.

Da an den Westküsten der Kontinente warmes Oberflächenwasser durch den Passatwind weggetrieben wird, entsteht hier eine Wassersenke. Als Massenausgleichsströmung steigt 10–12 °C kaltes Wasser aus einer Tiefe von 100–300 m Tiefe auf **(Upwelling)**. Da dieses Wasser sehr nährstoffreich ist, entwickelt sich reiches Phytoplankton, die Nahrungsbasis für reiche Fischbestände. Wegen der höheren Lufttemperaturen kommt es über dem Wasser zur Bildung von Nebel **(Küstennebel)**. Niederschläge bleiben aus, da die vom Land wehenden Winde sehr trocken sind.

Das vielschichtige und eng verzahnte Zusammenspiel zwischen den Oberflächenströmungen und dem atmosphärischen Geschehen ist noch nicht vollständig erforscht.

Beispiel Golfstrom

Im Atlantik fließt der Nordäquatorialstrom, angetrieben vom **Nordostpassat**, westwärts und transportiert über 25 °C warmes Wasser zwischen den Antillen und dem amerikanischen Festland in den Golf von Mexiko. Hier staut sich das Wasser auf und fließt dann als Gefälleströmung mit hoher Geschwindigkeit von über 2,5 m/s durch die nur 220 km breite Floridastraße.

Dieser sogenannte Golfstrom folgt dem Schelfrand von Nordamerika, bevor er mäandrierend den Atlantik durchquert. Einzelne Mäander können sich als Strömungswirbel abtrennen.

Östlich der Neufundlandbank spaltet sich der Golfstrom in drei Arme auf (vgl. M62). Der Hauptarm transportiert große Wärmemengen nach Nordosteuropa und sorgt dort für ein mildes Klima und eisfreie Küsten. Die Strömungsringe schließen sich auf den Ostseiten der Ozeane mit äquatorwärts gerichteten kalten Meeresströmungen.

Doch zur Erklärung des starken und beständigen Stroms reichen Winde und Gefälleströmung alleine nicht aus. Ein Hauptantrieb des oberflächennahen Golfstroms liegt in der Tiefe vor Grönland. Tiefenströme spielen also eine wichtige Rolle.

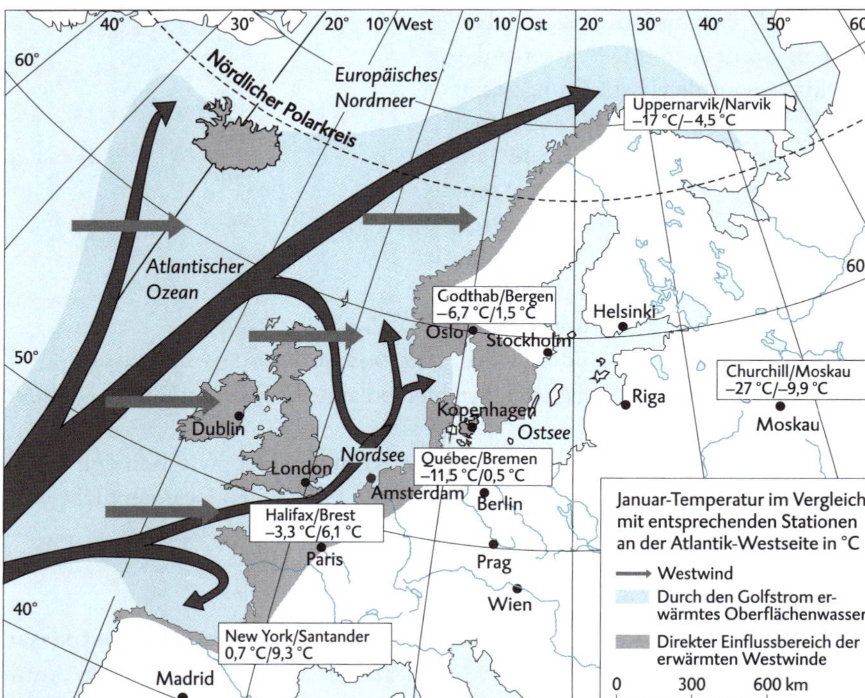

M62: Der Golfstrom und Europa

Tiefenströme

Neben dem Wind wirken die Dichteunterschiede des Wassers als Antrieb von **Meeresströmungen**. Sie sind Hauptursache für die tiefen Umwälzungen der Ozeane.

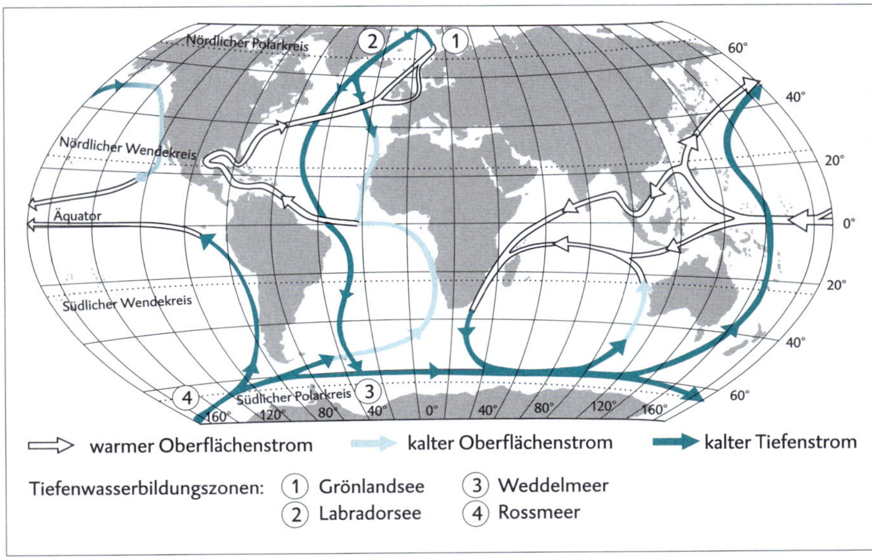

M63: Modell des globalen Strömungskreislaufs

Dichteunterschiede haben vor allem klimatische Ursachen (z. B. Verdunstung, Erwärmung), die wiederum die Salinität beeinflussen. Die so entstehenden **thermohalinen Strömungen** bewegen sich langsam, erfassen aber die gesamte Wassersäule und führen zur globalen Umwälzung der Wassermassen (vgl. M63).

Damit Oberflächenwasser bis auf den Meeresgrund absinken kann **(Downwelling)**, muss sich die Dichte deutlich erhöhen. Dies geschieht entweder durch Abkühlung oder durch Erhöhung des Salzgehaltes. Ein Anstieg der Salinität erfolgt durch starke Verdunstung in Konzentrationsbecken wie dem Mittelmeer, besonders in dessen östlichem Teil, wo es kaum Frischwasserzufuhr gibt. Obwohl die sommerliche Erwärmung des Mittelmeeres der Bildung von sehr dichten Wassermassen entgegenwirkt, kommt es zum Absinken eines Teils des Oberflächenwassers und somit zu einer beständigen Umwälzung des Tiefenwassers, das über die Gibraltarschwelle in den Atlantik ausfließt. Zum Ausgleich strömt frisches Oberflächenwasser aus dem Atlantik ins Mittelmeer.

Die Abkühlung des Oberflächenwassers in höheren Breiten reicht für größere Downwelling-Prozesse noch nicht aus. Allerdings werden besonders im Winter aufgrund der Temperaturannäherung die Dichtedifferenzen zwischen dem Oberflächenwasser und dem Tiefenwasser geringer und die Schichtung wird labiler. Kommt nun ein Ausfrieren von Meerwasser hinzu, wird dem Meer an der Oberfläche Süßwasser entzogen, weil das Salz des Meeres nicht in das Kristallgitter des Eises eingebaut wird. Das Salz wird an das übrige kalte Meerwasser abgegeben, wodurch dessen Salzgehalt steigt. Dieses schwere Wasser kann bis auf den Meeresboden absinken, ein Prozess, den man als **thermohaline Zirkulation** bezeichnet. Solche tiefen Konvektionen geschehen z. B. rund um die Antarktis, im Nordpolarmeer und in der Grönlandsee (vgl. M64).

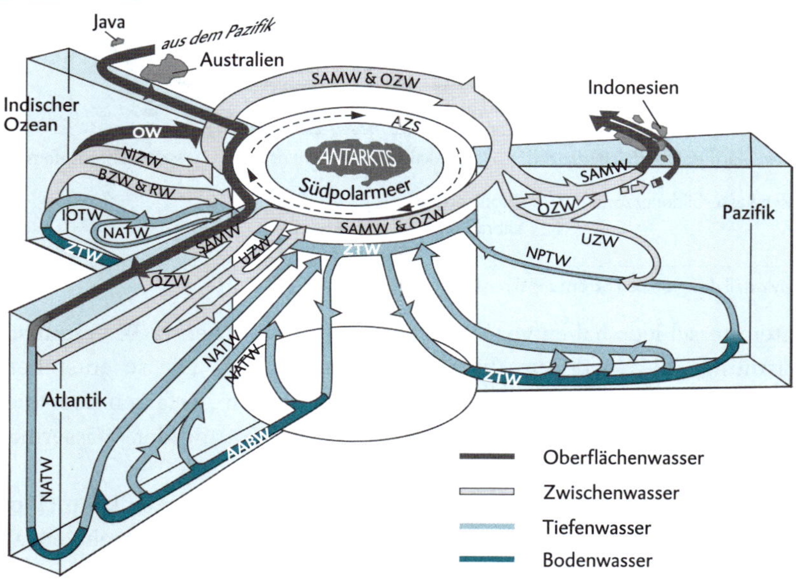

OW	Oberflächenwasser	RW	Rotes-Meer-Wasser
AZS	Antarktischer Zirkumpolarstrom	NATW	Nordatlantisches Tiefenwasser
SAMW	Subantarktisches Modewasser	NPTW	Nordpazifisches Tiefenwasser
OZW	Oberes Zwischenwasser	IOTW	Indischer-Ozean-Tiefenwasser
UZW	Unteres Zwischenwasser	ZTW	Zirkumpolares Tiefenwasser
NIZW	Nordwestindisches Zwischenwasser	AABW	Antarktisches Bodenwasser
BZW	Bandasee-Zwischenwasser		

M64: Die Funktion des antarktischen Zirkumpolarstroms

In der Tiefe des Nordatlantikbeckens sammelt sich das North-Atlantic-Deep-Water (NADW) mit einer Temperatur von ca. 2 °C. Diese Wassermassen strömen am Mittelatlantischen Rücken entlang nach Süden, wo sie auf den antarktischen Zirkumpolarstrom treffen, dem eigentlichen Motor der globalen **thermohalinen Zirkulation**.

Im antarktischen Zirkumpolarstrom vermischen sich die Tiefenwasser aus dem Atlantik mit dem *Antarctic Bottom Water* und werden vom marinen Förderband in den Indik und Pazifik transportiert.

Dort, wo die Passate das warme Oberflächenwasser verlagern, steigt das Tiefenwasser auf **(Upwelling)** und wird besonders in den tropischen Breiten erwärmt. So schließt sich das marine Wärmeaustauschband des globalen Strömungskreislaufs, das alle Ozeane miteinander verbindet und großen Einfluss auf Klima und Wetter der gesamten Erde nimmt.

2.3 Ozean-Atmosphären-Interaktion

Austausch- und Rückkopplungsmechanismen

Die Interaktion der Atmosphäre mit der ozeanischen Hydrosphäre spielt vor allem für klimatische Prozesse eine wichtige Rolle. Zunächst sei an die dämpfende Wirkung des Wassers auf das Klima erinnert **(Wärmespeicher)**. Die unterschiedlich warmen und kalten Strömungen lassen Küstenregionen unterschiedlicher klimatischer Prägung entstehen, die immer vom küstenfernen Hinterland abweichen (vgl. S. 63f.). Ein klassisches Beispiel ist das **Land-See-Windsystem** (vgl. S. 43f.) oder die Entstehung **tropischer Wirbelstürme** (vgl. S. 70f.). Die unterschiedlichen thermischen Eigenschaften von Wasser bzw. das hohe Feuchte- und Wärmeangebot des Wassers wirken sich meteorologisch, teilweise klimatologisch aus.

Das Meer als CO_2-Senke und die Versauerung der Ozeane

Die Meere beeinflussen das globale Klima nicht nur durch Vorgänge des Wärmeaustauschs. Sie fungieren auch als wichtige **CO_2-Senke (Kohlenstoffdioxidsenke)**, indem sie dem Kohlenstoffkreislauf jährlich ca. 3 Mrd. t Kohlenstoff in Form von CO_2 entziehen und als Sediment binden (vgl. M65). Dieser Prozess hängt wesentlich von der Temperatur und vom Nährstoffangebot für die Entwicklung von Biomasse, z. B. von **Plankton** und höheren Tieren mit Kalkskeletten oder -schalen, ab.

Die Meere enthalten 65-mal so viel Kohlenstoff wie die gesamte Atmosphäre. In der terrestrischen Biosphäre sind nur 5 % des im Ozean gelösten

Kohlenstoffs enthalten. Wenn CO_2 mit Wasser reagiert, bildet sich Kohlensäure – das Wasser versauert. Das Meerwasser mit einem pH-Wert von 7,8–8,4 konnte bislang aufgrund seines Puffersystems größere Mengen von CO_2 aufnehmen, ohne dass sich erkennbare pH-Schwankungen ergaben. Etwa 25 % des im Meerwasser gelösten Kohlenstoffs sinken in tiefe Schichten und stehen dann den Kohlenstoffkonsumenten im Oberflächenwasser nicht mehr zur Verfügung.

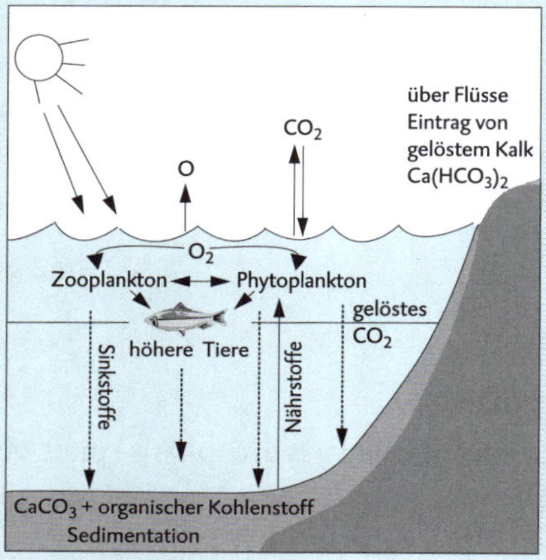

Die Planktonblüte verbraucht im Wasser gelöstes CO_2 und das Meer nimmt CO_2 aus der Atmosphäre auf. CO_2 wird durch Atmung höherer Tiere in die oberen Meeresschichten abgegeben und gelangt zurück in die Atmosphäre. Verklebungen organischer Reste (wie Algen) mit organischen Ausscheidungen des Zooplanktons sinken auf den Ozeanboden (Meeresschnee). Absinkendes Material dient als Nahrung und wird zersetzt und das CO_2 wird wieder frei. Durch die Sedimentation am Ozeanboden wird CO_2 aus dem CO_2-Kreislauf entzogen.

M65: Rolle des Meeres im globalen Kohlenstoffkreislauf

Das Phytoplankton (für die Bildung von 50 % des atmosphärischen Sauerstoffs verantwortlich) ist aufgrund seiner biologischen Dynamik in der Lage, genauso viel Kohlenstoff photosynthetisch zu fixieren wie die Landbiomasse, die 170-mal größer ist. Viele **Planktonarten** (Kalkalgen) sind von einer Kalkschale (Kalziumkarbonat) umgeben. Nach ihrem Absterben sedimentieren diese Kalkschalen am Meeresboden. Somit ist der enthaltene Kohlenstoff dem Wasser entzogen und in biogenen Sedimenten dauerhaft gebunden. Der Ozean hat auch im vom Menschen gestörten Kohlenstoffkreislauf eine wichtige Funktion. Ohne das Meer wäre der CO_2-Anstieg in der Atmosphäre um 60 % größer. Jedoch ist auch die Pufferkapazität des Meeres begrenzt. Forschungen belegen, dass eine Übersättigung des Oberflächenwassers mit CO_2 eingetreten ist. Dies hat bei gleichzeitiger **Erwärmung des Wassers** zu einer **Versauerung** geführt, deren Folgen für die Lebewelt und die Funktion der CO_2-Senke noch nicht absehbar sind.

Die Ursache für die Versauerung des Wassers der Ozeane ist das chemische Gleichgewicht zwischen Wasser und Luft. Da der CO_2-Gehalt der Atmosphäre steigt, löst sich auch mehr CO_2 im Meerwasser, sodass wieder ein Gleichgewicht hergestellt wird. Im Meerwasser wird dafür Kohlensäure gebildet.

Der pH-Wert verringert sich, das Meerwasser wird zunehmend saurer, was wiederum die Sättigung mit Karbonat im Meerwasser verringert. Die Kalkagressivität steigt nun an und Lebewesen aus Kalk wie Korallen werden angegriffen bzw. die Kalk- und Schalenbildung wird erschwert. Durch die globale Erwärmung der Ozeane wird dieses Problem noch verschärft, da warmes Wasser weniger CO_2 halten kann als kaltes.

2.4 Nutzungs- und Gefährdungspotenzial mariner Ökosysteme

Das Meer ist das größte **Ökosystem** der Erde. Zwei Drittel der Erdoberfläche werden von Meerwasser bedeckt – aber mit einer durchschnittlichen Tiefe von 3 000 m eben auch ein immenses belebtes Volumen. Der Meeresbiologe PAUL SNELGROVE bringt dies eindrucksvoll auf den Punkt, indem er sagt, dass die Menschheit über den Mond und den Mars mehr wisse als über den „Grund unserer Ozeane". Welches Potenzial liegt in diesem riesigen Ökosystem? Welche Leistungen erbringt es für uns Menschen? Welchen Gefahren ist es ausgesetzt und wie können wir mit den Meeren nachhaltig umgehen? All diese Fragen im Zusammenhang mit dem **Nutzungs- und Gefährdungspotenzial** sind drängende Fragen unserer Zeit.

Leistungen mariner Ökosysteme

Ozeane, aber auch kleinere Rand- und Binnenmeere, bieten (Dienst-)Leistungen innerhalb des **marinen Ökosystems** an. Diese kann man einteilen in (V) Versorgungs-, (R) Regulierungs- und (K) kulturelle Dienstleistungen, wobei die Grenzen durchaus fließend sein können.

Meere als …	
… Lebensraum (K)	Küstenregionen, Korallenriffe, Mangrovenküste, Wattenmeer, Freiwasser, Tiefsee
… Nahrungslieferant (V)	Fischerei, Aquakultur, Hochsee- und Küstenfischerei
… Energielieferant (V), (R)	Off-shore-Windenergie, Kraftwerke (Wellen, Gezeiten, Osmose, …), Warmwassertransport (Golfstrom)
… Rohstofflieferant (V)	mineralisch (Manganknollen, Sand)
… Verkehrsraum (R), (K)	Globalisierung, Containerschiffe, Handelsrouten, Passagen (Kanäle), Häfen, Havarien, Kreuzfahrtschiffe
… Erholungsraum (K)	Kreuzfahrttourismus, Badetourismus, Massentourismus, Müllproblematik

M66: Funktionen der Meere

Auf einige Leistungen mariner Ökosysteme wird im Folgenden vertiefter eingegangen. Es wird dargelegt, wie sie funktionieren, wie gefährdet sie sind und wie wir als handelnde und den Raum gestaltende Menschen zu ihrem Schutz beitragen können.

Lebensraum Korallenriff

Das bekannte Große Barriere Riff *(Great Barrier Reef)* ist das größte tropische **Korallenriff** der Welt. Riff bildende Korallen – es handelt sich hierbei um kleine, einfach gebaute wirbellose Tiere, die nur wenige Millimeter bis einige Zentimeter groß werden können – benötigen ganzjährig warme Wassertemperaturen von über 18 °C, ausreichend Salzwasser und viel Sonne. Somit ist das Wachstum auf die ersten Dekameter der Ozeane beschränkt. Die Korallen, die in Symbiose mit Algen leben, entziehen dem Meerwasser Kalk und bauen daraus ihre Behausung. Diese Ökosysteme sind neben dem Wattenmeer und den tropischen Regenwäldern vermutlich die artenreichsten der Erde, sicherlich aber der Ozeane. Korallenriffe leisten wichtige Dienste, in dem sie als natürlicher Küstenschutz fungieren. Sie sind aber auch Brutgebiete zahlreicher Fischarten. Die Korallenriffe locken viele Touristen an und haben somit einen hohen ökonomischen Wert (kulturelle Dienstleistung).

Lebensraum Wattenmeer

Das Wattenmeer wird als derjenige Bereich einer flachen, durch **Gezeiten** beeinflussten Küste bezeichnet (vgl. M67), der bei Ebbe langsam trockenfällt und nach dem Niedrigwasser, wenn die Flut kommt, wieder vom Meerwasser bedeckt ist (Hochwasser). Den bei Niedrigwasser freigelegten Meeresboden bezeichnet man dabei als Watt. Dieser ist von Wasserläufen zur Be- und Entwässerung durchzogen. Die Wattenküste ist demnach der küstennahe Teil eines Wattenmeeres. Das Wattenmeer ist für zahlreiche Tiere ein geeigneter Lebensraum (Versorgungsleistung).

Es gehört neben den tropischen Regenwäldern zu den biologisch produktivsten Lebensräumen der Erde, da es ständig von Flüssen vom Festland und von der See her Nährstoffe erhält. Angefangen von Bakterien bis hin zu den Wattwürmern entsteht eine vielfältige Nahrungskette, die einer Vielzahl von Vogelarten ausreichend Nahrung bietet. Die oft vorgelagerten Sandbänke und Inseln dienen Robben und Seevögeln als Lebensraum und fungieren als Wellenbrecher.

Das deutsche und niederländische **Wattenmeer** ist eines der letzten verbleibenden natürlichen großräumigen Ökosysteme in Europa, in welchem natürliche ökologische und biologische Prozesse auch heute noch ungestört ablaufen. Deshalb wurde es im Jahr 2009 in die Liste der Weltnaturerbestätten der UNESCO aufgenommen.

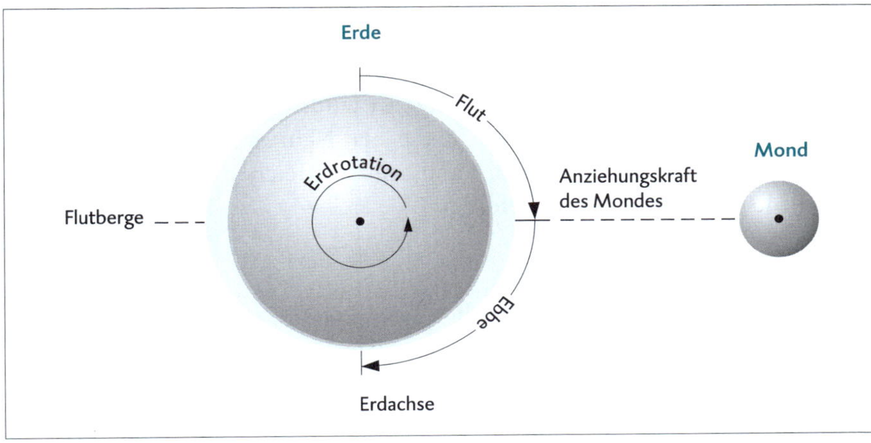

M67: Gezeitenentstehung

Lebensraum Mangrovenküsten

Mangrovenküsten sind typischerweise in tropischen Wattenmeeren verbreitet und werden als biogener Küstentyp klassifiziert. Mangroven sind tropische Küstengehölze in der **Gezeitenzone** (besonders in von Buchten geschützten Küstenabschnitten), die sich auf Schlickböden entwickeln können. Es handelt sich um Stelzwurzelgehölze, die an das Salzwasser im **Gezeitenbereich** gebunden sind. Das dichte Wurzelgeflecht bremst die Gezeitenströme und sorgt so dafür, dass sich Schlick und Feinsand ablagern konnten und können. Des Weiteren bieten diese Wälder Fischen, Muscheln und Krabben ideale Lebensräume. Diese den Stränden vorgelagerten Küstenwälder dienen auch als natürlicher Schutzwall gegenüber Stürmen, die in diesen Breiten **(tropische Wirbelstürme)** sehr verbreitet sein können (Regulierungsleistungen). Seit Beginn der 1980er-Jahre stieg die weltweite Nachfrage nach Garnelen stark an. Diese hatte großflächige Rodungen der Mangrovenwälder zufolge, da dort küstennah Aquakulturen errichtet wurden, um diesen Bedarf zu decken. Sowohl die Versorgungs- als auch die Regulierungsleistungen des Küstenökosystems der Mangroven haben sich dadurch maßgeblich zum Negativen verändert.

Lebensraum Freiwasser und Tiefsee

In jedem Tropfen Meerwasser leben Hunderttausende pflanzlicher und tierischer Lebewesen, das sogenannte **Phytoplankton** (pflanzlich) und **Zooplankton** (tierisch). Das Plankton treibt mit den Meeresströmungen *(Plankton = griech.: das Schwebende)* und bildet dort die Grundlage der maritimen Nahrungskette. Durch Fotosynthese baut das Phytoplankton organisches Material auf, welches dann vom Zooplankton verzehrt wird. Was nicht verwertet wird, sinkt auf den Meeresboden und dient als Nahrung (vgl. M65). Durch **Upwelling** werden diese mineral- und nährstoffreichen tieferen Schichten auch wieder an die Oberfläche befördert.

Meere als Nahrungslieferant

Fischfang, regional sehr unterschiedlich betrieben, ist seit jeher ein wichtiger Wirtschaftszweig. Aber, oder gerade deswegen, sind die Meere überfischt. Natürlich hat dies auch mit gestiegenem Wohlstand und den Möglichkeiten, überall auf der Welt alles zu bekommen, zu tun.

Zirka 30 % der globalen Fischbestände sind überfischt (vgl. M68), was so viel heißt, dass die den Bestand erhaltende Vermehrung nicht mehr möglich ist. Nahezu 60 % sind schon an der Belastungsgrenze angekommen. Also bleibt lediglich ein Zehntel der Fischbestände, bei dem noch Luft nach oben ist. Laut FAO-Angaben leben um die 700 Mio. Menschen, also 10 % aller Menschen, direkt oder indirekt vom **Fischfang**.

Industrielle Hochseefischerei und küstennahe arbeitsintensive Fischerei halten sich, was die gefangenen Mengen angeht, ungefähr die Waage. Jedoch ist der Kraftstoffverbrauch bei der Hochseefischerei um ein Vielfaches höher (ca. 6- bis 7-mal so hoch). Ebenso ist der Beifang, die unbeabsichtigt mit in den Netzen landenden Meerestiere, dort sehr hoch.

Ein weiteres Problem, das trotz Fangquoten und Regulierungen immer noch existiert, ist die sogenannte illegale, unregulierte und undokumentierte Fischerei (IUU). Schätzungen gehen davon aus, dass die IUU-Fischerei ein Drittel der globalen Fangmenge ausmacht.

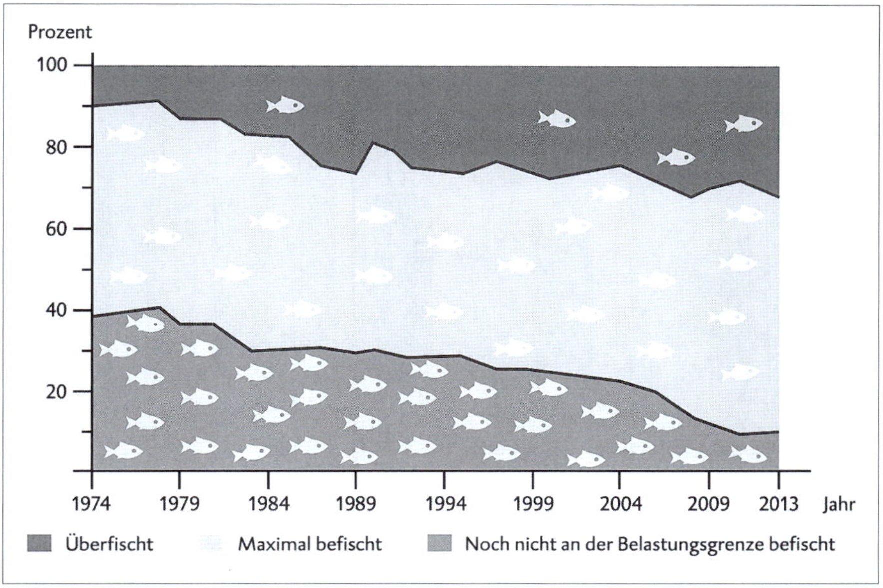

M68: Überfischung der Meere

Neben den politischen Möglichkeiten, die Probleme zu lösen (Fangquoten, Schutzgebiete), hat sich eine weitere Industrie, nämlich die der Aquakulturen, entwickelt. Vor 40 Jahren war diese Form der Fischzucht noch nahezu unbedeutend, aber schon 2023 werden gezüchtete Fische voraussichtlich die Mehrheit der Fische auf unseren Tellern ausmachen (M69). Das starke ökonomische Wachstum bringt für die Umwelt jedoch Probleme mit sich.

Da es sich bei diesen Aquakulturen sehr oft um Monokulturen handelt und Fischzucht auf engstem Raum betrieben wird, ist der Einsatz von Antibiotika unumgänglich. Die küstennahen Ökosysteme, die für die Aquakulturen günstige Standorte darstellen, werden dadurch sowie durch Kotreste stark verschmutzt. Zur Aufzucht wird zudem sehr viel Fischfutter (also wiederum Fisch) benötigt. Die Rodung der Mangrovenwälder – auf den Philippinen ca. ein Drittel für Shrimp-Farmen – belastet das dortige Ökosystem.

Man dreht sich also fast im Kreis. Experten sagen, dass im industriellen Maßstab diese Art, das **Überfischungsproblem (Übernutzung)** zu lösen, ein ökologisches, aber auch soziales Desaster sei, da für die Monokulturen eine enorme Menge an Antibiotikum benötigt wird. Fische verletzen sich zudem oft im beengten Raum und Krankheiten breiten sich aus. Dem ist nur mit der „chemischen Keule“ Herr zu werden. Dies belastet aber auch die Küstengewässer, was sich wiederum negativ auf die Fischerei auswirkt.

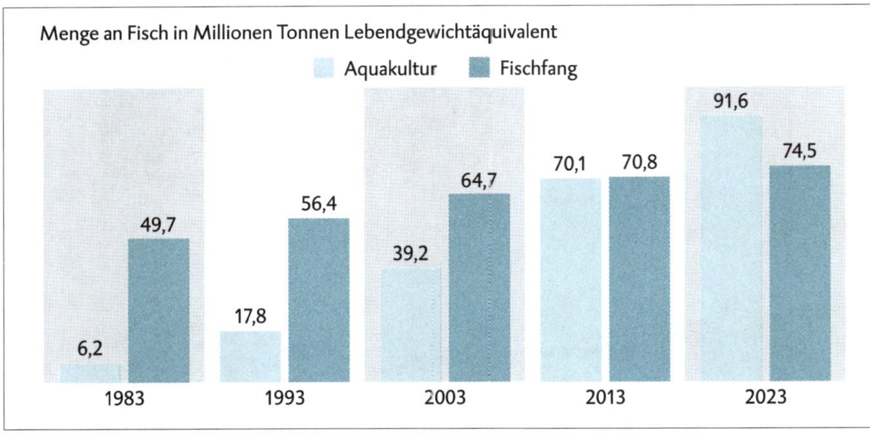

M69: Fischfang und Aquakulturen im Vergleich

Das Meer als Rohstofflieferant

In der Tiefsee locken Schätze mit geheimnisvollen Namen: **Manganknollen**, Kobaltkrusten, Schwarze Raucher. Hoch konzentriert sind in ihnen begehrte Metalle enthalten (vgl. M70/M71).

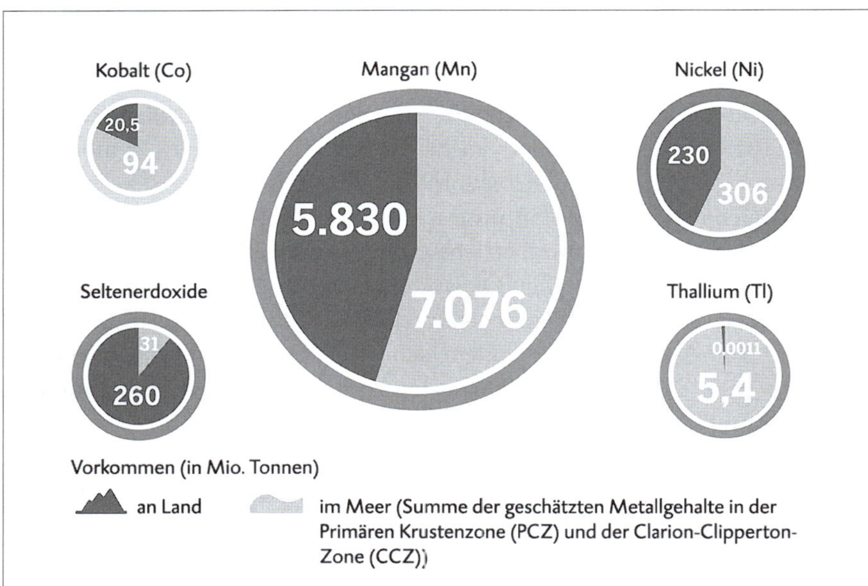

M70: Metallvorkommen an Land und im Meer

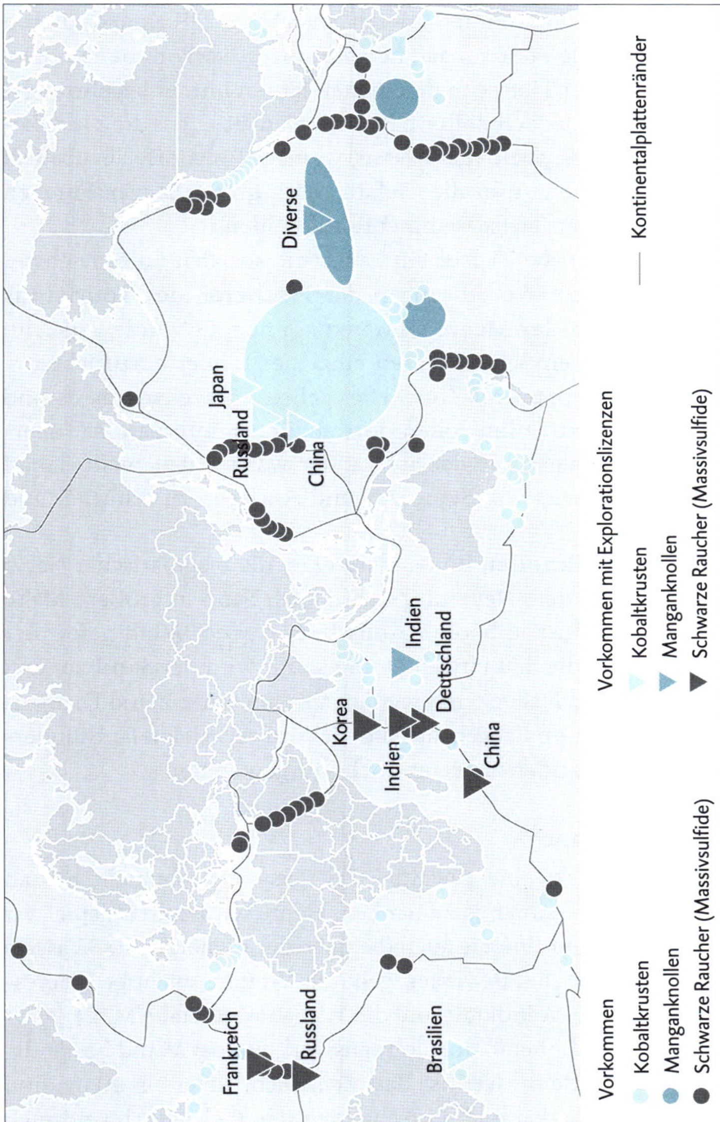

M71: Schätze im Meer

Trotz des immensen Verbrauchs an Metallen sind diese, obwohl es der Name „Seltene Erden“ suggeriert, nicht wirklich knapp. Zunehmende Umweltauflagen, protestierende Bevölkerungsgruppen oder unsichere politische

Bedingungen (z. B. Kobaltvorkommen in der instabilen DR Kongo) lassen Unternehmen, aber auch die Politik, nach neuen Rohstoffvorkommen suchen. So ist die Schatzkammer der Tiefsee in den letzten Jahren immer begehrter geworden (vgl. M70/M71). Jedoch sollte das, was man über das fragile Ökosystem Tiefsee derzeit weiß, dazu veranlassen, weniger Rohstoffe abzubauen. Bei der Erschließung besteht u. a. die Gefahr, dass große Sauger Furchen hinterlassen und die belebten Tiefseesedimente aufwühlen.

Doch wie die Folgen für die Tiefsee sind auch die sozialen Folgen schwer vorhersehbar, die durch massive Störungen der **Fischerei**, des **Tourismus** oder eine **Verschmutzung der Meere** eintreten können. Es wurde versucht, eine Zone mit verschiedenen Schürfrechten einzelner Länder einzurichten – die sogenannte Clarion-Clippterton-Zone. Hier gelten Umweltstandards und die Exploration und die Extraktion sollen dort zukünftig international überwacht werden. Einige weniger entwickelte Länder warten aber nicht darauf und sind bereits dabei, abseits von Standards und Auflagen zu schürfen und Fakten zu schaffen.

Aber nicht nur **Manganknollen** und andere Erze, die magmatischer Natur sind, können abgebaut werden. Neuerdings wird auch Sand in großem Maße nachgefragt, da die Bauindustrie boomt. Äolisch, also vom Wind geformter Sand, eignet sich nicht für die Bauwirtschaft und somit wird der **Sand** vor den Küsten zum begehrten Gut. Neben Sand werden aber auch Kiese und Diamanten vor den Küsten gesucht und abgebaut. Zudem wird seit vielen Jahrhunderten in den ariden und semiariden Gebieten auch Salz gewonnen.

Das Meer als Energielieferant

Im **Ökosystem Meer** steckt eine gewaltige Energie – man braucht nur an Seegang, Sturmfluten oder Tsunamis zu denken. Heute wird zum Beispiel zur Gewinnung von erneuerbarer Energie auch die Bewegungsenergie des Wassers bei Ebbe und Flut in Gezeitenkraftwerken genutzt. Weitere wichtige Meeresenergien sind die Off-shore-Windkraft und die Wellenkraft (siehe M72).

Windkraftanlagen sind überall dort lohnenswert, wo der Wind beständig und stark weht – also auf dem Meer. Ist das Meer nicht tiefer als 40 m, sind diese Anlagen sicher verankerbar und wirtschaftlich rentabel. Jedoch sind auch diese mit Nachteilen verbunden, stehen sie doch in Konkurrenz oder sogar Konflikt mit anderen Nutzungen oder Dienstleistungen: dem Seeverkehr, der Fischerei, aber auch dem Lebensraum für Fische und dem Tourismus.

Gezeiten- und **Wellenkraftwerke**, aber auch die **Osmosekraftwerke**, die den Unterschied im Salzgehalt von Salz- und Süßwasser nutzen, sind vielversprechende Ansätze einer auf regenerative Energieträger setzenden Entwicklung.

Jedoch liegen im Meer auch große **Ölvorkommen** (1/3 = Anteil Off-shore) und Gasfelder (1/3 = Anteil Off-shore), die zu den konventionellen und somit klimaschädlichen und nicht erneuerbaren Energieträgern gehören. Ihr Abbau, die **Öl- und Gasförderung**, aber auch deren Transport ist mit großen Risiken verbunden, z. B. mit Tankerunglücken oder Problemen bei Pipelines oder auf Ölbohrinseln, die zu einer starken **Verschmutzung** mariner Ökosysteme führen können.

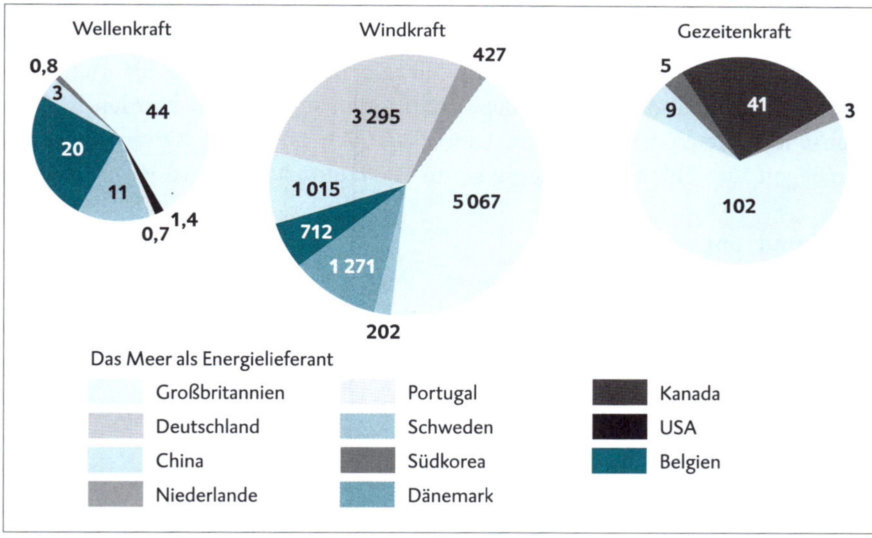

M72: Energie aus dem Meer

Das Meer als Verkehrsraum

Der weitaus größte Teil des internationalen Handels wird heute über den Seeweg in Form von riesigen Containerschiffen abgewickelt. Die Erfindung des Standardcontainers (TEU – Twenty Foot Equivalent Unit) hat dies möglich gemacht. Kanäle wie der Panama- oder der Suezkanal haben die Dauer des Transports auf dem Seeweg ebenso verkürzt.

Aber auch mit dem Containerverkehr sind Gefahren und **Belastungen für das Ökosystem Meer** verbunden. Nicht zuletzt verpesten die Containerschiffe mit ihrem Schiffsdiesel die Luft über dem und im Meer. Verstärkt wird versucht, auch hier umweltfreundlichere Antriebe zu entwickeln – bis hin zum Einsatz von riesigen Segeln. Aber auch Havarien von Tankern oder vollgetankten Containerriesen stellen Belastungen dar. Ganz besonders sind die Hafenstädte von dieser Entwicklung betroffen. Auf der einen Seite profitieren sie ökonomisch und oft aufgrund der guten Arbeitsmarktlage auch sozial davon, nehmen aber im Bereich der Umwelt und des Naturschutzes oft Nachteile dafür in Kauf (Luftverschmutzung, Ausbaggern von Hafenbecken, Müll, Entsorgung der Schiffe usw.).

Das Meer als Erholungsraum

Meere und Strände sind attraktive Ziele für den **Tourismus**. Allerdings ist oft die Belastungsgrenze erreicht oder bereits überschritten. So wurde in Thailand der Traumstrand aus dem Film „The Beach“ im Sommer 2018 für Touristen geschlossen, da das Ökosystem, u. a. die Korallen, durch die bis zu 5 000 Besucher täglich und zu viele Tauchexpeditionen stark gestört worden ist. Der wachsende Kreuzfahrttourismus entwickelt sich an vielen Orten ebenfalls vom Segen zum Fluch (siehe Kapitel zum Massentourismus S. 185 ff.).

Verschmutzung der Meere

Die Müllberge an Stränden sind oft nur der sichtbare Teil einer gigantischen Verschmutzung der Meere. Die wichtigsten Verschmutzungen im Überblick:

Art des Mülls	Gründe und Ursachen	Folgen und Entwicklungen
Radioaktivität	Abfälle aus AKW, Erbe Kalter Krieg	illegale Entsorgung von Atommüll (Kraftwerke) bis in 1980er-Jahre
Munition	Weltkriege, illegale Entsorgung	chemische Waffen hoch problematisch, konventionelle Waffen als Gefahr
Nitrat/Phosphat	Landwirtschaft, Aquakulturen	Massentierhaltung, Todeszonen vor Küsten, Abkommen helfen
Plastik	80 % vom Land aufs Meer, 20 % entstehen auf See	starkes Wachstum, Müllstrudel
Öl	Probleme bei Ölförderung (Leckage, Explosionen)	Havarien rückläufig (Auflagen), Gefahr von Explosionen gegeben
Lärm und Schall	Seeverkehr, Tiefseebergbau, Energiegewinnung	starke Zunahme (Globalisierung), Exploration der Meere
Chemie und Schwermetalle	Industrie, Bergbau, Abgase/Abwässer	Giftstoffe kommen über Fische wieder in Nahrungskette

M73: Verschmutzung der Meere

abe 16 Beschreiben Sie den Verlauf der in M74 dargestellten Meeresströmungen und begründen Sie das Absinken im Levantinischen Becken mithilfe der beigefügten Klimadaten.

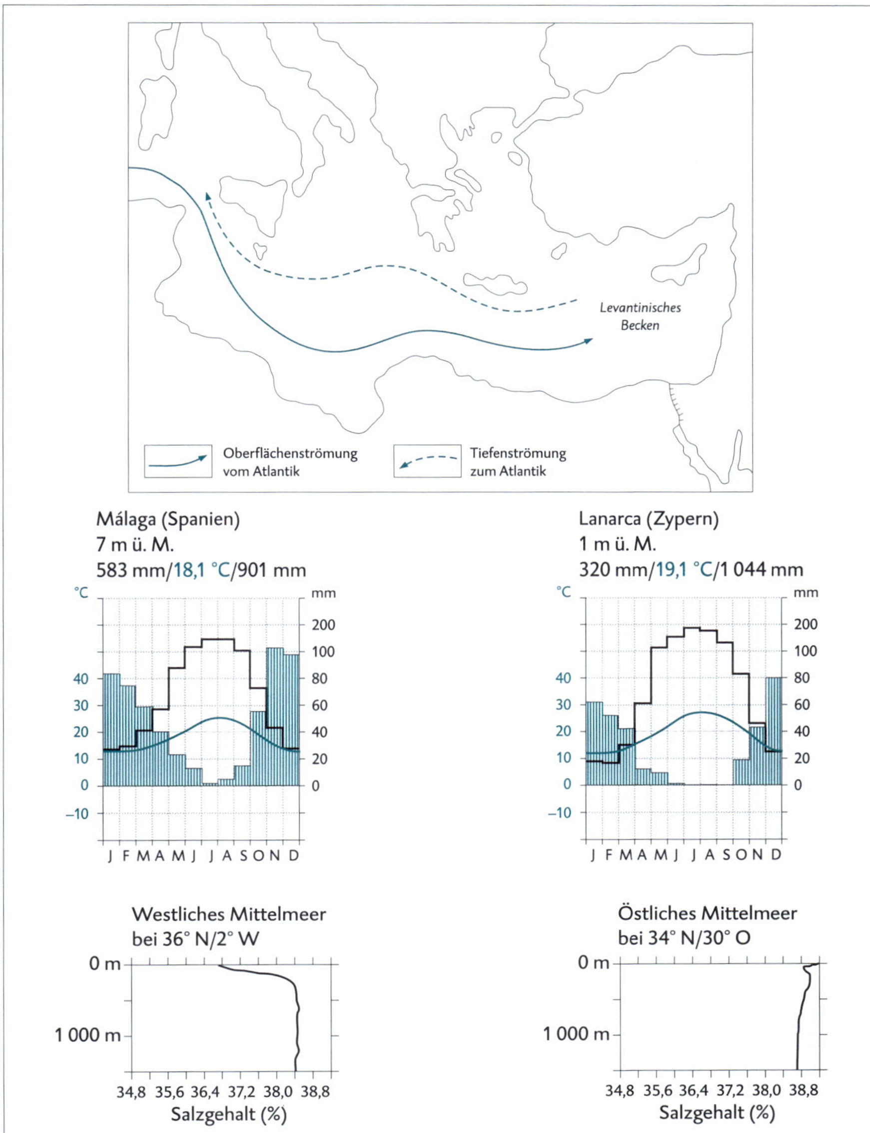

M74: Meeresströmungen und Salzgehalt im Mittelmeer

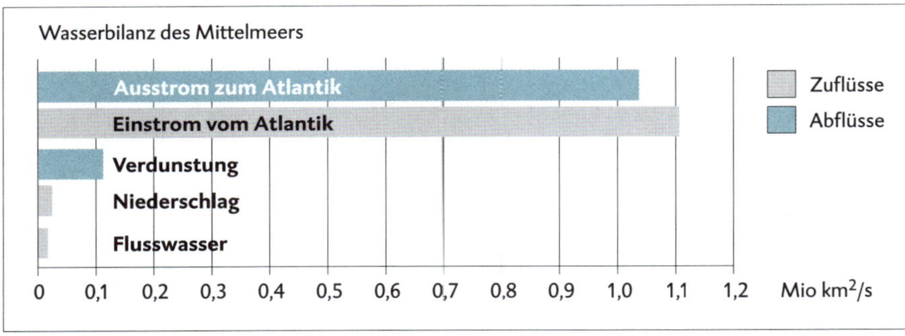

M75: Wasserbilanz des Mittelmeers

Aufgabe 17 Im Pazifischen Ozean sammelt sich immer mehr Plastikmüll. Seit einiger Zeit ist dieses Problem in den Blick des öffentlichen Interesses geraten. Beschreiben Sie die Auswirkungen dieser Meeresverschmutzung und nennen Sie Gegenmaßnahmen.

Aufgabe 18 Erläutern Sie die Auswirkung des CO_2-Anstiegs und der damit verbundenen globalen Erwärmung für das marine Ökosystem Korallenmeer.

3 Ressource Süßwasser – Gefahren und Konflikte

Nur ein geringer Anteil der Wassermenge auf der Erde steht für die Wasserversorgung zur Verfügung. Ungleiche Verteilung des Wassers und regionaler **Wassermangel** führen zu Auseinandersetzungen um die Nutzung des Wassers und verlangen ein gewisses **Wassermanagement** zur nachhaltigen Nutzung dieser kostbaren Ressource.

3.1 Wasserdargebot und Wasserverbrauch

Das weltweite **Wasserdargebot** (vgl. M76), die für die Menschen nutzbare Wassermenge, ist ungleich über den Globus verteilt und die Verteilung der Niederschläge entspricht nicht der Verteilung der Weltbevölkerung.

Für den Wassermangel in bestimmten Regionen sind neben natürlichen Gegebenheiten auch ein unangepasstes **Wassermanagement** und eine zunehmende **Verschmutzung** von Oberflächen- und Grundwasser verantwortlich. Zwar ist der Anteil der Menschen, die Zugang zu sauberem Trinkwasser haben, weltweit gestiegen, dennoch haben zu viele Menschen keinen Zugang zu sauberem Wasser.

Die neuesten Zahlen von WHO und UNESCO (Stand 2018) verdeutlichen dies:

- Weltweit haben 3 von 10 Menschen – oder 2,1 Milliarden – zu Hause keinen Zugang zu sauberem Trinkwasser.
- 6 von 10 Menschen – oder 4,4 Milliarden – mangelt es an angemessenen sanitären Einrichtungen.
- Von den 2,1 Milliarden Menschen, die kein sicheres Trinkwasser haben, haben 844 Millionen nicht einmal Zugang zu elementarer Wasserversorgung.
- 263 Millionen Menschen müssen mehr als eine halbe Stunde pro Weg in Kauf nehmen, um zu einer Wasserquelle zu gelangen.
- 159 Millionen Menschen trinken noch immer unbehandeltes Wasser von Oberflächengewässern wie Flüssen, Bächen oder Seen.

Der Mensch beeinflusst durch sein Wirtschaften den natürlichen Wasserkreislauf (vgl. M77). Missmanagement mit **Wassermangel** und **Wasserverschmutzung** führen auch zu erheblichen Landverlusten infolge von Versalzung und Desertifikation.

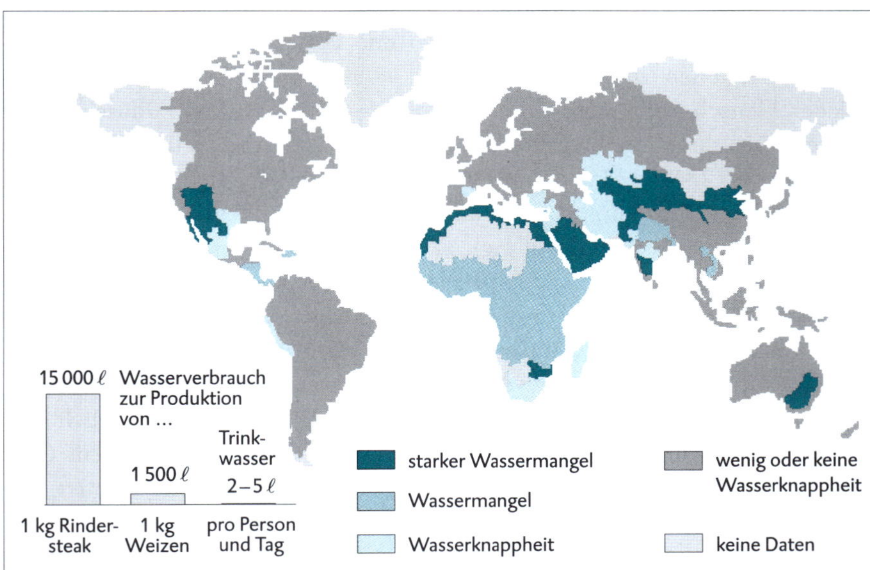

M76: Verteilung des erneuerbaren Wasserdargebots

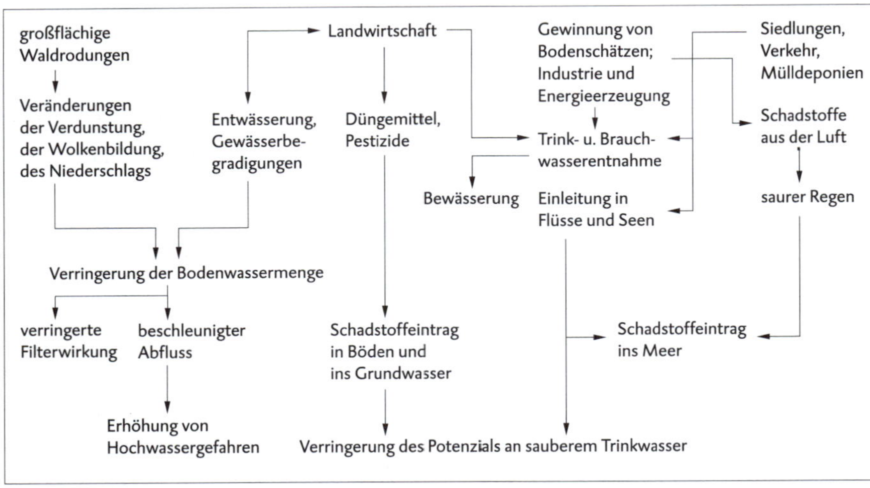

M77: Anthropogene Einflüsse auf den Wasserkreislauf

Wasserverbrauch

Der Wasserverbrauch steigt noch stärker an als die Weltbevölkerung. Die Hauptursachen dafür liegen in der wachsenden industriellen Produktion, in der Verbesserung des Lebensstandards, den hygienischen Verhältnissen und den veränderten Ernährungs-, Lebens- und Konsumgewohnheiten. Ebenso spielt der **Massentourismus** in warmen und vor allem trockenen „sonnensicheren" Regionen eine wichtige Rolle.

Jeder Mensch verbraucht im Durchschnitt täglich mehrere Tausend Liter Wasser. Die direkt verbrauchte Wassermenge ist dabei relativ gering, in Deutschland 123 Liter/Tag/Kopf (Stand 2017, zum Vergleich: 1990 waren es noch 147 Liter/Tag/Kopf). Davon entfallen 62 % auf die sanitäre Versorgung (Duschen, Baden, Toilettenspülung), 12 % auf Wäschewaschen, die restlichen 26 % verteilen sich auf Körperpflege, Geschirrspülen, Hausgartenbewässerung, Trinken/Kochen, Autowäsche und Sonstiges (vgl. M78).

Die indirekt verbrauchte Süßwassermenge, auch als **virtuelles Wasser** bezeichnet, die für die Erzeugung von Nahrungsmitteln und Industrieprodukten, für die Energiegewinnung und den Verkehr eingesetzt wird, ist erheblich. Der gestiegene Fleischkonsum und die steigende Nachfrage nach frischem Obst und Gemüse zu jeder Jahreszeit führten zu einem enormen Anstieg des Wasserverbrauchs in der Landwirtschaft (vgl. M76).

Für die Herstellung von 1 Liter Bier werden 60 Liter Wasser verbraucht, für die Erzeugung von 1 kg Getreide werden je nach Klimazone bis 2 000 Liter, für 1 kg Fleisch werden über 15 000 Liter benötigt. Allein die Herstellung des Papiers für diesen Trainingsband verbrauchte 62 Liter Wasser, also sechs volle 10-Liter-Wassereimer.

Land	Verbrauch
Deutschland	123
Dänemark	130
Frankreich	156
Schweden	197
Italien	213
Schweiz	237
Australien	256
USA	295

M78: Durchschnittlicher Haushaltswasserverbrauch je Einwohner/ Tag in Liter

3.2 Wasserkonflikte

Wenn die existenzielle Ressource Süßwasser knapp ist, kommt es schnell zu **Konflikten** um die Nutzung des Wassers – **innerstaatlich** und **international**. Man unterscheidet ökologische Auseinandersetzungen von ökonomischen und sozialen Konflikten.

Letztere können ausgelöst werden durch die Einführung oder Erhöhung des Wasserpreises – betroffen sind hier arme Bevölkerungsteile durch eine ungerechte Wasserverteilung oder infolge unterschiedlicher Nutzungsinteressen.

Bei den ökologischen Konflikten geht es meist um großflächige **Überflutungen** aufgrund von Staudammprojekten, Raubbau an Wasservorräten oder um massive und nachhaltige Verschmutzung von Süßwasserressourcen. Ökologische sowie ökonomische und soziale Konfliktursachen sind meist miteinander verzahnt.

In zahlreichen Mittelmeerländern kommt es vor allem zu **Nutzungskonflikten** zwischen der Landwirtschaft und dem **Massentourismus**. In Spanien versucht man, den trockenen Süden durch Fremdwasser aus den regenreichen Gebirgsregionen im Norden zu versorgen. Das in zahlreichen Talsperren aufgefangene bzw. in Flüssen aufgestaute Regen- und Oberflächenwasser wird z. B. über das Leitungssystem des Tajo-Segura-Kanals zur Huerta von Murcia und in die Küstenregion der Costa Blanca geleitet **(Wasserferntransport)**.

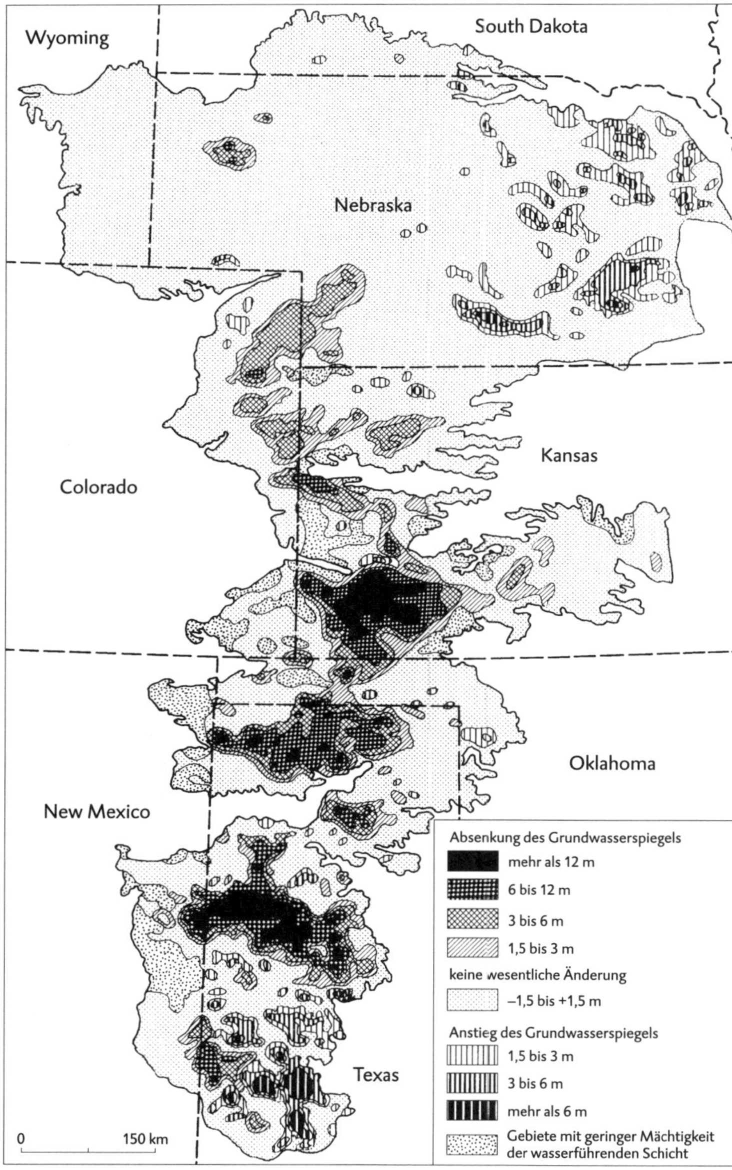

M79: Absenkung des Ogallala-Aquifer 1980–1997

Zusätzlich sollte mit dem Ebro-Almeria-Kanal Wasser aus dem Oberlauf des Ebros in die Küstengebiete am Mittelmeer umgeleitet werden. Der Nationale Wasserplan aus dem Jahr 2000 führte aber zu heftigen und anhaltenden Protesten von Umweltaktivisten und Bürgern der Provinz Aragon. Man befürchtete Grundwasserabsenkungen und Eindringen von salzigem Meerwasser in das Ebro-Delta infolge des sinkenden Wasserdrucks des Flusses und forderte als Konfliktlösung ein besseres **Wassermanagement**. Seit 2004 ist das Projekt gestoppt, die Entsalzung von Meerwasser soll die Probleme lösen.

Meerwasserentsalzung

Eine Möglichkeit der Süßwassergewinnung stellt die **Meerwasserentsalzung** dar. In Küstenregionen oder auf Inseln (z. B. Madagaskar) ist Meerwasser unbegrenzt verfügbar. Jedoch ist die Entsalzung von Meerwasser mit hohen Investitions- und Betriebskosten verbunden. Zudem ist der Energieverbrauch bei der Entsalzung hoch.

Im Prinzip werden zwei aufwendige Verfahren angewandt:

- Ein mehrstufiges Eindampfungsverfahren, in dem das Meerwasser teilweise über 115° C erwärmt werden muss, bis es verdampft,
- und die Umkehrosmose, die mit semipermeablen Membranen arbeitet.

Durch den angesprochenen hohen Energieaufwand würden viele Entwicklungs- und Schwellenländer gezwungen, teure Energieträger wie Erdöl einzuführen, sofern die erforderliche Energie nicht aus erneuerbaren Energieträgern wie Wind- oder Wasserkraft stammt. Außerdem steht das so gewonnene Bewässerungswasser zunächst nur in den Küstengebieten zur Verfügung – für dessen Verteilung im Land wäre wiederum ein hoher Aufwand nötig, da Pumpanlagen und Wasserleitung für einen **Wasserferntransport** errichtet werden müssten, die die Wasserbereitstellung nochmals erheblich verteuern würden.
Insgesamt stellt sich daher bei der Meerwasserentsalzung die Frage nach dem Gleichgewicht zwischen Kosten und Nutzen.

In einigen Trockenräumen (Libyen, Mittlerer Westen/USA) hat man Schichten mit **fossilem Grundwasser** angebohrt. Diese riesigen Aquifere könnten bei einem vernünftigen Wassermanagement das Wasserproblem für viele Jahrzehnte lösen. Die Wassermengen sind gewaltig, aber endlich, da fossile Wasserlagerstätten nicht regeneriert werden. Tatsächlich führte der plötzliche „Überfluss" an Wasser jedoch zum Raubbau und verschwenderischem Umgang. Beim Ogallala-Aquifer sind die Vorräte nach wenigen Jahrzehnten dramatisch geschrumpft (vgl. M79/ M80).

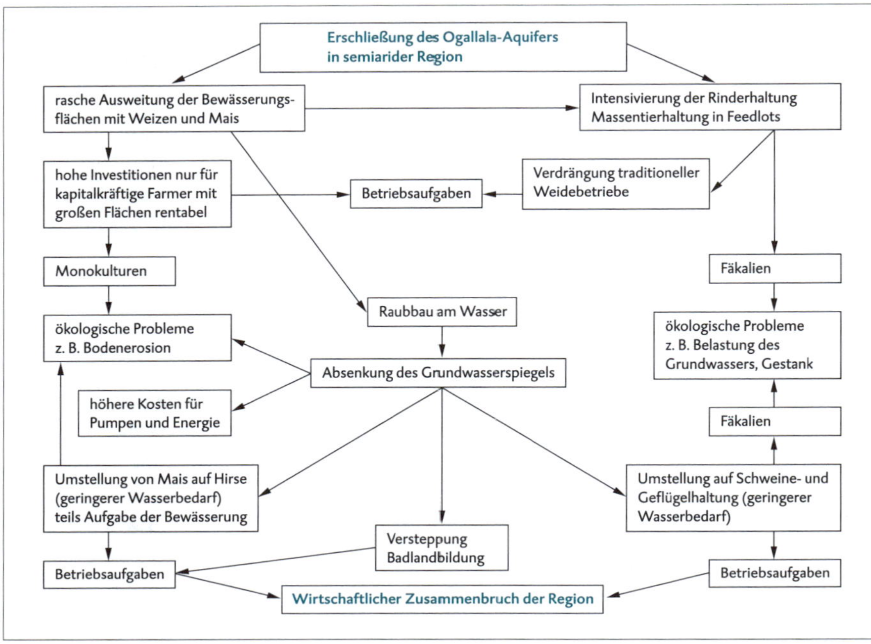

M80: Nutzung der fossilen Wasserlagerstätte des Ogallala-Aquifers

Wie das Zusammenspiel von labilen Naturfaktoren und mangelhaftem Wassermanagement in semiariden Räumen innerhalb weniger Jahrzehnte zu ökologischen und ökonomischen Katastrophen führen kann, zeigt das Beispiel des Aralsees.

Am Aralsee herrscht ein kontinentales Wüstenklima mit Jahresniederschlägen um 125 mm. Die Winter sind kalt und humid, die Monate April bis Oktober arid. Aufgrund der Temperaturen zwischen 23 und 25 °C ist die Verdunstung zwischen Juni und August besonders hoch. Vom örtlichen Niederschlag kann der See nicht gespeist werden, er ist auf regelmäßige Zuflüsse (Syrdarja und Amurdarja) angewiesen. Bis 1960 bestand ein Gleichgewicht zwischen Verdunstung und Zufluss, einen Abfluss besitzt der Aralsee nicht. Seit 1960 ist ein ständiges Schrumpfen des Sees zu beobachten, im Jahr 2002 hatte er nur noch 40 % seiner Fläche, der Wasserspiegel war um 16 m (bis 2005 um weitere 9 m) gesunken, das Seeufer hatte sich um 150 km verschoben. Seit 2000 hat der See keine Zuflüsse mehr. Die Austrocknung verlief schneller als erwartet, denn bereits 2000 wurde der für 2010 vorhergesagte Stand erreicht. Aufgrund großflächiger **Bewässerungsprojekte** seit den 1950er-Jahren – man wollte in der ehemaligen Sowjetunion die Wüste in einen Obst- und Gemüsegarten verwandeln und Autarkie bei der Baumwolle erlangen – verdunstet ein Großteil des Wassers der beiden Aralsee-Zuflüsse auf Baumwoll- und Gemüsefeldern aufgrund von unangepasster Bewässerung. Der Rest versickert aus schadhaften Leitungen oder wird von der Industrie und in den Städten verbraucht. Das Zusammenspiel von labilen Naturfaktoren und mangelhaftem **Wassermanagement** bezüglich der **Bewässerungsmethoden** hat in diesem semiariden Raum innerhalb weniger Jahrzehnte zu einer ökologischen und ökonomischen Katastrophe geführt und aus dem Aralsee eine Aralwüste gemacht (vgl. M81).

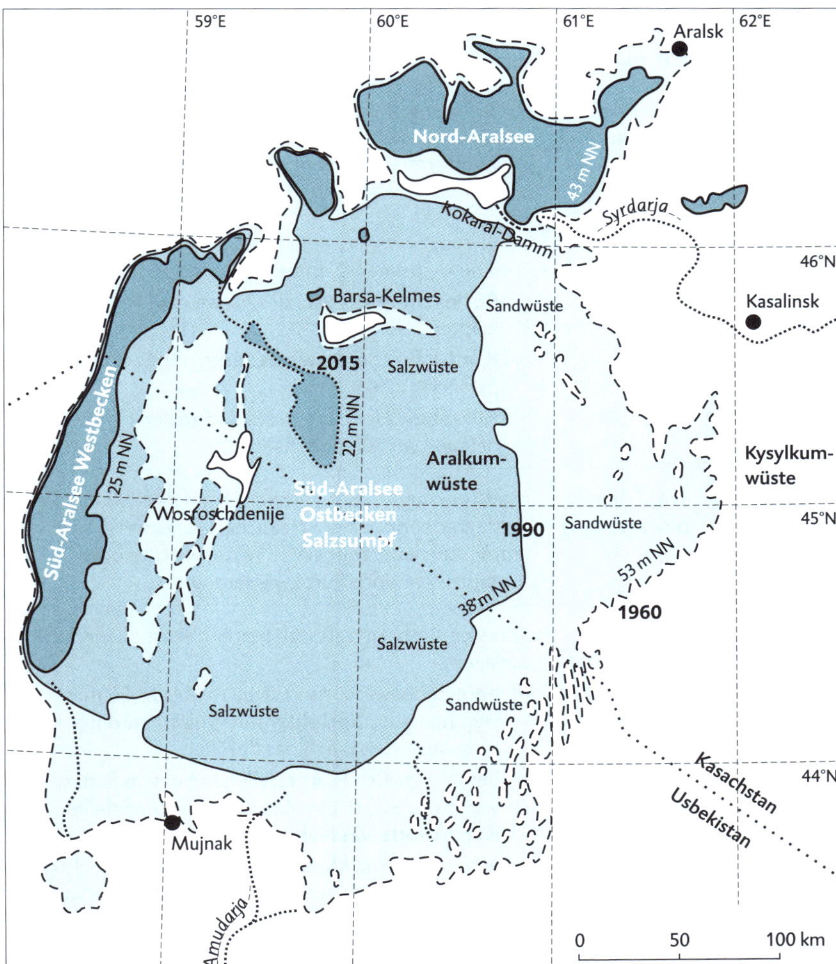

M81: Veränderung des Aralsees

Der Anteil des bewässerten Ackerlandes an der Weltackerfläche liegt bei knapp 20 %. Die Bewässerung bietet viele Vorteile wie höhere Flächenerträge, mehrere Ernten pro Jahr, weniger Missernten oder auch die Möglichkeit zum Anbau lukrativerer Produkte. Die **Bewässerungsmethode** hängt v. a. vom technischen Entwicklungsstand, von den agrarsozialen Strukturen sowie von der Herkunft des verfügbaren Wassers ab (vgl. M82/M83). Da rund zwei Drittel des Weltwasserverbrauchs auf die Landwirtschaft entfallen, liegen im Bereich der Bewässerungslandwirtschaft große Einsparpotenziale.

Nassfeldbau	Aufstauen des Niederschlagswassers mittels Terrassen oder Dämmen, z. B. zum Reisanbau (in Monsungebieten)	
Künstliche Bewässerung	**Überflutungsbewässerung**	Überflutung eingeebneter, umdämmter Felder; das Wasser versickert im Boden Sonderform **Terrassenbewässerung:** Weiterleitung des Wassers von der obersten zur untersten Terrasse
	Furchenbewässerung	Einleitung von Wasser in Furchen, die die mit Pflanzen bewachsenen Dämme trennen. Sonderformen: – **Berieselung** – fließendes Wasser auf leicht geneigten Feldern – **Konturfurchenbewässerung** mittels isohypsenparalleler Rillen – **Rillenbewässerung** mittels schmaler, in Hangneigung verlaufender Rillen
	Tröpfchenbewässerung	Bewässerung mittels oberirdisch auf dem Boden verlegter perforierter Schläuche, aus denen z. T. computergestützt dosiert Wasser austritt; oder unterirdisch: Unterflurbewässerung
	Beregnung	Wasserzufuhr mittels stationärer oder mobiler Sprühanlagen: – bei einer bewässerten Fläche mit bis zu 60 m Durchmesser: **Sprinkler** mit großen Verdunstungsverlusten durch das Sprühen – bei sehr großen Fahrgestellen mit einem Radius von bis zu 800 m um eine zentrale Pumpstelle: **Karussellbewässerung** (vgl. S. 1) – moderne Form: **Linear-move-System** – rechteckige Form; Wasser fällt aus geringem Abstand gezielt auf die Pflanzen herab; Folge: geringere Verdunstungsverluste

M82: Wichtige Bewässerungsverfahren im Überblick

	Oberflächen-bewässerung	Beregnung	Tröpfchen-bewässerung
Verdunstungsverluste	hoch	hoch	gering
Versickerungsverluste	mittel	gering	gering
Wassernutzungseffizienz	40–50 %	60–70 %	80–90 %
Versalzungsgefahr	gering	hoch	gering
Verschlämmungsgefahr	mittel	hoch	mittel
Methanausgasung	ja	nein	nein
Installationskosten	gering	hoch	hoch
geeignete Böden	schwere Böden, kein Gefälle	alle Böden, kein bis leichtes Gefälle	alle Böden, jedes Gefälle
mögliche Kulturarten	stauwassertolerante Arten, z. B. Reis	alle	hauptsächlich Dauerkulturen, z. B. Wein, Obst und Gemüse

M83: Bewässerungsmethoden im Vergleich

Internationale Wasserkonflikte

Zu internationalen Wasserkonflikten kann es kommen, wenn mehrere Anrainerstaaten einen möglichst großen Anteil eines grenzüberschreitenden Gewässers nutzen wollen. Das Konfliktpotenzial ist dabei abhängig von der in einer Region insgesamt zur Verfügung stehenden Wassermenge, von der **Aridität** und von den Alternativen der Wasserversorgung.

Als die Türkei im Rahmen des südostanatolischen Bewässerungsprojektes GAP begann, die Flüsse Euphrat und Tigris zu stauen, begann ein Streit zwischen der Türkei, Syrien und dem Irak um die Frage nach der Verteilung des Wassers. Zu einer Einigung ist es bis heute nicht gekommen. Die Haltung der Türkei beschrieb der frühere Ministerpräsident Demirel: „Das Öl gehört dem, der Öl hat, und das Wasser gehört dem, der Wasser hat.“ Diese Äußerung zielt weniger darauf, das Wasser als Waffe einzusetzen, zumal es aufgrund der Wasserspeicherkapazitäten nicht möglich ist, die gesamte Wassermenge zurückzuhalten, sondern auf eine ökonomische Strategie: Die Türkei möchte als Wasserhändler mit ihren zunehmend bedürftiger werdenden Nachbarstaaten ins Geschäft kommen.

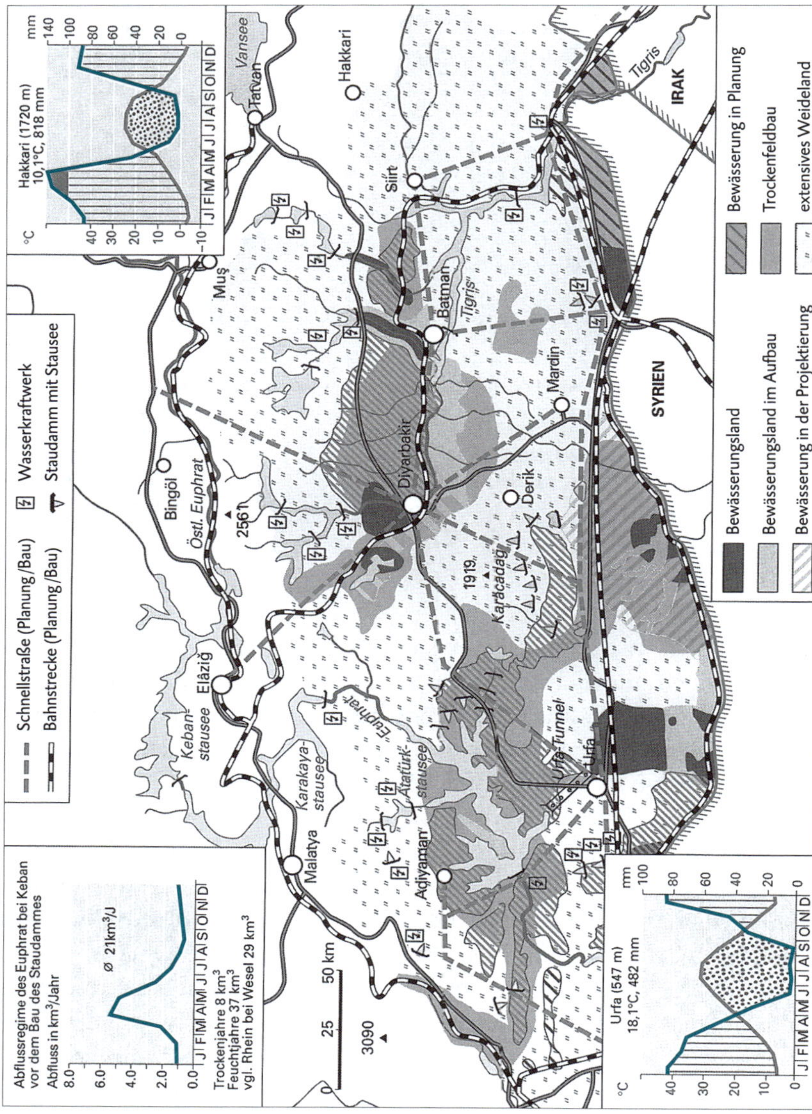

M84: Das südostanatolische Bewässerungsprojekt GAP (Güneydogu Anadolu Projesi)

	Türkei	Syrien	Irak
Bevölkerung in Mio.			
1975	40,025	7,438	11,020
2000	66,591	16,125	23,115
2025 (n UN-P)	79,161	24,335	38,588
2025 (m UN-P)	87,869	26,292	41,014
2025 (h UN-P)	95,570	28,265	43,483
Jährl. Bevölkerungswachstum	1,6 %	2,8 %	2,8 %
Verdopplungszeit der Bevölkerung in Jahren	45	25	25
Verfügbares Süßwasser in m^3 pro Jahr und Kopf			
1975	5 087	6 014	6 844
2000	3 057	2 774	3 263
2025 (n UN-P)	2 572	1 838	1 954
2025 (m UN-P)	2 317	1 701	1 839
2025 (h UN-P)	2 130	1 583	1 734

n UN-P = niedrige, m UN-P = mittlere, h UN-P = hohe UN-Projektion

M85: Strukturdaten zu Bevölkerungs- und Wasserprognosen 2025

3.3 Wasserbauliche Großprojekte

Mit Großstaudämmen sind in der Regel mehrere Ziele verknüpft:

- Erzeugung von elektrischem Strom,
- Schaffung von Arbeitsplätzen durch Bereitstellung von günstiger Energie für Industrieunternehmen,
- Bereitstellung von Wasser für die **Bewässerung** landwirtschaftlicher Flächen oder die Inwertsetzung neuer Nutzflächen, v. a. in semiariden Gebieten,
- Hochwasserschutz und Verhinderung von verheerenden Überflutungen in Regionen mit periodischen Starkregen (Monsunregionen),
- Versorgung der städtischen Bevölkerung.

Großstaudämme setzen also wichtige Impulse für die Verbesserung und/oder Entwicklung von wirtschaftlichen Impulsen in strukturschwachen Regionen. Diesem Nutzen stehen große Risiken gegenüber: Großstaudämme verursachen bereits während der Planungsphase gigantische Kosten. Entwicklungsländer können diese nicht alleine aufbringen, die Großprojekte können nur mithilfe der Weltbank und von internationaler Entwicklungshilfe verwirklicht werden. Selbst die Restfinanzierung stellt diese Länder vor große Probleme, da hohe Kredite aufgenommen werden müssen, deren Tilgung oft die Realisierung anderer Entwicklungsmaßnahmen blockieren.

Soziale Risiken ergeben sich durch notwendige Umsiedlungen oder Vertreibungen von Menschen im Zuge der Aufstauungen. Häufig geht das einher mit dem Verlust ihrer Existenzgrundlagen und mangelnden Entschädigungen. An der Planung von solchen Großprojekten wurde in der Vergangenheit die betroffene Bevölkerung in der Regel kaum beteiligt, auch wenn internationale Organisationen Menschenrechtsverletzungen und kulturelle wie ökologische Zerstörungen anprangern.

Die **ökologischen Risiken** sind vielfältig:

- Gefährdung des ökologischen Gleichgewichts der Flüsse und wichtiger Feuchtgebiete, damit irreversible Zerstörung von Fauna und Flora;
- starke Sedimentation durch Herabsetzung der Fließgeschwindigkeit, die zu einer nachlassenden Energieausbeute und zu einer Verschlechterung der Wasserqualität führt, auch Giftstoffanreicherungen mangels Wasseraustausch sind möglich;
- Reduzierung der Fischbestände durch Verringerung des Sauerstoff- und Nährstoffgehalts im Fluss;
- potenzielle Gefährdung der Anwohner bei Staudammbrüchen im Fall von Naturkatastrophen (Erdbeben) oder Anschlägen.

Aufgabe 19 Stellen Sie allgemein die Vor- und Nachteile von Staudämmen dar.

Wirtschaftliches Handeln und dessen Raumwirksamkeit

1 Unternehmerische Standortwahl und ihre Auswirkung auf den Raum

Die räumliche Verteilung von Unternehmen erfolgt nicht zufällig, sondern ist von verschiedenen Faktoren abhängig, die für die Produktion und den Absatz von Gütern bzw. die Ausführung von Dienstleistungen von entscheidender Bedeutung sind. Diese speziellen Faktoren vor Ort, die die Standortwahl von Unternehmen maßgeblich beeinflussen, werden als **Standortfaktoren** bezeichnet. Bei der Standortwahl eines Unternehmens sind aber nicht nur einzelne Faktoren relevant, sondern das Zusammenspiel zahlreicher Standortfaktoren. Standortentscheidungen von Unternehmen wirken sich auf den Arbeitsmarkt und die Wirtschaftskraft einer Region wesentlich aus. Die Regionen haben deshalb ein Interesse an der Ansiedlung und Bestandspflege von Unternehmen.

1.1 Produktionsfaktoren, Standortfaktoren und Standorttheorien

Die Mittel zur Befriedigung menschlicher Bedürfnisse werden mit dem Begriff Güter bezeichnet. Will man Güter in einer Produktionsstätte herstellen, müssen folgende vier Faktoren sinnvoll zusammengeführt und kombiniert werden: Boden, Arbeit, Wissen und Kapital. In der Volkswirtschaft spricht man von den **Produktionsfaktoren** (vgl. M86).

Die Produktionsfaktoren vor Ort sind als elementare Standortfaktoren anzusehen. Für die Produktion von Gütern oder die Ausführung von Dienstleistungen sind für Unternehmen aber auch noch weitere Standortfaktoren von Bedeutung (vgl. M87). Allgemein kann man zwischen harten und weichen Standortfaktoren unterscheiden.

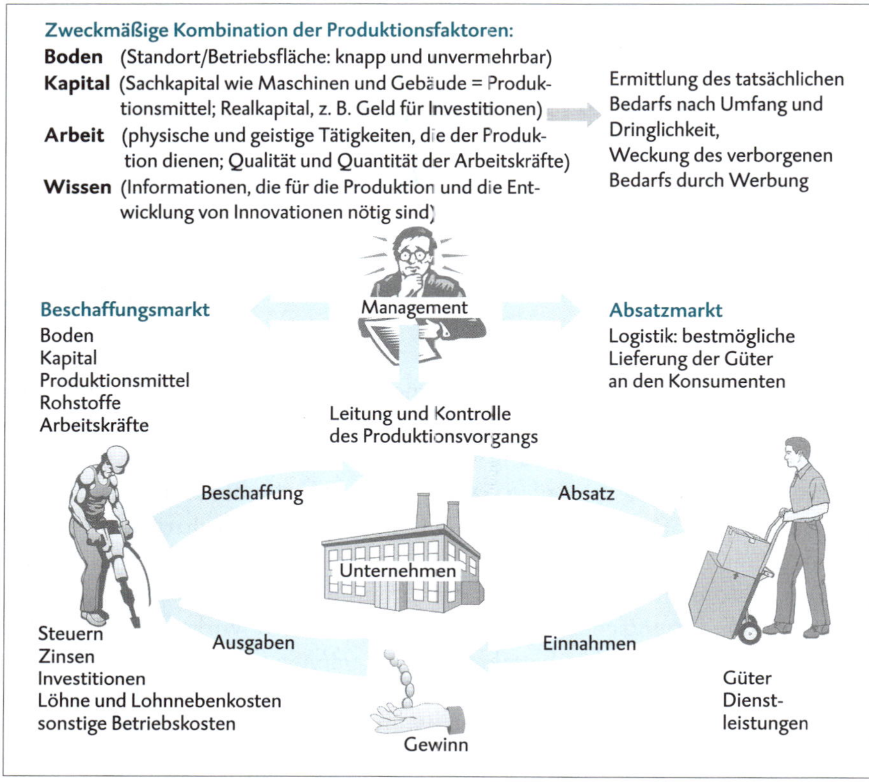

M86: Produktionsfaktoren und Unternehmen

Harte Standortfaktoren lassen sich exakt messen und schlagen sich unmittelbar in den Kosten für ein Unternehmen nieder (z. B. Steuern, Grundstückspreise und Lohnkosten). **Weiche Standortfaktoren** hingegen lassen sich kaum monetär quantifizieren und beruhen eher auf dem individuellen Raumempfinden (z. B. der Wohn- und Freizeitwert oder das Image einer Region).

Eine Zwischenstellung zwischen harten und weichen Standortfaktoren nehmen die Agglomerationsfaktoren ein. Darunter versteht man Bedingungen am Standort, die sich aus der räumlichen Ballung, z. B. in großen Städten oder Städtebändern (Agglomerationsräumen), ergeben. Man spricht in diesem Zusammenhang auch von **Agglomerationsvorteilen**.

Es werden dabei zwei wesentliche Effekte unterschieden:

- Lokalisationseffekte entstehen durch die räumliche Konzentration von Unternehmen der gleichen Branche (z. B. **Cluster**, vgl. S. 122).

Kostenvorteile ergeben sich z. B. durch das Vorhandensein von branchenspezifischen Arbeitskräften, Zulieferbetrieben oder Forschungseinrichtungen. Nachteile können durch die Konkurrenz der räumlich konzentrierten Unternehmen, z. B. um Kunden oder Arbeitskräfte, entstehen.

- Urbanisationseffekte (Verstädterungseffekte) entstehen durch die räumliche Konzentration von Unternehmen unterschiedlicher Branchen in Verbindung mit spezifischen städtischen Institutionen und Strukturen. Vorteile eröffnen sich z. B. durch Kooperationsmöglichkeiten, die Nähe zu wichtigen Entscheidungsträgern oder einer gut ausgebauten **Infrastruktur**. Nachteile können in höheren Lohnkosten, Steuern oder Grundstückspreisen der Agglomerationen liegen.

M87: Standortfaktoren

In Verbindung mit den **Agglomerationsvorteilen** ist auch oft von den **Fühlungsvorteilen** die Rede. Der Begriff soll zum Ausdruck bringen, dass Vorteile durch den engen Kontakt der verschiedenen Unternehmen und Institutionen entstehen, z. B. durch einen schnellen und unkomplizierten Wissenstransfer oder kurze Wege zu politischen Entscheidungsträgern. Es macht für die Unternehmen also Sinn, mit anderen Unternehmen oder Institutionen in „enger Fühlung" zu bleiben.

Standorttheorien

Mit den Kriterien für die Standortentscheidung von Unternehmen sowie der Formulierung allgemeiner Gesetzmäßigkeiten und Muster der Standortwahl beschäftigen sich zahlreiche **Standorttheorien** (vgl. M90).

Die Industriestandortlehre von Alfred Weber (1909) verfolgte das Ziel, für einen Industriebetrieb den gewinnoptimalen Standort zu finden. Dafür entwarf Weber ein vereinfachtes Modell der Realität.

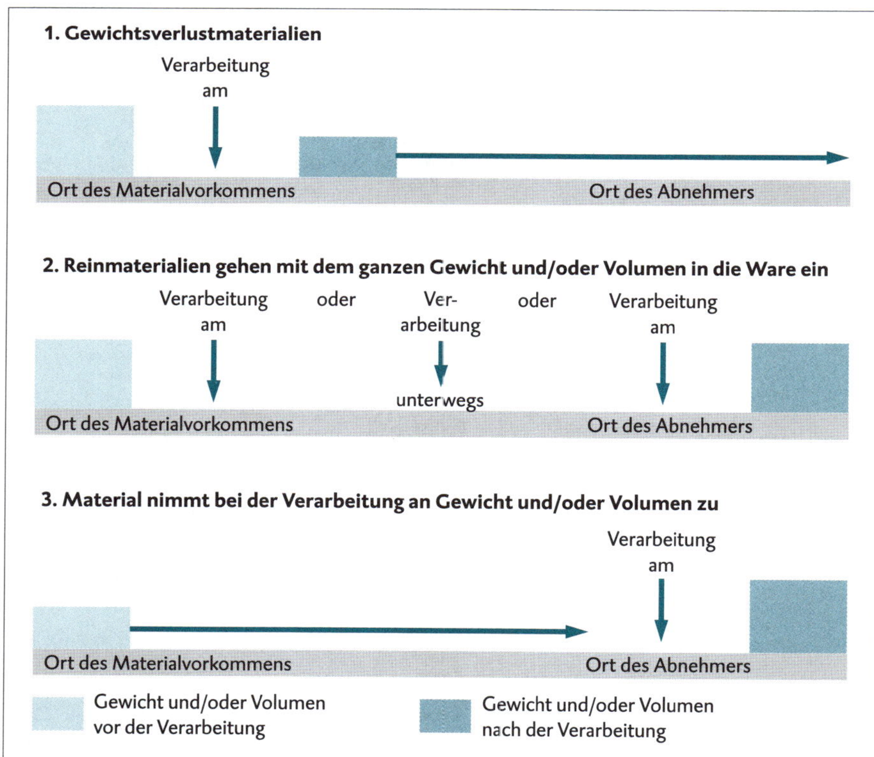

M88: Standorttheorie nach Weber

Dieses Modell setzt einige Bedingungen als gegeben und konstant voraus (z. B. Verfügbarkeit von Arbeitskräften, **Infrastruktur**, politische Rahmenbedingungen) und reduziert den komplexen Standortfaktorenkatalog auf die drei für ihn entscheidenden Faktoren – Transportkosten, Arbeitskosten und Agglomerationswirkungen.

WEBER geht zuerst von den Transportkosten aus. Da die Transportkosten nach WEBER lediglich vom Gewicht und Volumen der Rohmaterialien bzw. des Endprodukts sowie von der Entfernung zum Abnehmer (Absatzmarkt) abhängen, lässt sich der Standort mit der geringsten Transportkostenbelastung (Transportkostenminimalpunkt oder tonnenkilometrischer Minimalpunkt) berechnen. Der optimale Produktionsstandort weicht vom tonnenkilometrischen Minimalpunkt nur dann ab, wenn an einem anderen Standort aufgrund günstigerer Arbeitskosten oder durch **Agglomerationsvorteile** Kostenersparnisse eintreten, die größer sind als die erhöhten Transportkosten.

WEBERS Standorttheorie war Ausgangspunkt vieler nachfolgender Standorttheorien (vgl. M90), spielt aber heute aufgrund des starken Bedeutungswandels von **Standortfaktoren** (z. B. heutzutage geringe Bedeutung der Transportkosten, vgl. M89) keine große Rolle mehr.

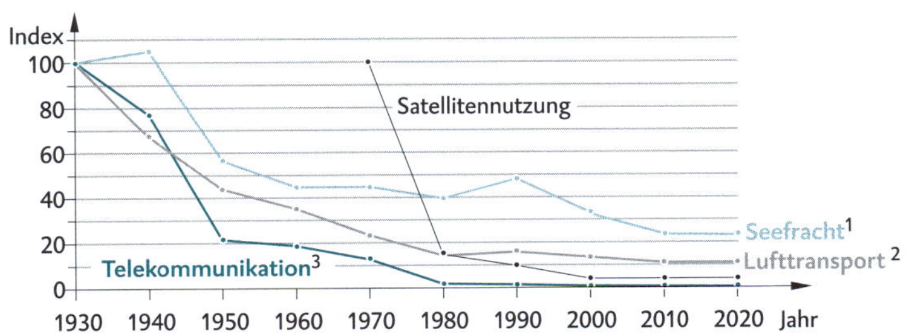

1 Durchschnittliche Seetransportkosten und Hafengebühren für Import- und Exportfracht pro short ton (tn. sh. = Amerikanische Tonne, 907,18474 kg)

2 Durchschnittlicher Lufttransportumsatz pro Passagier und Meile

3 Kosten eines dreiminütigen Telefongesprächs von New York nach London

M89: Kostensenkung bei Transport und Kommunikation

Standorttheorie	Wirtschaftsbereich	Kernaussagen
Theorie der Landnutzung (JOHANN HEINRICH VON THÜNEN 1826)	Primärer Sektor	• bezieht sich auf den Gewinn (Rente), der bei einer bestimmten agrarischen Landnutzung (Lage) an einem bestimmten Produktionsstandort erzielt wird – die Lagerente, • die Lagerente wird vor allem durch die Transportkosten (Gewicht der Produkte und Entfernung zum Markt), die Erzeugerkosten, den Ernteertrag und den Preis der Produkte bestimmt; aus der Berechnung der Lagerente ergeben sich verschiedene gewinnoptimale Nutzungsringe (Thünensche Ringe) um den Marktort (z. B. Viehzucht als äußerster Ring mit der größten Entfernung zum Markt, Forstwirtschaft als Innenring mit geringer Distanz).
Theorie der Zentralen Orte (WALTER CHRISTALLER 1933)	Tertiärer Sektor	• bezieht sich auf Angebotsstandorte für zentrale Güter und Dienstleistungen; zentrale Güter und Dienste (z. B. Einzelhandel, Behörden, Schulen) werden nur von bestimmten Orten angeboten; diese zentralen Orte (in der Regel große Städte) besitzen damit einen Bedeutungsüberschuss gegenüber z. B. ländlichen Orten, die diese Güter und Dienstleistungen nicht anbieten, • die Raumstruktur der zentralen Orte wird dabei von den Anbietern und den Konsumenten bestimmt, weil diese je nach Wertigkeit der Güter und Dienstleistungen bereit sind, unterschiedliche Distanzen zurückzulegen (Reichweite eines zentralen Gutes), • bei optimaler Raumnutzung und lückenloser Versorgung einer Region mit zentralen Gütern ergibt sich eine Sechseckstruktur zentraler Orte unterschiedlicher Hierarchiestufen.
Marginalprinzip (DAVID M. SMITH 1971)	Sekundärer Sektor	• bezieht sich wie Weber auf den gewinnoptimalen Standort von Industrieunternehmen, kommt aber durch die Annahme, dass Unternehmer zwar nach Gewinn, aber nicht zwangsläufig nach einer Gewinnmaximierung streben, nicht zu einer punkt-, sondern zu einer flächenbezogenen Standortentscheidung, • aus der Berechnung von Kosten (Grundkosten, Lagekosten) und Erlösen sowie einer Projektion der Berechnung auf eine räumliche Ebene ergeben sich profitable Standortbereiche (Margins).
3T-Theorie (RICHARD FLORIDA 2002)	Sekundärer und Tertiärer Sektor	• bezieht sich auf die Zukunftsfähigkeit eines Standorts, • für einen Standort sind dabei die Faktoren Technologie, Talent und Toleranz zur Bildung einer sogenannten „Kreativen Klasse“ entscheidend, • wo Menschen der „Kreativen Klasse“ leben und arbeiten, entstehen Wohlstand, neue Arbeitskräfte und damit ein Umfeld, das weitere Kreative anlockt, • wenn Technologie, Talent und Toleranz an einem Standort überdurchschnittlich ausgeprägt sind, wirkt sich dies positiv auf das Wirtschaftswachstum aus.

M90: Standorttheorien

1.2 Bedeutungswandel von Standortfaktoren

Im Laufe der Zeit hat sich die Bedeutung der Standortfaktoren und damit auch die Relevanz von Standorten für Unternehmen stark verändert (vgl. M91). Waren zu Beginn des 20. Jh. die Transportkosten noch ein erheblicher Faktor, so spielen diese durch Innovationen im Transportwesen (z. B. Containerisierung) weitgehend keine Rolle mehr. Heute ist eher die Zuverlässigkeit des Transports (z. B. bei der Just-in-time-Produktion) wichtiger. Einstmals zentrale harte Standortfaktoren haben also an Wert verloren. Sie werden heute durch ein breites Spektrum anderer relevanter **Standortfaktoren** ergänzt. Gerade auch weiche Standortfaktoren spielen eine immer größere Rolle. So ist der Wohn- und Freizeitwert einer Region beispielsweise ein wichtiger Faktor, um qualifizierte Arbeitskräfte für ein Unternehmen zu gewinnen.

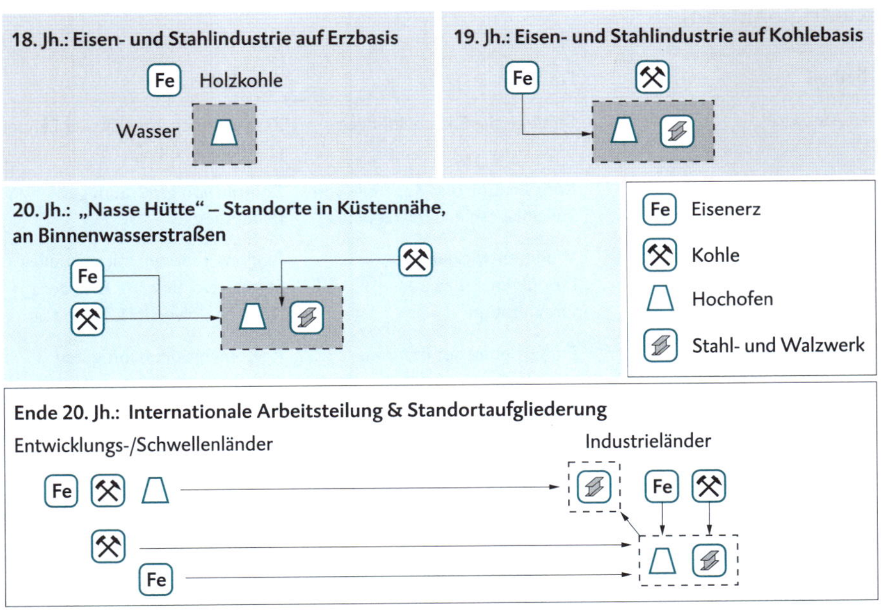

M91: Standortverlagerungen der Eisen- und Stahlindustrie

Mit dem Bedeutungswandel der Standortfaktoren haben sich auch die Standortentscheidungen der Unternehmen verändert. Während früher die Unternehmen in der Regel standorttreu waren **(Persistenz)**, kommt es heute, ermöglicht durch die gesunkenen Transportkosten und die Innovationen im Kommunikationswesen, häufiger und schneller zu **Standortverlagerungen** (vgl. M89). Es gibt Branchen (z. B. Textilindustrie), die nicht mehr auf bestimmte Standorte angewiesen sind, weil die Rohstoffe für ihre Produktion überall verfügbar (ubiquitär) sind, sie keine besonders qualifizierten Arbeitskräfte benötigen und auch **Fühlungsvorteile** nicht besonders wichtig sind. Unternehmen dieser Branchen produzieren meist Massenware, sodass die Lohnkosten den entscheidenden Faktor darstellen. Sie bevorzugen deshalb eine Standortverlagerung in Niedriglohnländer. Aufgrund ihrer weitgehenden Standortungebundenheit werden sie als **Footloose Industry** bezeichnet.

Internationale Unternehmen **(Global Player)** praktizieren heute eine Standortaufgliederung (vgl. M92), um für die verschiedenen Unternehmensbereiche den optimalen Standort zu gewährleisten und damit die Qualität hoch und die Produktionskosten gering zu halten (z. B. Forschung und Entwicklung sowie Marketing in einem hoch entwickelten Land; Massenproduktion in einem Niedriglohnland).

Einheit	Funktion	Standort
Headquarter	Strategische Entscheidungen	Zentren hoch entwickelter Länder (z. B. Global Citys)
Operational Headquarter	Koordination und Kontrolle von Teileinheiten in Großregionen	Zentren von großräumiger Bedeutung
Forschung und Entwicklung	Weiterentwicklung von Produkten, Prozessen, Organisation	Agglomerationen mit speziellen Standortvorteilen (z. B. in der Nähe zu Universitäten)
Endmontage	Endfertigung des Produkts	Agglomerationen mit guten Verkehrsanbindungen
Teilfertigung • humankapitalintensiv • sachkapitalintensiv • arbeitsintensiv	Produktion	Zentren hoch entwickelte Länder höher entwickelte Länder Länder mit niedrigen Lohnkosten
Marketing	Werbung	Agglomerationen
Vertrieb	Verkauf der Endprodukte	weltweit gestreut

M92: Standortaufgliederung eines internationalen Unternehmens (Global Player)

Die Standortentscheidung von Unternehmen wird auch durch den **Produktlebenszyklus** beeinflusst (vgl. S. 117). Dieser stellt modellhaft die einzelnen Lebensphasen eines Produktes dar, die jeweils durch spezifische Relationen zwischen Kosten und Umsatz bzw. durch Gewinn und Verlust gekennzeichnet sind. In den einzelnen Produktlebensphasen verändert sich die Bedeutung von **Standortfaktoren** für die Unternehmen und damit auch die Standortwahl.

Produktlebenszyklus und Standortwahl von Unternehmen

- Die Entwicklungs- und Einführungsphase ist geprägt von Verlusten infolge hoher Investitionen für Forschung und Entwicklung und das Marketing zur Etablierung des Produkts auf dem Markt. Für diese kostenintensiven und hoch qualifizierten Dienstleistungen werden Standorte in Agglomerationsräumen von hoch entwickelten Staaten gewählt.
- In der Wachstums- und Reifephase sind die höchsten Gewinne möglich, weil die Nachfrage ihren Höhepunkt erreicht und somit die Produktion und der Absatz stark ansteigen. Zum Ende der Wachstumsphase verlagern sich die Produktionsstandorte in der Regel in die Peripherie der Agglomerationen, weil dort Kosten durch z. B. geringere Steuern oder Grundstücksmieten eingespart werden können.
- Die Schrumpfungsphase ist wiederum durch Verluste geprägt, weil infolge einer Marktsättigung und einem Preisverfall die Produktion unwirtschaftlich wird. Deshalb erfolgt eine Produktionsverlagerung in Niedriglohnländer.

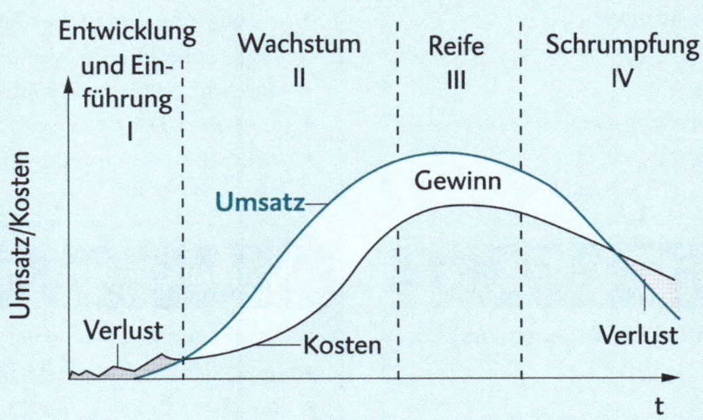

Hochwertige Produkte können höhere Lohnkosten und eine längere Produktionsphase in den hoch entwickelten Regionen besser ausgleichen als geringwertigere Produkte, bei denen eine Verlagerung in die Niedriglohnländer entsprechend früher erfolgt.

1.3 Standortanalyse von Unternehmen

Die Standortwahl gehört zu den grundlegenden Entscheidungen eines Unternehmens und muss oft nicht mehr nur zum Zeitpunkt der Unternehmensgründung, sondern mehrfach im Laufe der Unternehmensgeschichte getroffen werden. Dabei können Standortentscheidungen für das gesamte Unternehmen oder einzelne Unternehmenssparten getroffen werden (z. B. Forschung und Entwicklung, Verwaltung, Produktion, Vertrieb). Weiterhin bestimmen der Ansiedlungstyp (Unternehmensgründung, Tochtergesellschaft, Zweigbetrieb, Verlagerung) und die Funktion des Betriebs die Ansprüche an einen Standort. So wird für die Zentrale eines Unternehmens vorzugsweise eine repräsentative

Lage gesucht, für Forschungs- und Entwicklungseinrichtungen eher ein ruhig gelegenes Gelände in attraktiver Lage und für Produktionsbetriebe eine erschlossene Fläche mit Erweiterungsmöglichkeiten und guten Infrastrukturanbindungen. Selbstverständlich haben unterschiedliche Branchen auch spezifische Standortansprüche.

Die eigentliche **Standortanalyse** vollzieht sich auf unterschiedlichen Maßstabsebenen. Man unterscheidet dabei die Makrostandortanalyse (vgl. M93), die sich auf den Maßstabsebenen Land, Region und Gemeinde vollzieht, und die Mikrostandortanalyse (vgl. M94), die innerhalb einer Gemeinde zum passenden Standort führen soll; sie berücksichtigt beispielsweise Infrastrukturanschlüsse, Erschließungskosten oder Steuersätze.

wirtschaftliche Stabilität

- Wechselkursrisiko, Inflation
- Industriestruktur
- natürliche Ressourcen
- öffentliche Verschuldung, Devisenreserven
- Bankensystem, Kapitalverkehr
- allgemeine Wirtschaftsentwicklung

politische Stabilität

- außen-/innenpolitisches Konfliktpotenzial
- Regierungsstärke/-kontinuität
- Unterstützung durch Politik
- Zuverlässigkeit der Verwaltung
- Investitionsbestimmungen

Infrastruktur

- Straßennetz (Dichte, Qualität, Anschluss)
- Eisenbahnnetz
- Wasserwegenetz
- Flughäfen/Fluglinien
- Telekommunikationsnetze
- Versorgung (Strom, Gas, Wasser, …)
- Entsorgung (Abfall, …)

Arbeitsmarkt/Arbeitskräfte

- Anzahl und Know-how der Arbeitskräfte
- sprachliche/kulturelle Barrieren
- Industrieerfahrung (inkl. 3-Schichtbetrieb; 7-Tage-Woche)
- Motivation
- Lernfähigkeit/-bereitschaft
- Mobilität, Flexibilität
- Personalkosten

Zulieferungen

- Anzahl/Verfügbarkeit qualifizierter Lieferanten
- Import-/Exportzölle
- Just-in-time-Versorgungssicherheit

Imageauswirkungen

- Image des Landes im Ausland
- Image der Marke/Firma im Land
- Leistungsfähigkeit der nationalen Kfz-Industrie

M93: Mögliche Kriterien einer Makrostandortanalyse eines Automobilkonzerns

unternehmerisches Klima bzw. Standorte

- Professionalität/Kompetenz der Behörden und Gesprächspartner
- lokale Entscheidungskompetenz
- Industrieansiedlungen
- Einstellung der Bevölkerung gegenüber Industrieansiedlungen in ihrer Gemeinde

Arbeitsmarktpotenzial

- Ausbildungsstand
- Hochschulabgänger
- Anteil kaufmännischer und technischer Fachkräfte
- Arbeitslosenquote

Risiken/Termine/Genehmigungen

- Umweltauflagen
- Grundstückserwerb
  - Anzahl Eigentümer
  - spezielle Rechtsverhältnisse
- Baugenehmigung
  - Voraussetzungen
  - beteiligte Ämter
  - Dauer
- Stand der industriellen Erschließungsmaßnahmen

Ver-/Entsorgung, Kommunikation

- Elektrizität
- Energieversorgung (Heizung)
- Wasser
- Erdgas
- Entsorgungssystem
- Kommunikationseinrichtungen wie
  - Post
  - Telekommunikation
  - Transport
- vorhandene Dienstleistungen

Verkehrsanbindung

- Autobahnanschluss
- Seehafen
- Bahnanschluss
- Flughafen
- geplante Infrastruktur/Staudichte

Aus-/ Weiterbildungsmöglichkeiten

- Universitäten
- technische/kaufmännische Ausbildung
- Einrichtungen wie Berufsschulen
- Anlauf-/Schulungsprogramme

Grundstücksgegebenheiten

- Grunddaten wie
  - Fläche
  - Emissionen
  - Topographie
  - Art des Bodens
  - Belastungen des Bodens
- besondere Gegebenheiten wie
  - Nachbarschaft zu Wohngebieten
  - externe Belastungen (Lärm, Geruch, Staub …)

Lebensqualität

- öffentliche Rahmenbedingungen
  - Kindergärten
  - Schulen
  - Krankenhäuser
  - Kriminalität
  - Sprache regional
- Konsumbedingungen
- Lebenshaltungskosten; Mieten
- Freizeitwert
  - Sport
  - Kultur
  - Gastronomie

M94: Mögliche Kriterien einer Mikrostandortanalyse eines Automobilkonzerns

Da Standortentscheidungen sehr komplex sind, werden unterschiedliche Verfahren angewendet, welche zu einer möglichst objektiven, berechenbaren Entscheidungsfindung führen sollen. Bei Nutzwertanalysen ordnet man den verschiedenen Standortfaktoren, je nach ihrer Bedeutung für das Unternehmen, entsprechende Werte zu. Am Ende ergibt sich ein Gesamtwert für einen Standort, der wiederum mit den Gesamtwerten alternativer Standorte verglichen werden kann (vgl. M95).

Standortfaktor	Punkte für den Standort			
	Ideal	A	B	C
Wasserversorgung	120	100	90	60
Abwasserklärung	80	70	40	80
Transportlage	50	40	40	35
Arbeitskräfte	40	25	30	35
Energie	40	35	30	35
Rohmaterial	100	70	80	90
Lebensverhältnisse in der Gemeinde	35	30	25	10
Grundstück	25	20	20	25
Steuern	20	10	15	15
Gesamt	510	400	370	385
Reihenfolge der Wahl		1	3	2

M95: Standortwahl nach der Punktmethode für eine Papierfabrik

1.4 Standortsysteme und räumliche Standortmuster

Standorte der Industrie

Industrielle Einzelstandorte finden sich in der Regel im ländlichen Raum. Dort sind jeweils spezifische **Standortfaktoren** wie lokale Rohstoffvorkommen (z. B. Zementwerk, Sägemühle) oder spezialisierte Arbeitskräfte (z. B. Medizintechnikstandort Tuttlingen in der Region Schwarzwald-Baar-Heuberg, Spielzeugwarenstadt Sonneberg in Thüringen) ausschlaggebend.

Industriebetriebe nutzen aus Kostengründen vor allem **Agglomerationsvorteile** (vgl. S. 110f.) und sind deshalb räumlich und funktional oft eng miteinander verflochten. Grundsätzlich unterscheidet man dabei die horizontale und die vertikale Verflechtung. Bei der horizontalen Verflechtung nutzen mehrere Betriebe gleicher Wertschöpfungsstufe (z. B. verschiedene Getriebehersteller für die Automobilindustrie) die gleiche **Infrastruktur** und Zulieferbeziehungen oder kooperieren beispielsweise im Bereich Einkauf, Marketing oder Vertrieb.

Bei der vertikalen Verflechtung liegt eine funktionale und räumliche Beziehung mehrerer Betriebe aus aufeinanderfolgenden Wertschöpfungsstufen vor (z. B. Automobilhersteller und seine Zulieferer). Durch die räumliche Konzentration und Verflechtung von Unternehmen und gegebenenfalls privaten und öffentlichen Institutionen ergeben sich unterschiedliche Standortmuster: Wenn sich Betriebe derselben Branche entlang von Verkehrsleitlinien erstrecken, kann eine Industriegasse entstehen (vgl. M96).

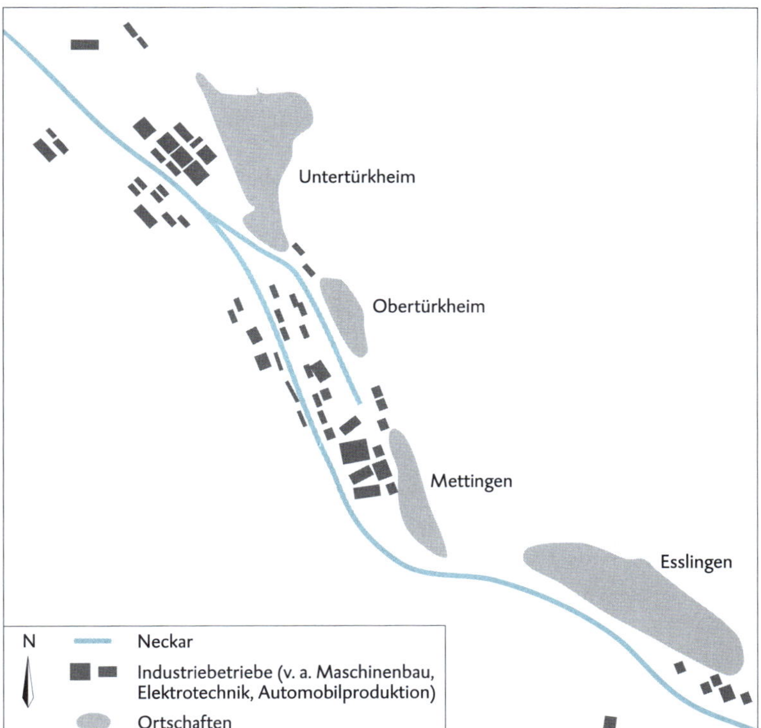

M96: Industriegasse nordwestlich von Esslingen am Neckar

Betriebe der gleichen oder unterschiedlicher Branche können gemeinsam in Industrieparks auch eine industrielle Standortgruppe bilden. Sie teilen sich vor allem standortgebundene Infrastruktur und Dienstleistungen, die oft durch eine private oder öffentliche Betreibergesellschaft zur Verfügung gestellt werden. Ein Beispiel hierfür ist der Industriepark Frankfurt-Höchst (Chemie- und Pharmabranche).

Industriedistrikte stellen regionale Produktionsnetzwerke von hauptsächlich kleinen und mittelständischen Betrieben dar, die sich auf das gleiche Endprodukt spezialisiert haben, also horizontal verflochten sind. Kooperationen ergeben sich vor allem durch den gleichartigen Rohstoffbedarf, ähnliche Produktionstechnologien und Arbeitsstrukturen.

Klassischer Cluster

Die räumliche Konzentration von Unternehmen und Institutionen, die im Sinne von Wettbewerbsvorteilen miteinander kooperieren, muss folgende vier Kriterien aufweisen, um als klassischer **Cluster** bezeichnet zu werden:

- horizontale Verflechtung: konkurrierende bzw. gleiche Branchen einer Wertschöpfungsstufe,
- vertikale Verflechtung: Betriebe der Zulieferindustrie und Dienstleistungsunternehmen (gesamte Wertschöpfungskette ist abgedeckt),
- institutionelle Verflechtung: öffentliche und/oder private Einrichtungen (z. B. Universitäten und Forschungseinrichtungen),
- externe Verflechtung: Vernetzung des Clusters mit anderen Wirtschaftsregionen.

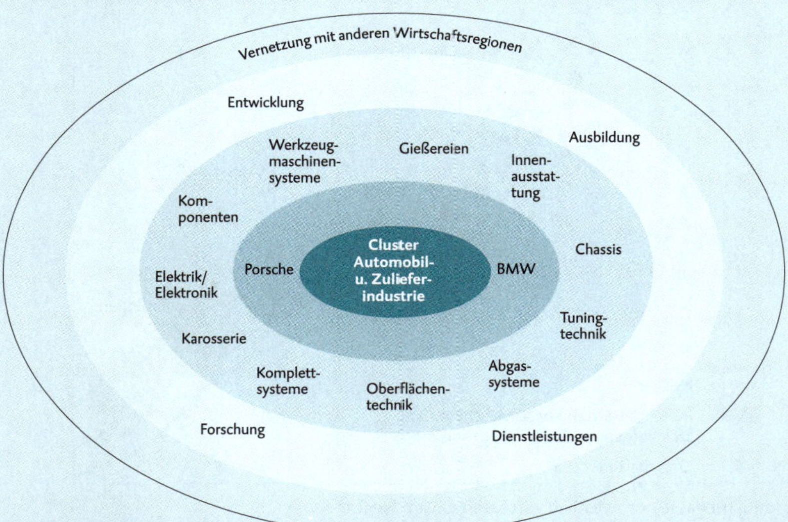

Die verschiedenen Formen der funktionalen und räumlichen Verflechtung von Industriebetrieben, nicht selten im Verbund mit unternehmensorientierten Dienstleistungen (u. a. Bildung und Fortbildung, Forschung und Entwicklung), werden oft auch als unterschiedliche Typen von Clustern bezeichnet. Ein **Cluster** im klassischen Sinn liegt aber streng genommen nur dann vor, wenn am Standort bestimmte Kriterien gegeben sind. Da Unternehmenskonzentrationen die Wirtschaft einer Region erheblich stärken, wird die Clusterbildung durch eine gezielte Standortpolitik (z. B. Einrichten von Sonderwirtschafts- oder Freihandelszonen mit geringen Grundstückspreisen und Steuerbelastungen) stark gefördert.

Standorte des tertiären Sektors

Wie die Industrie tendiert auch der tertiäre Sektor mit seinen Standorten zu den Agglomerationsräumen. Grundsätzlich nimmt mit zunehmender Größe und Bedeutung der städtischen Siedlung (Zentralitätsstufe nach CHRISTALLER, vgl. M90, S. 114) sowohl der Beschäftigtenanteil im tertiären Sektor als auch die Angebotspalette der Dienstleistungen zu. Für die privaten, konsumorientierten Dienstleistungen wie den Einzelhandel spielen hier vor allem absatz- und nachfrageorientierte Aspekte (z. B. Kaufkraft und Zahl der Kunden, Attraktivität und Erreichbarkeit des Standorts) in einem komplexen Geflecht von weiteren **Standortfaktoren** eine große Rolle (vgl. M97).

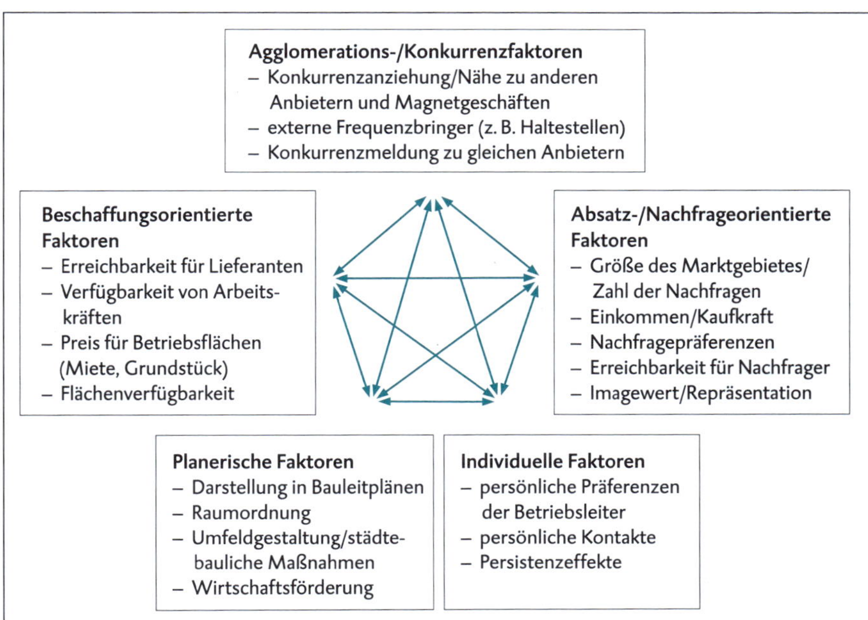

M97: Standortfaktoren konsumorientierter Dienstleister

Im Laufe der Zeit haben sich im städtischen Agglomerationsbereich für die konsumorientierten Dienstleistungen unterschiedliche Standortmuster herausgebildet. In der Vergangenheit konzentrierten sich diese v. a. auf die attraktiven Innenstadtbereiche (City), die gut erreichbar sind und einen hohen Kundenstrom aufweisen (z. B. Frankfurter Zeil, vgl. M98).

M98: Frankfurter Zeil – eine von Deutschlands umsatzstärksten Shoppingmeilen

Mit zunehmender Raumenge, gestiegenen Grundstücks- und Mietpreisen in den Citys sowie der wachsenden Mobilität der Gesellschaft kam es seit den 1970er-Jahren zu **Standortverlagerungen** an den Stadtrand bzw. in das städtische Umland. Es entstanden große Dienstleistungskomplexe „auf der grünen Wiese", die nun zu den Innenstadtbereichen in Konkurrenz traten. Diese wurden wie die Neue Mitte Oberhausen (Ruhrgebiet) oft auf brachliegenden, ehemaligen Industrieflächen angesiedelt (vgl. M99). Heute versuchen die Stadtplaner als Antwort auf die Suburbanisierung des Einzelhandels und anderer Dienstleistungen durch die Ansiedlung von Einkaufszentren und Ladengalerien sowie durch den Ausbau des Kultur- und Freizeitangebots die Innenstadtbereiche wieder attraktiver zu machen.

Neue Standortentscheidungen für konsumorientierte Dienstleistungen könnte die verstärkte Nutzung des Online-Shoppings mit sich bringen. Eine mögliche Konsequenz könnte sein, dass der Einzelhandel dann wieder verstärkt in das städtische Umland bzw. in ländliche Regionen ausweicht, weil die neuen Informationstechniken eine dezentrale Lage ermöglichen.

Was die Standorte von unternehmensorientierten Dienstleistungen betrifft, ergeben sich zu den konsumorientierten Dienstleistungen Parallelen. Sie konzentrieren sich ebenfalls auf die großen Ballungsräume, weil für sie Agglomerationsfaktoren auch entscheidend sind. Sie suchen die Nähe zu den Kunden in den Gewerbe- und Industrieparks, in Bürovorstädten am Stadtrand oder konzentrieren sich im Citybereich großer Metropolen (z. B. Banken und Versicherungen in Frankfurt). Wichtige **Standortfaktoren** sind im Einzelnen die Kommunikations- und Verkehrsanbindung, qualifizierte Arbeitskräfte sowie das Image des Standorts. Nicht selten kommt es auch zur Bildung von **Clustern** (z. B. Mediencluster Köln, IT-Cluster Dresden, Finanzcluster Frankfurt).

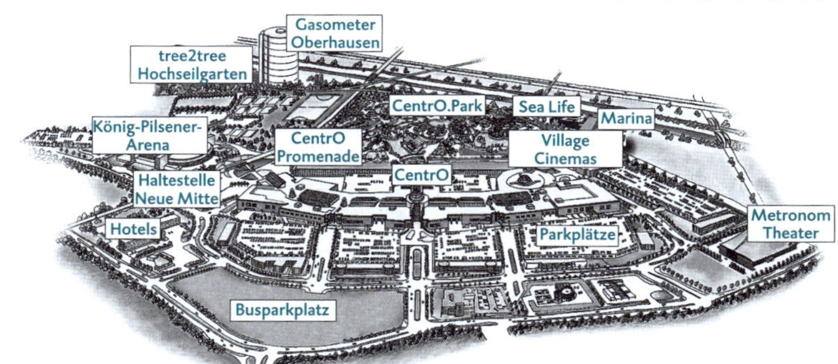

Gasometer	größter Gasometer Deutschlands, stillgelegt und als Ausstellungshalle genutzt
Marina	Bootsgelände am Rhein-Herne-Kanal (Wassersport)
CentrO	überregionales Einkaufszentrum: 200 Geschäfte auf zwei Ebenen mit 70 000 m² Verkaufsfläche, zahlreichen Gastronomiebetrieben, 10 500 meist überdachten kostenlosen Parkplätzen
Außerdem:	König-Pilsener-Arena Oberhausen (Mehrzweckhalle für 20 000 Besucher), Freizeitpark, Sportanlagen, Multiplex-Kino, Musicalbühne, 750 neue Wohnungen

M99: Neue Mitte Oberhausen

Aufgabe 20 Benennen Sie in M87 harte und weiche Standortfaktoren und erklären Sie die grundsätzlichen Unterschiede.

Aufgabe 21 Erklären Sie die Standorttheorie nach Weber anhand von M88.

Aufgabe 22 Erläutern Sie die Standortverlagerungen der Eisen- und Stahlindustrie (M91).

Aufgabe 23 Ein Textilunternehmen steht vor der Entscheidung, seinen Produktionsstandort in Deutschland beizubehalten oder nach Bangladesch zu verlagern. Zu den beiden Standorten wurde deshalb eine Standortanalyse durchgeführt (M100). Erläutern Sie die Gewichtungen, Bewertungen und das Ergebnis der Analyse.

Standortfaktor	Gewichtungsfaktor	Bewertung	
		Deutschland	Bangladesch
qualifizierte Arbeitskräfte	1	3	1
Grundstückspreise/Mieten	3	1	3
Lohnkosten	3	1	3
Verkehrsinfrastruktur	2	3	1
Image	2	3	1
Ergebnis		21	23
Hinweis: (Werte 0–3, wobei 3 = bester Wert)			

M100: Schema einer vereinfachten Standortanalyse

Aufgabe 24 Erklären Sie die Begriffe „horizontale Verflechtung“ und „vertikale Verflechtung“ anhand der Abbildung zum klassischen Cluster der Automobilindustrie auf S. 122.

Wirtschaftsstrukturen und -prozesse auf regionaler und globaler Ebene

1 Wirtschaftsregionen in Deutschland

Der Wirtschaftsraum Deutschland unterlag in den letzten 150 Jahren analog zu den anderen Industriestaaten einem umfassenden Tertiärisierungsprozess. Der tertiäre Sektor stellt aktuell 70 % der Erwerbstätigen und trägt knapp 70 % zur Wertschöpfung bei.

Trotzdem verfügt Deutschland immer noch über einen starken sekundären Sektor, der knapp ein Drittel der Wertschöpfung ausmacht. Eine zentrale Schlüsselindustrie ist nach wie vor die Automobilindustrie, von der zahlreiche Arbeitsplätze direkt oder indirekt abhängen.

Der primäre Sektor scheint zwar gemessen an den Anteilen an den Erwerbstätigen und am BIP (beides um 1 %) nur noch eine geringe Bedeutung zu haben, er ist aber hoch modernisiert, produktionsstark und macht noch knapp 50 % der Flächennutzung aus. Deutschland ist innerhalb des **Welthandels** der drittgrößte Agrarexporteur und -importeur. Außerdem kann der Bedarf an agrarischen Produkten zu 90 % aus heimischer Erzeugung gedeckt werden.

1.1 Wirtschaftsräumliche Disparitäten

Die Ermittlung wirtschaftsräumlicher **Disparitäten** erfolgt über den Vergleich der Wirtschaftsstärke der einzelnen Regionen bzw. Staaten. Als zentrale Kenngrößen dienen hierbei das Bruttoinlandsprodukt (BIP) bzw. das Bruttonationaleinkommen (BNE), die Arbeitslosenquote oder das verfügbare Haushaltseinkommen.

Wichtige wirtschaftsstatistische Kenngrößen

- **Bruttoinlandsprodukt (BIP):**
  Wert aller Güter und Dienstleistungen (Wertschöpfung), die über eine bestimmte Periode (meist ein Jahr) innerhalb der Landesgrenzen von einer Volkswirtschaft erwirtschaftet werden (Inlandsprinzip). Das BIP kann auch für bestimmte Regionen berechnet werden. Das BIP pro Einwohner oder pro Kopf setzt die Werte zur Einwohnerzahl in Beziehung.
- **Bruttonationaleinkommen (BNE) – früher Bruttosozialprodukt (BSP):**
  Wert aller Güter und Dienstleistungen (Wertschöpfung), die die Staatsbürger (ständiger Wohnsitz im Inland) einer Volkswirtschaft über eine bestimmte Periode (meist ein Jahr) erwirtschaftet haben. Dabei spielt es keine Rolle, ob die Einkommen im In- oder Ausland erwirtschaftet wurden (Inländerprinzip).
  Das BIP und das BNE werden oft nach **Kaufkraftparitäten** angegeben. Dabei wird berücksichtigt, wie viel die Bewohner eines Landes für eine bestimmte Warenmenge in ihrer jeweiligen Währung bezahlen müssen. Die statistischen Kenngrößen werden so international vergleichbarer.
- **Arbeitslosenquote:**
  Prozentualer Anteil der registrierten Arbeitslosen an der Gesamtzahl aller zivilen Erwerbspersonen (Summe aus allen Erwerbstätigen und Arbeitslosen).
- **Verfügbares (Haushalts-)Einkommen:**
  Betrag, der dem privaten Haushalt nach Abzug der direkten Steuern und Sozialversicherungsbeiträge vom Bruttoeinkommen für den Konsum zur Verfügung steht.

Im großräumigen Vergleich ist innerhalb der alten Bundesländer ein Süd-Nord-Gefälle sowie zwischen den alten und neuen Bundesländern ein West-Ost-Gefälle zu erkennen (vgl. M101/102).

Die Wirtschaftsstärke der südlichen Bundesländer ist vor allem durch deren hohe Industriedichte zu erklären, die für entsprechende Einnahmen und eine hohe Beschäftigungsquote sorgt.

Obwohl seit der Wende 1989/90 insgesamt ein Aufschwung erkennbar ist, weisen die neuen Bundesländer immer noch deutlich schlechtere Wirtschaftsdaten als die alten Bundesländer auf (vgl. M103).

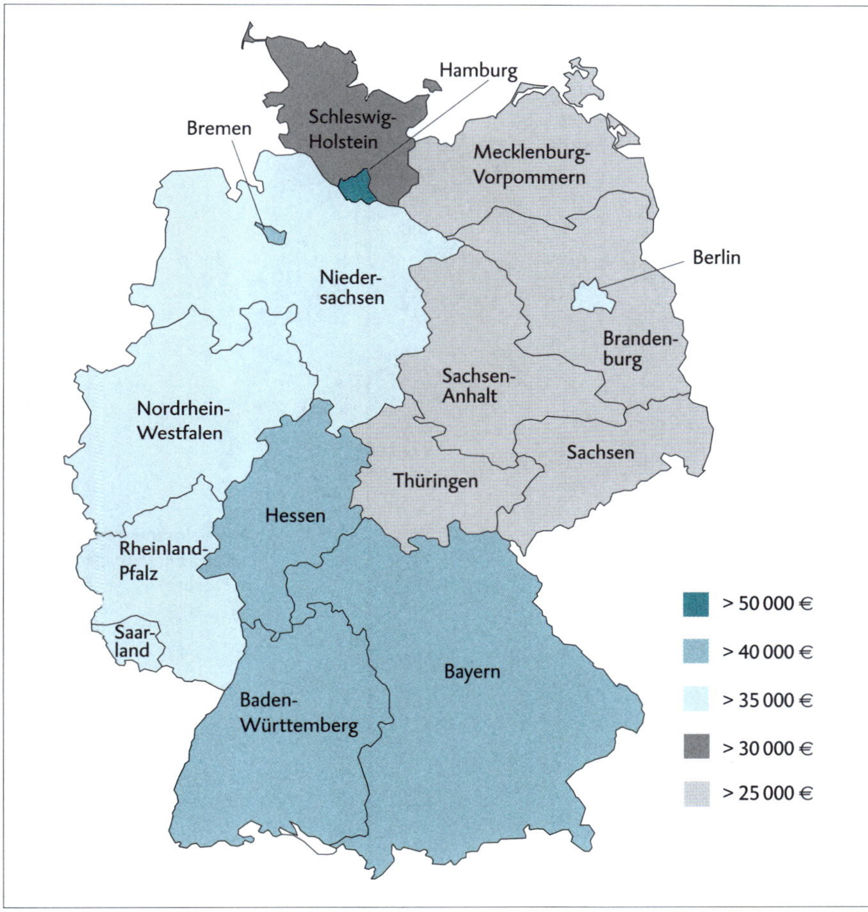

M101: Bruttoinlandsprodukt (BIP) je Einwohner 2017

Der Rückstand der neuen Bundesländer wirkt bis heute als Erbe des ehemaligen DDR-Staates nach. Zum Zeitpunkt der Wende stand die DDR kurz vor dem Staatsbankrott und hinterließ einen international nicht konkurrenzfähigen Wirtschaftsraum. Die im planwirtschaftlichen System verstaatlichten Unternehmen konnten nur teilweise durch die Übernahme von westdeutschen Konzernen in die Privatwirtschaft überführt werden. Viele mussten aufgegeben werden. Arbeitslosigkeit und Abwanderung, vor allem junger und qualifizierter Arbeitskräfte, sind bis heute große Probleme vieler Regionen Ostdeutschlands.

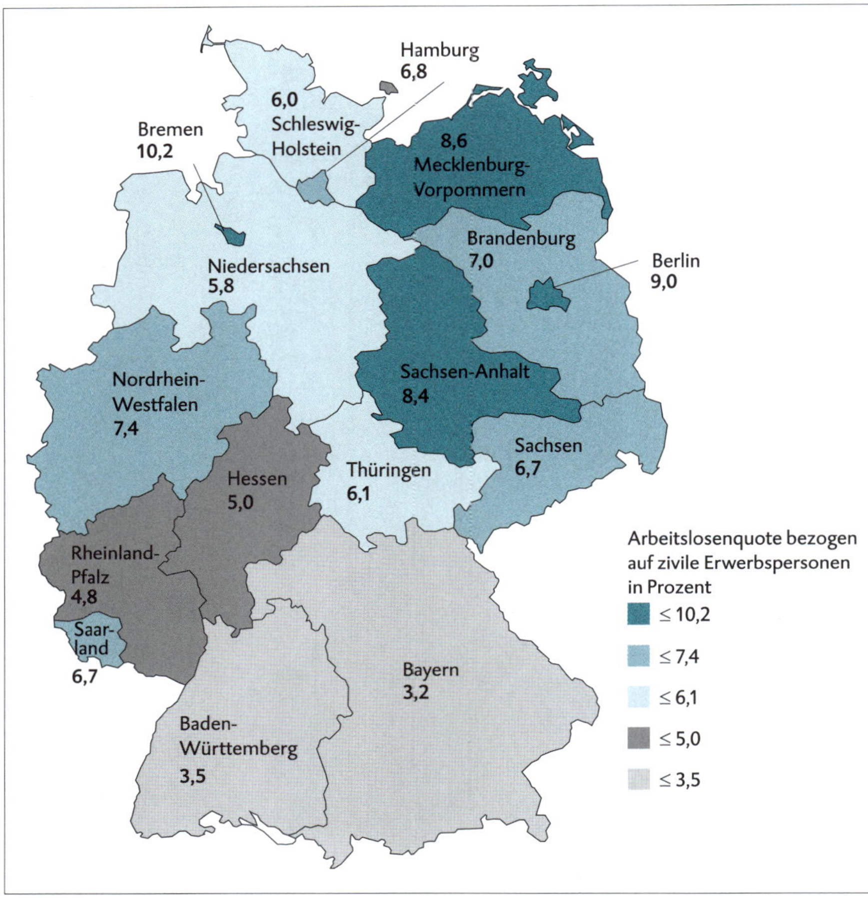

M102: Arbeitslosenquote der Bundesländer 2017

Neben den großräumigen Süd-Nord- bzw. West-Ost-Gegensätzen bestehen kleinräumige **Disparitäten**, zum Beispiel zwischen Großstädten und eher ländlich geprägten Regionen oder generell zwischen Städten und ihrem Umland (Zentrum-Peripherie-Gefälle).

Insgesamt sind die wirtschaftsstärksten Regionen an zentrale städtische Agglomerationen mit herausragendem Industrie- (z. B. Stuttgart, München) oder Dienstleistungssektor (z. B. Berlin, Frankfurt) gebunden; manche besitzen sogar beides (z. B. Dresden, Leipzig). Die struktur- und damit wirtschaftsschwachen Regionen befinden sich in eher peripheren und ländlich geprägten Räumen.

	BIP pro Einwohner in Euro		Arbeitslose in %	
	Alte Bundesländer	Neue Bundesländer	Alte Bundesländer	Neue Bundesländer
1991	22 532	9 701	6,3	10,3
2001	28 633	19 066	7,2	17,3
2011	35 563	25 441	6,0	11,3
2017	41 473	30 496	5,3	7,6

M 103: Entwicklung des BIP pro Einw. und der Arbeitslosenquote in den alten und neuen Bundesländern

Die wirtschaftsräumlichen **Disparitäten** spiegeln sich auch in den Wanderungsbewegungen wider. Aufgrund der besseren Arbeits- und Lebensbedingungen ist für die prosperierenden Regionen **(Aktivräume)** ein positiver Wanderungssaldo und für die peripheren, strukturschwachen Regionen **(Passivräume)** ein Wanderungsdefizit kennzeichnend. Das Abwandern von meist jungen und qualifizierten Arbeitskräften führt in den entsprechenden Räumen zu einer weiteren Schwächung der regionalen Wirtschaft.

1.2 Raumbeispiel Dresden – eine führende Hightech-Region

Dresden ist neben München der wichtigste und größte Standort der Hightech-Branche in Deutschland. In Anlehnung an das kalifornische „Silicon Valley" wird die Region um Dresden als „Silicon Saxony" bezeichnet. Der Hochtechnologiecluster steht in den Bereichen Mikroelektronik und Informationstechnologie (IKT) in Europa mit mehr als 2 000 Unternehmen, die knapp 60 000 Mitarbeiter beschäftigen, an erster Stelle. Der **Cluster** erwirtschaftet jährlich einen Umsatz von ca. 13 Mrd. Euro. Das entspricht etwa 13 % des gesamten verarbeitenden Gewerbes.

Der Hightech-Sektor – eine Branchenbeschreibung

- Der Hightech-Sektor umfasst die Bereiche forschungsintensive Industrie und technologieorientierte Dienstleistungen.
- Zur **forschungsintensiven Industrie** werden Unternehmen gezählt, bei denen die internen Aufwendungen am Umsatz für Forschung und Entwicklung mindestens 3,5 % ausmachen. Hierzu zählen die Segmente Spitzentechnologie und hochwertige Technik (z. B. Bereiche der Pharma- und Elektroindustrie oder der Medizintechnik).
- Die **technologieorientierten Dienstleistungen** werden von Unternehmen repräsentiert, deren Angebot wissensintensive und technologisch anspruchsvolle Dienste beinhaltet (z. B. Architektur- und Ingenieurstätigkeiten, Forschungs- und Entwicklungsleistungen, Arbeiten in technischen Laboren, Datenverarbeitungsdienste).

Die historische Entwicklung des Wirtschaftsraumes

Die Grundlagen für die Entwicklung der wissens- und forschungsintensiven Industrie im Großraum Dresden wurden Ende des 19. Jahrhunderts gelegt. Dresden gehörte in der Hochphase der Industrialisierung zu den führenden deutschen Wirtschaftsregionen. Schon damals war eine Vernetzung von produzierendem Gewerbe und Wissenschaft für den Standort kennzeichnend. Durch die Zerstörungen im Zweiten Weltkrieg und den Aufbau einer Planwirtschaft durch den DDR-Staat erfolgte ein wirtschaftlicher Neubeginn. In der DDR war Dresden ein Bestandteil eines ersten **Clusters** der Halbleiterindustrie. Während sich an den Standorten Frankfurt/Oder und Erfurt die Produktion konzentrierte, etablierte sich in Dresden der Bereich Forschung und Entwicklung.

Eine weitere wichtige Etappe ist in der Gründung des Zentrums für Forschung und Technologie der Mikroelektronik (ZFTM, später ZMD: Zentrum für Mikroelektronik Dresden) im Jahr 1980 zu sehen. Hier wurde 1988 der erste 1-Megabit-Speicherchip der DDR produziert, was dem Forschungszentrum den Nationalpreis einbrachte.

Nach dem Zusammenbruch der DDR und des planwirtschaftlichen Systems war auch der Wirtschaftsstandort Dresden vom flächendeckenden Deindustrialisierungsprozess und den damit verbundenen Unternehmensschließungen und Massenentlassungen betroffen. In den ersten fünf Jahren nach der Wende sank der Anteil der in der Industrie Beschäftigten von ca. 35 % auf ca. 15 %. Auf die Halbleiterindustrie in Dresden kamen folgende Herausforderungen zu: Neben der Umstellung auf die Marktwirtschaft musste die Produktivität erhöht werden und die Integration in die globalen Märkte gelingen.

Erste Schritte zur Wiederbelebung des Mikroelektronikstandorts waren die Förderung des ZMD durch die sächsische Landesregierung, die Errichtung eines Halbleiterwerkes der Siemens AG im Jahr 1993 und die Ansiedlung des amerikanischen Branchenführers AMD (heute: Globalfoundries) im Jahr 1996. Die Entscheidungen zugunsten des Standorts Dresden fielen aufgrund des großen Potenzials an qualifizierten Arbeitskräften, staatlicher Subventionen für die Ansiedlung neuer Betriebe, einer entsprechenden Flächenverfügbarkeit und einer aus DDR-Zeiten zwar noch ausbaufähigen, aber schon vorhandenen **Infrastruktur** an Zulieferern und Forschungseinrichtungen. Bis heute wurde der **Cluster** der Mikroelektronik stetig um weitere Unternehmen, insbesondere **Global Player**, und Zulieferer ergänzt (z. B. Infineon und Intel).

Die aktuelle Wirtschaftsstruktur

Auch in der jüngeren Vergangenheit kann der Hochtechnologiestandort Dresden ein kontinuierliches Wirtschaftswachstum verzeichnen. Dresden erwirtschaftet etwa ein Fünftel des Bruttoinlandsprodukts Sachsens und nimmt damit nicht nur im Freistaat die Spitzenposition ein, sondern auch innerhalb Ostdeutschlands. Das BIP pro Einwohner entspricht nahezu dem westdeutschen Durchschnitt (vgl. M104).

	BIP in Mrd. Euro	BIP pro Einwohner in Euro
Dresden	21	37 998
Sachsen	122	28 947
Deutschland	3 144	38 180

M104: Bruttoinlandsprodukt (BIP) im Jahr 2017

Das gut ausgebaute Netz an Forschungs- und Entwicklungseinrichtungen ist als **Standortfaktor** für das weitere Wachstum des Wissensstandorts Dresden zentral (vgl. M105): Die Technische Universität Dresden ist mit rund 37 000 Studenten und 5 000 Wissenschaftlern aus 70 Ländern die größte Universität Sachsens und eine der größten Technischen Universitäten im Bundesgebiet. Seit 2012 hat sie den Status einer Exzellenz-Universität. Eine weitere wichtige Ausbildungsfunktion erfüllt die 1992 gegründete Hochschule für Technik und Wirtschaft (HTW Dresden). An der Fachhochschule sind derzeit etwa 5 000 Studenten immatrikuliert. Eine zentrale Rolle innerhalb des Dresdner Wissenschafts- und Forschungsnetzwerkes nimmt die Fraunhofer-Gesellschaft ein. Der Forschungs- und Entwicklungsdienstleister beschäftigt 1 300 Mitarbeiter und erwirtschaftet jährlich einen Umsatz von über 130 Mio. Euro. Die Einrichtungen kooperieren eng mit der TU Dresden. Während die Grundlagenforschung an der Universität stattfindet, erfolgt die industrielle Umsetzung an den Fraunhofer-Instituten.

Insgesamt weist Dresden die höchste Konzentration an Forschungseinrichtungen und wissenschaftlichem Personal innerhalb der Bundesrepublik auf. Ausgehend von der Mikroelektronikbranche haben sich im letzten Jahrzehnt vermehrt Unternehmen aus anderen wissens- und forschungsintensiven Bereichen angesiedelt. Wichtige Wirtschaftszweige sind aktuell die Nanotechnologie, die Biotechnologie und vor allem auch die Werkstoffforschung. Im Jahr 2001 hat zudem die Volkswagen AG den ehemaligen Automobilstandort Dresden mit dem Bau der „Gläsernen Manufaktur“ wiederbelebt. Bis zum März 2016 wurde hier das Oberklassemodell Phaeton gefertigt. Nach dem Umbau im Jahr

2017 werden weiterhin Luxusmodelle sowie elektronisch angetriebene Fahrzeuge montiert. Am Standort wurden 2018 ca. 400 Mitarbeiter beschäftigt.

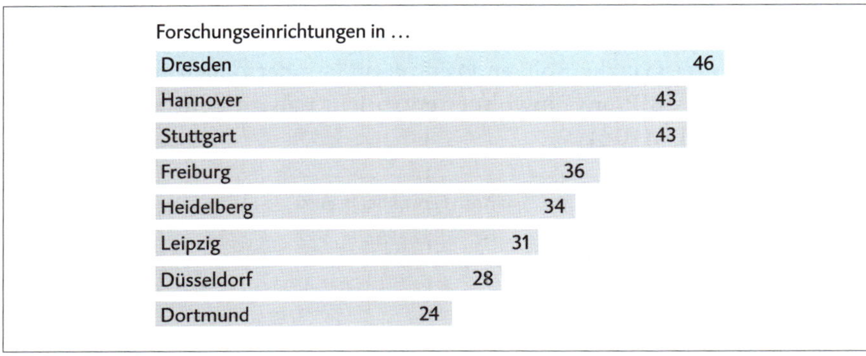

M105: Anzahl der Forschungseinrichtungen ausgewählter deutscher Städte (2017)

Der Mikroelektronikmarkt ist international hart umkämpft. Der Standort Dresden muss mit den großen Konkurrenten aus den USA und Asien mithalten. Schon kleinste Entwicklungsnachteile oder Investitionsfehler könnten den gesamten Mikroelektronikstandort in eine Krise stürzen. Eine Diversifizierung der Wirtschaftsstruktur ist deshalb für die Zukunftsfähigkeit der Region essenziell.

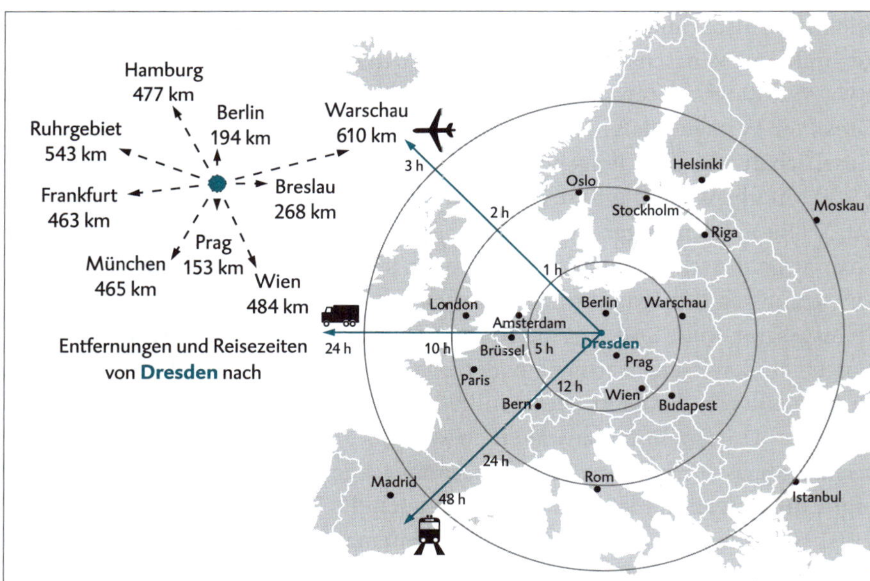

M106: Entfernungen und Reisezeiten ab Dresden

Neben der Ausdifferenzierung des industriellen Sektors hat sich in den letzten Jahren der Dienstleistungssektor weiterentwickelt. Neben den traditionellen wissens- und forschungsintensiven Dienstleistungen sind vor allem die Bereiche Gastgewerbe sowie Verkehr und Logistik wichtig geworden.

Die Verkehrsinfrastruktur stellt einen wichtigen **Standortfaktor** für den Wirtschaftsraum dar: Drei Autobahnen (A4, A13, A17) bieten Anschlüsse in alle Richtungen. Im Norden der Stadt liegt der Flughafen Dresden mit nationalen und internationalen Zielen. Außerdem bestehen über den Schienenverkehr Tagesverbindungen zu fast allen größeren deutschen und europäischen Städten (vgl. M106).

gabe 25 Erklären Sie die Wirtschaftsstruktur Dresdens.

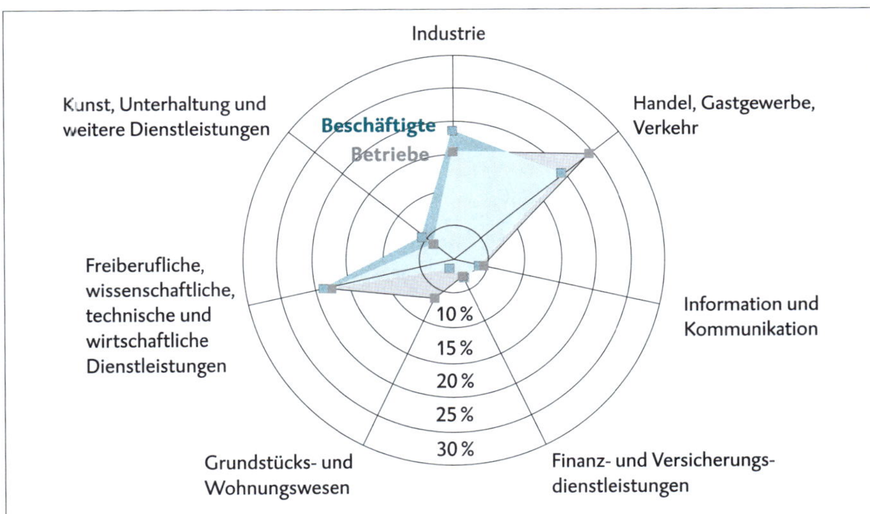

M107: Wirtschaftsstruktur Dresdens

gabe 26 Beurteilen Sie die Entwicklungsperspektive der „Wirtschaftsregion Dresden“.

2 Wirtschaftsregionen in Europa

Die Wirtschaftsgroßregion Europa weist einen vielfältigen Natur- (u. a. Klima, Böden, Bodenschätze) und Kulturraum (u. a. Siedlungsstrukturen, Wirtschaftsräume, **Aktiv-** versus **Passivräume**) auf. Trotzdem besteht so etwas wie eine gemeinsame europäische Identität, die ihren Ursprung in der Antike hat. Über die Jahrhunderte hinweg haben sich im modernen Europa demokratische Strukturen etabliert und sich die Idee von einem einheitlichen Wirtschafts- und Verwaltungsraum durchgesetzt. Der EU gehören aktuell 28 europäische Staaten an, einschließlich Großbritannien (Stand Juli 2019, vgl. M 108).

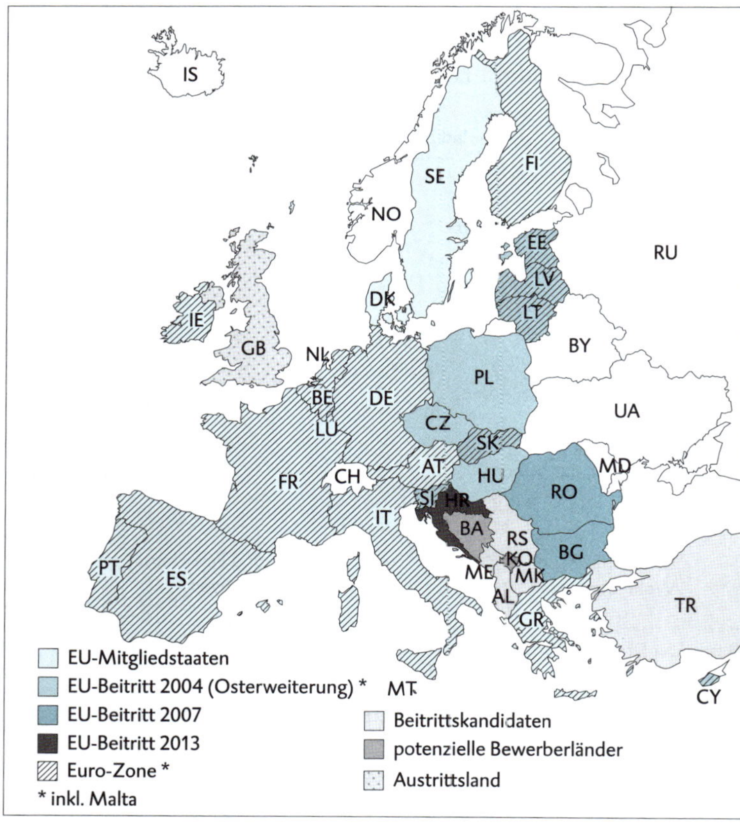

M 108: EU-Mitgliedstaaten

Sie verfügen mit dem EU-Binnenmarkt über den größten gemeinsamen Wirtschaftsraum der Welt. Der EU-Binnenmarkt beruht seit 1993 auf den sogenannten „vier Freiheiten“.

Die „vier Freiheiten“ des EU-Binnenmarkts

- **Freier Personenverkehr:** Dieser garantiert die Freizügigkeit im Binnenmarkt und schließt u. a. die freie Einreise, die Freiheit der Arbeitsplatzwahl oder das freie Wohnrecht ein.
- **Freier Dienstleistungsverkehr**: Die Märkte für Dienstleistungen werden EU-weit geöffnet (z. B. für Banken, Versicherungen oder Telekommunikationsunternehmen).
- **Freier Warenverkehr:** Jedes Produkt (z. B. Lebensmittel), das in einem EU-Staat hergestellt wurde, darf im gesamten EU-Binnenmarkt angeboten und verkauft werden.
- **Freier Kapitalverkehr:** Kapital darf innerhalb der EU-Grenzen frei fließen, sodass z. B. die Bürger Konten in jedem EU-Staat nutzen können.

Seit 2002 besteht in einem Großteil der Mitgliedsstaaten (Eurozone) der Euro als gemeinsame Währung. Gemeinsame Organe der EU-Staaten sind das Europäische Parlament, die Europäische Kommission oder der Europäische Gerichtshof. So kann die EU im Rahmen der von den einzelnen Mitgliedsstaaten übertragenen Souveränitätsrechte politisch handeln und z. B. Gesetze erlassen, außenpolitische Entscheidungen treffen oder Recht sprechen.

2.1 Wirtschaftsräumliche Disparitäten

Die Wirtschaftskraft der verschiedenen europäischen Staaten und Regionen kann mittels entsprechender Kenngrößen wie dem Bruttoinlandsprodukt pro Einwohner oder der Arbeitslosenquote analysiert und verglichen werden (vgl. S. 127 ff.). Dabei wird deutlich, dass sowohl innerstaatlich als auch interstaatlich zum Teil deutliche **Disparitäten** bestehen (vgl. M 109). Folgende Raummuster sind erkennbar:

- ein Nord-Süd-Gefälle, wobei die südlichsten Regionen der Mittelmeerländer die geringste Wirtschaftskraft aufweisen;
- ein deutlicher Entwicklungsrückstand der Regionen Osteuropas (West-Ost-Gefälle);
- die Abnahme der Wirtschaftskraft in Richtung der Peripherie (Zentrum-Peripherie-Gefälle);

- bisweilen große regionale Unterschiede innerhalb einzelner Staaten, z. B. Italien (Norditalien und „Mezzogiorno"), Spanien (weite Teile des Nordens gegenüber dem Süden) oder Deutschland (alte und neue Bundesländer);
- teilweise größere Diskrepanzen zwischen den Metropolregionen, oft die Hauptstädte eines Staates, und den übrigen Landesteilen (z. B. Greater London, Île de France, Metropolitana de Madrid).

Die Ursachen für die divergierenden wirtschaftlichen Entwicklungen der einzelnen Staaten und Regionen sowie die damit verbundene Differenzierung in strukturstarke Wachstums- bzw. **Aktivräume** und strukturschwache Schrumpfungs- bzw. **Passivräume** sind vielfältig. Neben entsprechenden **Standortfaktoren** (z. B. naturräumliche Ausstattung, verkehrsgeographische Lage) sind historische und politische Gründe maßgeblich: Einen entscheidenden Impuls lieferte die Industrialisierung. In den verschiedenen Phasen der industriellen Entwicklung bildeten sich infolge der spezifischen Standortgunst dynamische Wirtschaftsregionen heraus. Die Industrialisierung dieser Räume ging mit dem Ausbau der **Infrastruktur** einher und führte aufgrund des hohen Arbeitskräftebedarfs zu einem positiven Wanderungssaldo. Es entwickelten sich städtische Zentren und Agglomerationen, die gegenüber peripher gelegenen Regionen einen deutlichen Entwicklungsvorsprung aufbauten.

Im Laufe der Zeit kann sich auch die Bedeutung eines Standorts verändern, sodass bisherige Wachstumsregionen plötzlich von Schrumpfungsprozessen betroffen sind. Ein Beispiel hierfür stellen die sogenannten Altindustriegebiete wie das Ruhrgebiet, Nord-Pas-de-Calais in Frankreich oder die englischen Midlands dar. Diese früh industrialisierten Räume waren Standorte mit entsprechender Rohstoffverfügbarkeit (z. B. Steinkohle), einer guten Verkehrsanbin-dung und einem ausreichenden Arbeitskräftepotenzial. Die technische Entwicklung und die fortschreitende **Globalisierung** führten ab Mitte des 20. Jh. zu einer Umbewertung der **Standortfaktoren**, sodass die einstige Standortgunst weitgehend verloren ging. Aufgrund ihrer monostrukturellen Ausrichtung auf die Montanindustrie gerieten diese Regionen in tief greifende Krisen und vollziehen einen bis heute andauernden Strukturwandel. Dieser äußert sich in einer weitreichenden Deindustrialisierung und einer Branchenverlagerung in Richtung des Dienstleistungssektors.

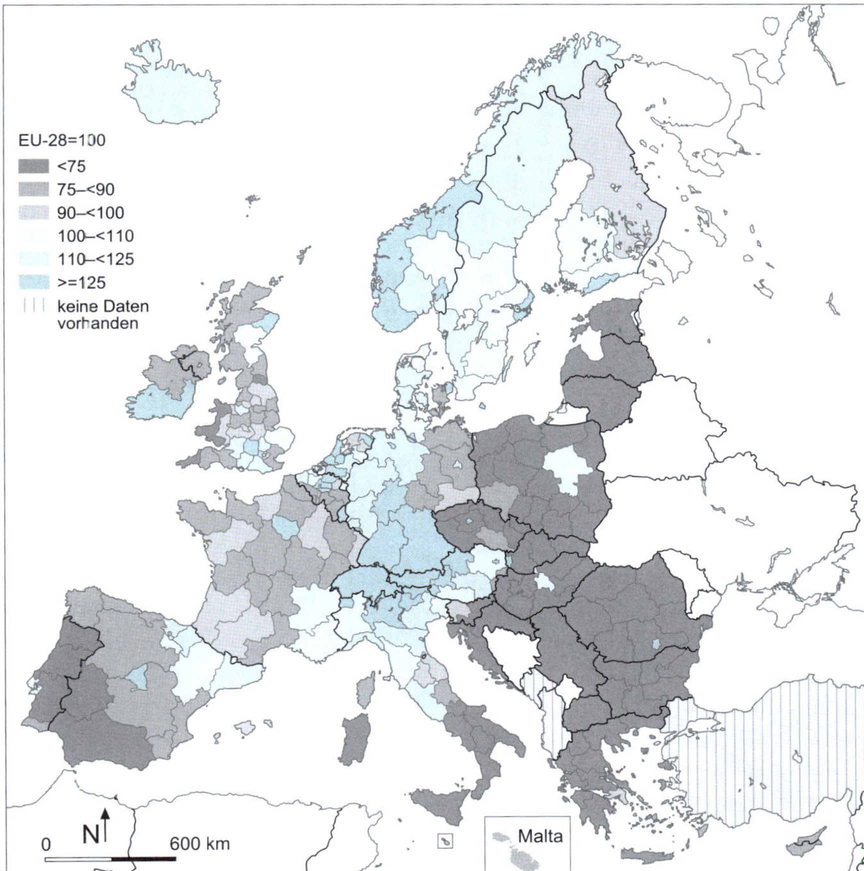

M109: Wirtschaftskraft einzelner Regionen Europas gemessen am BIP pro Einwohner

Mit der Öffnung des Eisernen Vorhangs veränderten sich die politischen Rahmenbedingungen, was mit weitreichenden Folgen für den europäischen Wirtschaftsraum verbunden war. Die verzögerte wirtschaftliche Entwicklung der osteuropäischen Staaten ist auf den langwierigen Transformationsprozess von einer international nicht wettbewerbsfähigen sozialistischen Zentralverwaltungs- in eine konkurrenzfähige Marktwirtschaft zurückzuführen. Trotzdem zeigen gerade die in den europäischen Integrationsprozess eingebundenen Staaten wie Polen, Bulgarien oder Rumänien in bestimmten Regionen eine beachtliche Wachstumsdynamik. Diese fußt sowohl auf der **europäischen Strukturpolitik** (vgl. Kap. 2.3, S. 142 ff.) als auch auf **ausländischen Direktinvestitionen**.

2.2 Darstellung der räumlichen Disparitäten mithilfe von Raumordnungsmodellen

Geoökonomische Raumordnungsmodelle stellen den europäischen Wirtschaftsraum kartographisch stark generalisiert dar und beschränken sich auf zentrale Aussagen (vgl. M110). Sie können einen raumanalytischen oder prognostischen Charakter bzw. beides besitzen. Das heißt, sie versuchen sowohl die aktuellen wirtschaftsräumlichen Strukturen als auch mögliche Zukunftsprognosen abzubilden. Teilweise werden auch zukünftig gewünschte Raumentwicklungen berücksichtigt (normativer Charakter).

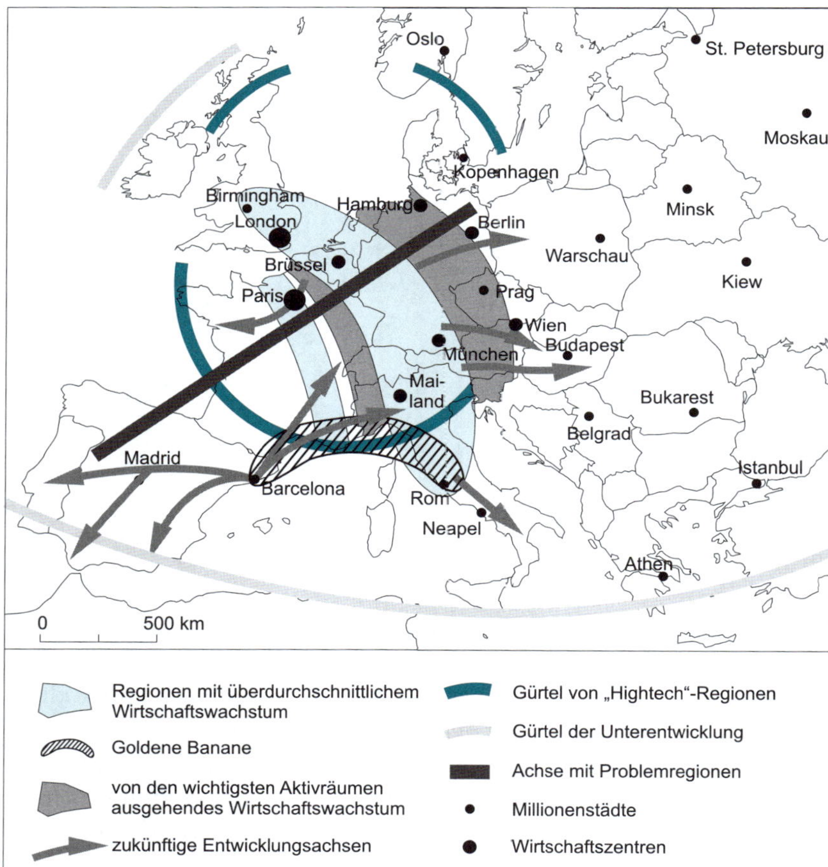

M110: Zentrum-Peripherie-Modelle zum Wirtschaftsraum Europa

Wenngleich Aussagen über allgemeine Tendenzen möglich sind, erweist sich das Zusammenfassen von mehreren Wirtschaftsräumen zu wirtschaftsstarken oder wirtschaftsschwachen Korridoren bisweilen als problematisch. Der europäische Wirtschaftsraum ist ein in sich differenziertes und dynamisches Gebilde, in dem Altindustriegebiete neben neuen Industrieregionen liegen, **Aktivräume** eine periphere Lage haben können oder strukturstarke Zentren von strukturschwachem Umland umgeben werden. Deshalb wird in diesem Zusammenhang auch das Bild vom fragmentierten Wirtschaftsraum bzw. vom Mosaik der heterogenen Wirtschaftsregionen verwendet.

Prinzipiell muss davon ausgegangen werden, dass sich auch in Zukunft die wirtschaftlichen Aktivitäten auf die verstädterten Kernräume mit ihren günstigen **Standortfaktoren** konzentrieren werden und ländliche, periphere Regionen eher benachteiligt bleiben. Die zunehmende **Globalisierung** scheint diesen Trend weiter zu verstärken.

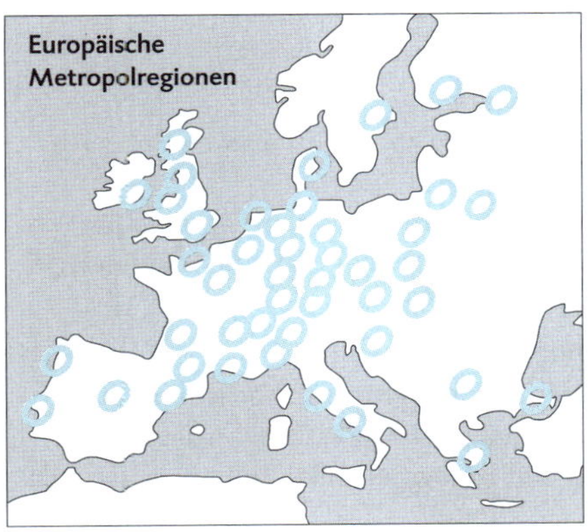

M111: Das Modell der „europäischen Trauben"

Das Modell der „europäischen Trauben" (vgl. M111) beschränkt diese Prognose auf die großen städtischen Metropolen. Es besagt, dass künftig nicht geschlossene Großregionen die strukturbestimmenden Räume sind, sondern wirtschaftlich starke, untereinander gut vernetzte Einzelmetropolen. Diese reichen vom Süden Italiens (z. B. Neapel) bis nach Skandinavien (z. B. Stockholm) und von Portugal (z. B. Lissabon) bis nach Russland (z. B. St. Petersburg).

Das Metropolennetz deckt somit den gesamten europäischen Wirtschaftsraum ab. Es bildet aufgrund seiner polyzentralen Raumstruktur ein Gegenstück zu den Zentrum-Peripherie-Modellen (vgl. M110).

Die wichtigsten Raumordnungsmodelle und Raumvorstellungen zum europäischen Wirtschaftsraum

- **Blaue Banane** (nach BRUNET, 1989):
  - umfasst in Form einer Banane einen wirtschaftlichen Kernraum, der von den englischen Midlands über Südengland und Teile der Benelux-Staaten, der Rheinachse folgend, bis nach Mittelitalien reicht;
  - zeichnet sich durch eine starke Wirtschaftsdynamik, eine hohe Bevölkerungsdichte und eine hervorragend ausgebaute Infrastruktur aus;
  - umfasst im Strukturwandel begriffene Altindustriegebiete (z. B. englische Midlands, Ruhrgebiet), Metropolregionen mit hoher und differenzierter Wirtschaftskraft (z. B. Rhein-Main-Gebiet) und Global Citys als wichtige Knotenpunkte der Weltwirtschaft (z. B. London, Frankfurt am Main).
- **Gelbe Banane** (nach WIENEN, 1994):
  - erstreckt sich von Paris im Westen bis Berlin im Osten und schneidet die Blaue Banane im Bereich Luxemburg, Brüssel und Amsterdam;
  - ergänzt damit den Kernraum um wichtige, in der Blauen Banane noch nicht berücksichtigte Zentren (z. B. Berlin nach dem Fall des „Eisernen Vorhangs").
- **Europäischer Sunbelt** bzw. **Goldene Banane**:
  - spannt sich im nordwestlichen Mittelmeerraum von Katalonien über die Provence und die Côte d'Azur bis nach Rom auf;
  - kennzeichnend sind wachstumsstarke Branchen, zumeist aus dem Hightech-Bereich (z. B. Mikroelektronik, Luft- und Raumfahrttechnik); hieraus ergibt sich die Analogie zum US-amerikanischen Sunbelt (u. a. Silicon Valley).
- **Europäische Peripherie** und **Problemregionen**:
  - Regionen in europäischen Randlagen, außerhalb der Kern- und Wachstumsräume, mit entsprechend schwacher Wirtschaftsleistung, geringerer Bevölkerungsdichte und daher schlechteren wirtschaftlichen Entwicklungsperspektiven (z. B. große Teile Südspaniens und Süditaliens);
  - in der Vorstellung eines fragmentierten europäischen Wirtschafsraumes können Problemregionen auch innerhalb des Kernraumes auftauchen (z. B. deindustrialisierte, wachstumsschwache Regionen im Ruhrgebiet oder strukturschwache, ländliche Räume im weiteren Umland von Berlin).

2.3 Die EU-Strukturpolitik als Antwort auf regionale Unterschiede

In den Gründungsverträgen der EWG wurde festgeschrieben, dass die Lebensverhältnisse in den einzelnen Staaten stetig verbessert und die regionalen Unterschiede verringert werden sollen. Dieses Vorhaben scheint mit Fortschreiten des europäischen Integrationsprozesses eine immer größere Herausforderung zu werden. Betrug 1960 bei den sechs EWG-Staaten das Verhältnis zwischen dem Staat mit dem niedrigsten und dem Staat mit dem höchsten BIP pro

Einwohner noch ca. 1 : 3, so belief es sich im Jahr 2017 innerhalb der EU-Staaten auf ca. 1 : 13. Auf regionaler Ebene fallen die Unterschiede noch weitaus deutlicher aus.

Die **europäische Strukturpolitik** versucht, diese Unterschiede abzuschwächen. Sie wird auch als Kohäsionspolitik bezeichnet, weil sie die Festigung des wirtschaftlichen, sozialen und territorialen Zusammenhalts (= Kohäsion) in der Union fördert. Sie steht für die Solidarität zwischen den einzelnen Mitgliedsstaaten.

Für die Förderperiode im Zeitraum 2014–2020 orientierte sich die EU-Regionalpolitik an den Zielen der Entwicklungsstrategie „Europa 2020". Als Grobziele waren für die zu fördernden Regionen die Schaffung von Arbeitsplätzen, Wirtschaftswachstum, die Steigerung der Wettbewerbsfähigkeit, die Verbesserung der Lebensqualität sowie eine umweltverträgliche Entwicklung formuliert. Um diese Ziele zu erreichen, wurden Mittel aus unterschiedlichen Struktur- und Investitionsfonds (z. B. Europäischer Fonds für Regionale Entwicklung – EFRE) eingesetzt.

Grundsätzlich haben alle Regionen der EU Anspruch auf eine Strukturförderung. Die EU differenziert bei ihren Maßnahmen, indem sie die zu fördernden Regionen in unterschiedliche Kategorien einteilt (vgl. M112).

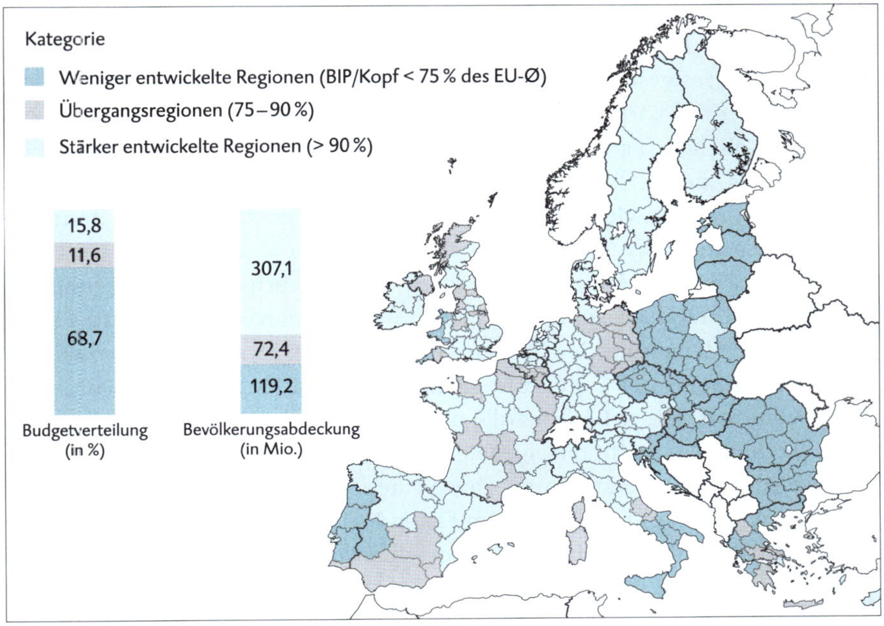

M112: Kohäsionspolitik der EU 2014–2020

Um die regionale Vergleichbarkeit der Wirtschaftsdaten zu erhöhen und eine gerechtere Verteilung der EU-Gelder zu erreichen, wurden verschiedene regionale Bezugseinheiten, die sogenannten „NUTS-Regionen“ (= Nomenclature des Unités Territoriales Statistiques), festgelegt. Die Mitgliedsstaaten werden dabei in unterschiedlich große Gebietseinheiten eingeteilt, die in den einzelnen Staaten ungefähr miteinander vergleichbar sind.

NUTS-Regionen

- **NUTS-1-Regionen:** die größeren Bundesländer in Deutschland, die Raumplanungsgebiete in Frankreich oder die Regionen in Belgien;
- **NUTS-2-Regionen:** z. B. die Bezirke und kleineren Bundesländer in Deutschland, die Regionen in Frankreich oder die Comunidades autónomas in Spanien;
- **NUTS-3-Regionen:** u. a. die Landkreise und kreisfreien Städte in Deutschland, die Départments in Frankreich oder die Nomoi in Griechenland.

Die meisten Fördermittel erhalten die strukturschwachen Regionen mit Entwicklungsrückstand. Um den Erfolg der Strukturmaßnahmen zu verbessern, müssen sich die einzelnen Regionen und Staaten an den entsprechenden Planungs- und Förderkonzepten beteiligen sowie eine Kofinanzierung leisten.

Die gemeinsame Agrarpolitik der EU (GAP)

Lange bevor die EU-Regionalpolitik im Jahr 1987 in der Gemeinsamen Europäischen Akte festgeschrieben wurde, einigten sich bereits 1957 die damaligen EWG-Staaten auf wirtschaftspolitische Absprachen im Agrarsektor. Die Zusammenarbeit hält bis heute an und verschlingt knapp die Hälfte des EU-Budgets. Bis heute haben sich die Ziele und die damit verbundenen Maßnahmen immer wieder verändert und sich den entsprechenden Rahmenbedingungen angepasst:

Gerade nach dem Zweiten Weltkrieg war die Ernährungssicherung ein primäres Ziel. Deshalb sollten die gemeinsamen Interventionen und Förderungen eine Steigerung der Nahrungsmittelproduktion erreichen sowie ein Grundeinkommen der Landwirte sicherstellen. Im Zuge dessen wurde der EWG-Agrarmarkt über Einfuhrzölle und Ausfuhrsubventionen geschützt. Die EWG setzte die Preise für die eigenen agrarischen Erzeugnisse fest und sicherte eine Abnahmegarantie zu. So wurden Waren, die von den Landwirten nicht abgesetzt werden konnten, zu einem festen Preis aufgekauft und gelagert oder vernichtet. Mit fortschreitender agrotechnischer Entwicklung und damit verbundener Produktivitätssteigerung kam es in den 1970er-Jahren dadurch zu einer Überproduktion (sogenannte „Fleisch- und Butterberge“ oder „Milch- und Weinseen“).

Die GAP unterlag seit Inkrafttreten mehrfach einer grundlegenden Reformierung. Die Preisgarantien sind mittlerweile weitgehend abgeschafft. Stattdessen werden flächenbezogene, direkte Beihilfen an Landwirte gezahlt und Prämienausschüttungen von der Einhaltung bestimmter Kriterien im Bereich Natur- und Tierschutz abhängig gemacht.

2.4 Raumbeispiel Lombardei – das wirtschaftliche Rückgrat Italiens

Die Lombardei erstreckt sich im zentralen Norden Italiens von den italienischen Alpen bis in die Poebene im Süden. Gemeinsame Grenzen bestehen mit den Schweizer Kantonen Tessin und Graubünden im Norden sowie den norditalienischen Provinzen Piemont im Westen, Trentino-Südtirol und Venetien im Osten, und der Emilia-Romagna im Süden. Sie umfasst auf einer Fläche von ca. 24 000 km^2 zwölf Provinzen, die insgesamt ca. 10 Mio. Einwohner zählen. Somit ist sie die bevölkerungsreichste Region Italiens. Auch ökonomisch gesehen hält die Lombardei die nationale Spitzenstellung. Sie wird als wirtschaftliches Rückgrat des Landes bezeichnet und gehört zu den wirtschaftsstärksten Regionen Europas. Dies lässt sich an folgenden Punkten festmachen:

- Die Lombardei steuert fast ein Viertel zum Bruttoinlandsprodukt Italiens bei (2016: ca. 22 %).
- Die Krisenjahre zwischen 2008 und 2014 konnten weitaus besser kompensiert werden als in anderen Regionen; das italienische BIP lag Ende 2014 um 8,7 % unter dem Vorkrisenniveau, die Lombardei verzeichnete einen weitaus geringeren Rückgang von nur 3,6 %.
- Weiterhin weist die Region verglichen mit den nationalen Wirtschaftsdaten überdurchschnittliche Werte auf, z. B. im Bereich BIP pro Einwohner (2016: 36 800 € zu 27 700 €) und bei der Arbeitslosenquote (2017: 6,2 % zu 11,3 %).
- Knapp die Hälfte aller **Global Player** mit Niederlassungen in Italien sind in der Lombardei angesiedelt (u. a. Adidas, SAP, BMW, Bayer).
- Mit der Metropole Mailand verfügt die Lombardei über ein Wirtschaftszentrum mit herausragender nationaler und internationaler Bedeutung (s. u.).

- Keine andere Region verfügt über stärkere außenwirtschaftliche Verflechtungen; 2017 entfielen auf die Lombardei ca. 27 % aller Exporte und ca. 31 % aller Importe Italiens.
- Die Lombardei ist die innovativste Region Italiens. Ein Viertel der italienischen Unternehmen mit Innovationstätigkeiten ist hier angesiedelt (z. B. Hightech-Unternehmen in Mailand und Monza-Brianza). 22 Prozent der gesamtitalienischen Aufwendungen für Forschung und Entwicklung werden in der Lombardei getätigt.

Die historische Entwicklung des Wirtschaftsraumes

Die Lombardei wird in geoökonomischen Raumordnungsmodellen dem europäischen Kernraum, der Blauen Banane, zugerechnet (vgl. M110, S. 140). Entscheidend für die heutige Wirtschaftskraft und den Entwicklungsvorsprung, vor allem gegenüber den strukturschwachen Regionen Süditaliens, war eine frühere und weitaus stärkere Industrialisierung (ab ca. 1850), wie sie für den gesamten Norden Italiens kennzeichnend war. Diese wiederum kann auf mehrere **Standortfaktoren** zurückgeführt werden:

- Die naturräumliche Nähe zu den Alpen erwies sich als günstig, weil die für die Industrialisierung erforderliche Elektrizität in den Wasserkraftwerken der Alpentäler erzeugt werden konnte.
- Die Lombardei und gerade ihre Landeshauptstadt Mailand stellten bereits in vorindustrieller Zeit einen wichtigen Verkehrsknotenpunkt dar; dies bot eine gute Voraussetzung für den Ausbau und die Modernisierung der schon vorhandenen Verkehrsinfrastruktur.
- Durch das flache Relief im Vorland der Alpen waren ausreichend Flächen verfügbar, um große Industriebetriebe ansiedeln zu können.
- Die bereits im Mittelalter schon weitreichend vernetzten Strukturen des produzierenden Gewerbes boten Grundmuster für das Entstehen von Manufakturen in der Frühen Neuzeit (ca. 16.–18. Jh.) und schließlich eines weitverzweigten Fabriksystems ab der zweiten Hälfte des 19. Jh.
- Mit den vorindustriellen Wirtschaftsstrukturen entwickelte sich ein Unternehmertum mit entsprechendem betriebswirtschaftlichen Know-how.
- Die seit der Renaissance zunehmende wirtschaftliche Tätigkeit in den großen Städten Norditaliens führte zur Finanzakkumulation und zur Bildung einer Bevölkerung mit hoher Kaufkraft.
- Die kapitalistisch organisierte Landwirtschaft Norditaliens mit vorwiegend selbstständigen Landwirten auf Eigenbesitz war der auf Pacht ausgerichteten

Latifundienwirtschaft Süditaliens marktwirtschaftlich überlegen. Zu diesen sozioökonomischen Vorteilen kamen günstige naturgeographische Bedingungen in der Poebene (Klima mit ausreichend Sonnenstunden und Niederschlägen sowie fruchtbare Schwemmlandböden), sodass Kapitalüberschüsse erwirtschaftet werden konnten, die wiederum die regionale industrielle Entwicklung im 19. Jh. stützten; zudem erleichterten diese Standortvorteile die Umstellung der norditalienischen Landwirtschaft auf eine industrielle Massenproduktion.

- Die eigenständige Nahrungsmittelerzeugung ermöglichte dem Norden eine adäquate Versorgung der Bevölkerung und machte die Region von Nahrungsmittelimporten weitgehend unabhängig.

Die lombardische Industrie entwickelte sich ausgehend vom Textilgewerbe, das auch heute noch einen hohen Stellenwert besitzt und mit der Modebranche in Mailand eng verknüpft ist. Die Herstellung von Textilien reicht zurück bis in die Antike. Früher verwendete man Wolle als Ausgangsstoff, später spielten importierte Baumwolle sowie Kunstfasern eine größere Rolle. Die Textilindustrie sorgte mit Beginn der Industrialisierung für die Ansiedlung von Branchen, zu denen unterschiedliche Zulieferbeziehungen bestanden: Für die Herstellung der Textilien wurden vermehrt Maschinen benötigt, sodass sich die Maschinenbauindustrie und die Metallverarbeitung in räumlicher Nähe ansiedelten (z. B. Varese). Den Rohstoff für diese lieferte die eisenschaffende Industrie, die sich ebenfalls in der Lombardei, wegen der Nähe zu den Erzgruben (z. B. Insel Elba) und der möglichen Nutzung der Wasserkraft, niederließ; so sind in der Umgebung von Brescia noch heute Kleinstahlwerke in Betrieb. Für die unterschiedlichen chemischen Prozesse bei der Lederherstellung bzw. -verarbeitung sowie für das Bleichen und Färben der Textilien war zudem das Vorhandensein der chemischen Industrie notwendig. Eine weitere Zulieferbeziehung bestand mit dem Kraftfahrzeugbau, der wiederum auf den Maschinenbau und die metallverarbeitende Industrie angewiesen war. Mit Alfa Romeo ist seit 1910 ein bekannter Automobilhersteller in Mailand vertreten.

Die aktuelle Wirtschaftsstruktur

In der Lombardei besitzt der sekundäre Sektor noch heute einen überdurchschnittlich hohen Anteil an der regionalen Wertschöpfung (ca. 27 %). Die Branchenstruktur ist breit gefächert: Sie umfasst u. a. die Automobilindustrie mit ihren Zulieferbetrieben um Mailand und Bergamo, die Seidenweber in Como, die Möbelindustrie in der Brianza, die Metallverarbeitung und den Maschinenbau in Brescia sowie die chemische Industrie um Mailand.

Region	Branche	Firmenanzahl	Beschäftigte
Bergamo	Maschinenbau	68 876	330 422
Busto Arsizio	Textilien und Bekleidung	50 883	229 100
Como	Textilien und Bekleidung	45 177	195 289
Brescia	Maschinenbau	43 465	204 989
Lecco	Maschinenbau	27 048	122 730
Vigevano	Leder, Schuhe	12 556	47 931
Cremona	Nahrungsmittel	11 377	52 352

M113: Die größten Industriecluster der Lombardei (2015)

Obwohl die Lombardei die höchste Zahl an Großunternehmen aller italienischen Regionen aufweist, dominieren heute klein- und mittelständische Betriebe die regionale Wirtschaftsstruktur. Die Verbreitung der klein- und mittelständischen Unternehmen setzte sich ab den 1970er-Jahren durch. Die Betriebe organisieren sich bis heute in sogenannten Industriedistrikten bzw. **Industrieclustern** (vgl. M113). Das bedeutet, dass sich Unternehmen gleicher Branche bzw. mit denselben Zulieferbeziehungen in räumlicher Nähe ansiedeln. Die Produktionen der einzelnen Betriebe sind dabei arbeitsteilig verflochten. In der Regel spezialisieren sie sich auf die Herstellung eines bestimmten Produktes. Die Produktionsnetzwerke bieten dabei unterschiedliche Vorteile, die die internationale Wettbewerbsfähigkeit der kleinen und mittelständischen Betriebe sichern: Durch die räumliche Nähe und die arbeitsteilige Produktion kann eine gleichbleibend hohe Qualität bei geringeren Produktionskosten erreicht werden. Gleichzeitig ist es möglich, schneller und flexibler auf die sich stetig verändernden Nachfragebedürfnisse zu reagieren. Weitere Synergieeffekte ergeben sich durch Kooperationen im Bereich Aus- und Weiterbildung sowie den Austausch von Wissen oder Arbeitskräften. Ausgehend von der Lombardei breiteten sich diese industriellen, innovativen Milieus, fern von den großen Ballungszentren, im Nordosten (u. a. Venetien, Friaul) und in Mittelitalien (u. a. Emilia-Romagna, Toskana, Umbrien) aus.

Diese Regionen werden in Abgrenzung zu den früh industrialisierten Gebieten des Triangolo Industriale (Turin-Genua-Mailand) und dem wenig industrialisierten Süden Italiens (Mezzogiorno) als Drittes Italien bezeichnet.

Trotz des starken industriellen Sektors befindet sich auch die Lombardei in einem fortschreitenden Tertiärisierungsprozess. Der Dienstleistungsbereich trägt ca. 72 % zum regionalen BIP bei. Wichtige Branchen sind der Groß- und Einzelhandel sowie die Finanz- und Immobiliendienstleistungen.

Triangolo Industriale

- Raumordnungsmodell, das die großen Wirtschaftszentren Nordwestitaliens in Form eines Dreiecks miteinander verbindet und sich v. a. in der industriellen Entwicklung nach dem Zweiten Weltkrieg herausgebildet hat:
  - **Mailand:** v. a. Automobilindustrie (Alfa Romeo), Maschinenbau, Metallverarbeitung, chemische Industrie, Textilien und Bekleidung;
  - **Turin:** v. a. Automobilindustrie (Fiat), Maschinenbau, Metallverarbeitung, Luft- und Raumfahrttechnik;
  - **Genua:** v. a. Schwerindustrie, Erdölindustrie, Hafenanlagen mit Containerterminal und Mineralölhafen.
- Obwohl sich ein Band hoher bis höchster Dichte von Industriestandorten über die gesamte nördliche Poebene zieht, bestehen ausgeprägte wirtschaftliche Verflechtungen innerhalb des Industriedreiecks, die über entsprechende Zulieferbeziehungen oder eine gute infrastrukturelle Verbindung deutlich werden.

Der Tourismus nimmt im regionalen Vergleich ebenfalls eine bedeutende Stellung ein. Beliebte Destinationen sind neben der Metropole Mailand die großen Seen (Lago Maggiore, Comersee, Gardasee, Luganersee, Iseosee) und die Alpenregionen. Was die absoluten Touristenzahlen betrifft, belegt die Lombardei hinter Venetien, aber noch vor der Toskana, landesweit den zweiten Platz. Legt man die Anzahl der Touristenübernachtungen zugrunde, rutscht die Lombardei auf den fünften Rang ab. Dies lässt sich durch die verhältnismäßig hohe Zahl an Tagesgästen, u. a. auch Geschäftsleuten, in Mailand erklären.

Die Bedeutung der lombardischen Landwirtschaft an der regionalen Wertschöpfung ist mit aktuell ca. 1 % sehr gering, trotzdem bestimmen gerade in der Poebene die landwirtschaftlichen Flächen das Landschaftsbild. Unter anderem werden Weizen, Mais, Reis, Zuckerrüben und auch Wein angebaut.

Mailand – ein Wirtschaftszentrum mit (inter)nationaler Strahlkraft

Mailand stellt nicht nur den Knotenpunkt der italienischen Wirtschaft dar, sondern rangiert auch im europäischen Vergleich direkt hinter den Global Citys ersten Ranges: London und Paris. Als Sitz der italienischen Börse und der Großbank Unicredit gilt Mailand als Finanzzentrum Italiens. Die Metropole trägt zur Hälfte zum regionalen BIP der Lombardei und zu einem Zehntel zur nationalen Wertschöpfung bei. Eine Vielzahl der erfolgreichsten italienischen Firmen ist dort angesiedelt. Dazu zählen der Automobilzulieferer Pirelli, der Baukonzern Italmobiliare oder der Finanzdienstleister Mediobanca.

Die regionale Wirtschaftsstruktur wird neben dem noch heute stark vertretenen industriellen Sektor (Textilindustrie und Fahrzeugbau) von hochrangigen Dienstleistungen bestimmt. Neben der Finanzwirtschaft und der Immobilienbranche spielen mittlerweile auch Forschung und Entwicklung, vor allem in den Bereichen Biotechnologie, Informationstechnik und Umwelttechnologie, eine große Rolle. Mailand ist außerdem Hauptsitz der italienischen Bekleidungsindustrie. Bekannte Marken sind Gucci, Valentino, Armani, Versace oder Dolce & Gabbana. Zweimal jährlich rückt Mailand durch seine Modewoche in den Fokus der internationalen Modeszene.

Neben dem hohen Binnenkonsum, der durch die hohe Kaufkraft der Einwohner bedingt ist, erwirtschaftet die Metropolregion den höchsten Exporterlös aller italienischen Provinzen.

Mit seinen zahlreichen Bildungseinrichtungen (u. a. Universität Mailand, Technische Hochschule Politecnico di Milano, Wirtschaftsuniversität Luigi Bocconi) gilt Mailand auch als hochrangiger Wissenschaftsstandort.

Einen nicht unwesentlichen Beitrag zur Wertschöpfung des tertiären Sektors trägt die Tourismusbranche bei. Mailand stellt vor allem für Tagestouristen ein beliebtes Ausflugsziel dar. Bekannte Sehenswürdigkeiten sind der Mailänder Dom, das Kloster Santa Maria della Grazie (UNESCO-Welterbe) oder der Museumskomplex im Castello Sforzesco. Mailand hatte im Jahr 2015 Rom als touristisches Top-Ziel zum ersten Mal überholt. Im Jahr 2015 war Mailand außerdem Ausrichter der Weltausstellung „Expo“. Diese wurde auf dem erweiterten Messegelände im Nordwesten der Stadt durchgeführt und zog ca. 21 Mio. Besucher an. Mit der Expo waren auch große Investitionen von ca. 10 Mrd. Euro in die **Infrastruktur** (u. a. U-Bahn-Netz und Autobahnen) verbunden, was dem Standort für die weitere Entwicklung zugutekommt.

Aufgabe 27 Analysieren Sie das Raumordnungsmodell auf S. 140 (M 110).

Aufgabe 28 Erklären Sie ausgehend von der Karte zur Kohäsionspolitik der EU 2014–2020 (M 112) die Struktur- und Regionalpolitik der EU.

Aufgabe 29 „Die Lombardei stellt das wirtschaftliche Rückgrat Italiens dar!“ Begründen Sie diese Aussage auf Grundlage der Materialien (M 114/M 115).

	Italien	Lombardei	Nord-Ovest	Nord-Est
Bevölkerung in Mio.	60,7	10,0	16,1	11,6
Fläche in km²	302 073	23 864	57 928	62 327
Gesamt-BIP in Millionen Euro	1 680 153	366 541	548 585	387 553
BIP pro Einwohner in Euro	27 700	36 600	34 100	33 300
Innerbetriebliche Ausgaben für Forschung und Entwicklung in Mrd. Euro	23,2	4,8	8,4	6,0

	Centro	Sud	Isole
Bevölkerung in Mio.	12,1	14,1	6,7
Fläche in km²	58 085	73 800	49 933
Gesamt-BIP in Millionen Euro	360 503	262 189	120 554
BIP pro Einwohner in Euro	29 900	18 600	17 900
Innerbetriebliche Ausgaben für Forschung und Entwicklung in Mrd. Euro	4,9	2,6	1,0

M114: Strukturdaten Lombardei im Vergleich (Werte teilweise gerundet, Stand 2016)

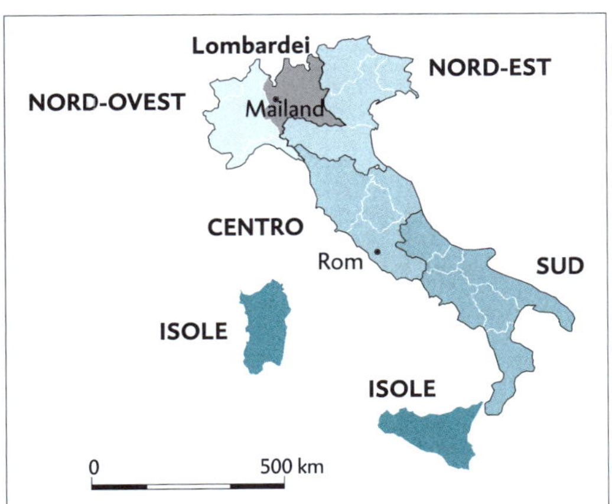

M115: NUTS-1-Regionen in Italien (Lombardei = NUTS-2-Region innerhalb der Region Nord-Ovest)

3 Wirtschaftsregionen außerhalb Europas

3.1 Aktuelle Trends im globalen Wirtschaftsraum

Im Zuge der **Globalisierung** und den damit verbundenen Begleiterscheinungen, wie dem **Welthandel**, der **internationalen Arbeitsteilung** oder dem Entstehen globaler Märkte, wachsen und etablieren sich überall auf der Welt neue Wirtschaftsregionen. Die großen Weltwirtschaftsregionen der Triade – Nordamerika, Europa und Ostasien – müssen sich zunehmend gegen wachsende Standorte und Märkte in Südamerika, Asien oder Afrika behaupten. Die einst tripolare Ordnung der Weltwirtschaft wird zusehends von einer multipolaren Struktur des globalen Wirtschaftsraumes abgelöst (vgl. M116).

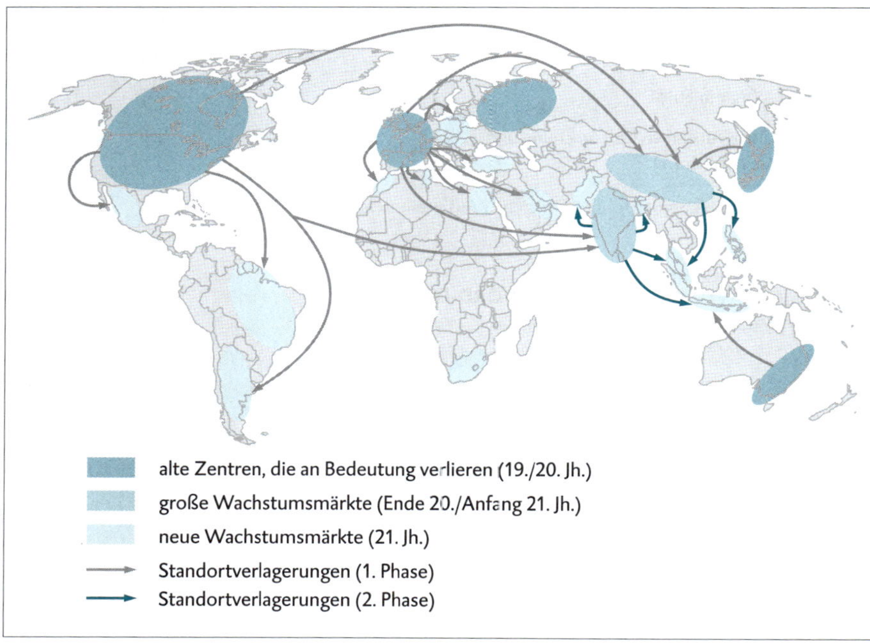

M116: Alte und neue Zentren der Weltwirtschaft

Diese neuere Tendenz einer weltwirtschaftlichen Bedeutungsverschiebung weg von der klassischen Triade und den ökonomisch entwickelten Ländern zeigt sich auch in den **ausländischen Direktinvestitionen** (vgl. M117).

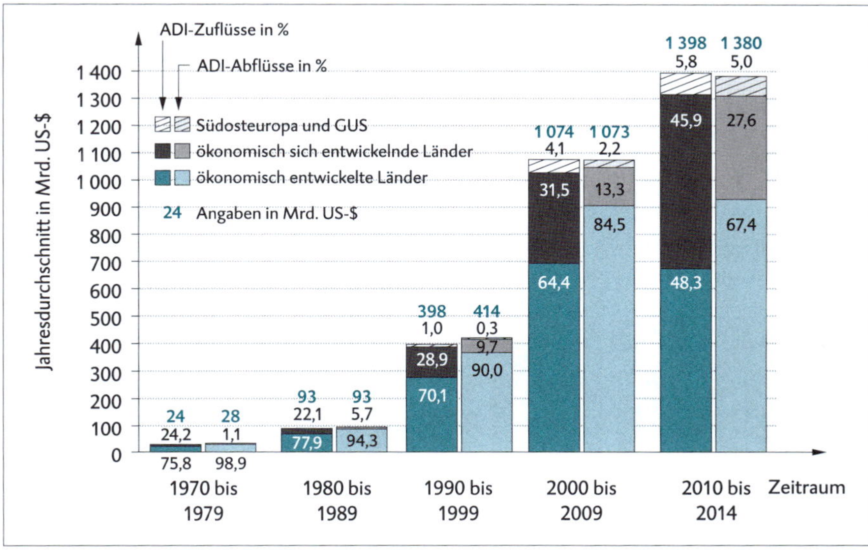

M117: Ausländische Direktinvestitionen pro Jahr und Ländergruppe

Viele Staaten versuchen aber auch, Globalisierungseffekte für die eigene Wirtschaft zu kontrollieren. Eine gängige Maßnahme besteht darin, den eigenen Binnenmarkt über Importzölle zu schützen **(Protektionismus)** oder die globalen Wirtschaftsspielräume über regionale Wirtschaftsbündnisse (z. B. NAFTA, ASEAN, CEFTA) zu begrenzen.

3.2 Raumbeispiel Ghana – die wirtschaftliche Drehscheibe Westafrikas?

Ghana liegt in der westafrikanischen Subsahara-Region. Direkte Nachbarländer sind Togo im Osten, die Elfenbeinküste im Westen sowie Burkina Faso im Norden. Im Süden hat das Land über den Golf von Guinea Zugang zum Atlantischen Ozean.

Ghana ist einer der wenigen Staaten Afrikas, der von den Vereinten Nationen aufgrund des sozioökonomischen Status nicht zur Gruppe der am wenigsten entwickelten Länder (Least Developed Countries, kurz: LDC) gerechnet, sondern als Mitteleinkommensland (Low- and Middle-Income Country, kurz: LMIC) eingestuft wird. Damit befindet sich der westafrikanische Staat im Bereich zwischen einem Entwicklungs- und einem Schwellenland. Ausschlaggebende **Entwicklungsindikatoren** waren die Halbierung der Armut, die

Verdopplung des Anteils der Menschen mit Zugang zu sauberem Trinkwasser und die Garantie einer kostenlosen Schulbildung im zugrunde gelegten Erfassungszeitraum.

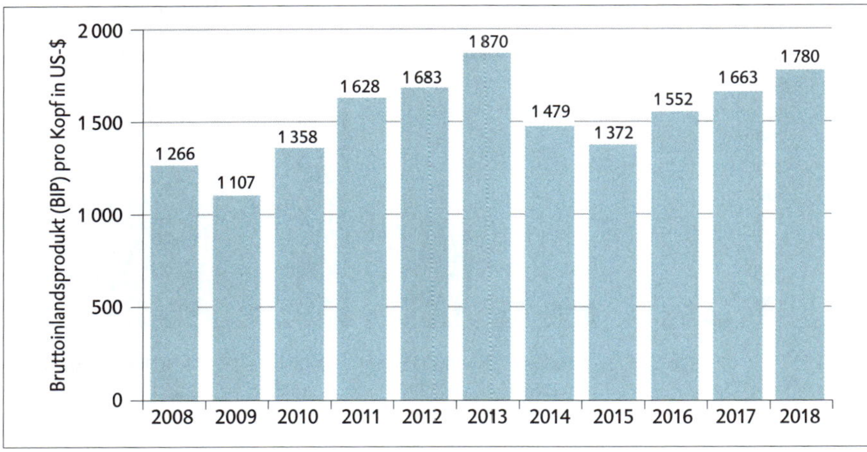

M118: BIP pro Einwohner in Ghana

Die historische Entwicklung des Wirtschaftsraumes

Seit dem Mittelalter stand der südliche Teil Ghanas, aufgrund der reichen Goldvorkommen als Goldküste bezeichnet, unter dem Einfluss verschiedener europäischer Kolonialmächte. Letztlich konnten jedoch nur die Briten ihre Herrschaft dauerhaft sichern und erklärten das Territorium 1874 zur Kronkolonie. Die koloniale Herrschaft war mit einer ressourcenausschöpfenden Wirtschaftsweise verbunden, die die eigenständige wirtschaftliche Entwicklung erschwerte und bis heute als koloniales Erbe nachwirkt. Neben dem Abbau der Goldvorkommen waren die Briten vor allem an den landwirtschaftlichen Ressourcen interessiert. Dafür wurden weite Regenwaldflächen gerodet, um Kaffee, Ananas und Kakao in Monokulturen anzubauen.

Durch die frühe einseitige Ausrichtung der Wirtschaft auf den Export von landwirtschaftlichen Produkten und Bodenschätzen fehlt dem Land eine leistungsstarke, diversifizierte verarbeitende Industrie.

Wichtige Voraussetzungen für das gegen Ende des 20. Jh. einsetzende dynamische Wirtschaftswachstum war die im Vergleich zu anderen afrikanischen Kolonien früh erlangte Unabhängigkeit (seit 1957) sowie die schnell einsetzende Demokratisierung des Landes (ab 1992). Die politische Stabilität macht das Land zum Vorbild für viele afrikanische Staaten und ist ein wichtiges Argument, um ausländische Investoren zu gewinnen. Neben diesen politischen

Rahmenbedingungen können größere **Infrastrukturprojekte** des 20. Jh. als erste Schritte für die wirtschaftliche Entwicklung angesehen werden. Im Zuge der Nutzbarmachung der Bauxit-Lagerstätten des Landes und der damit verbundenen Aluminiumherstellung entstanden der Akosombo-Staudamm und der Tiefwasserhafen in Tema. Der 1966 fertiggestellte Akosombo-Staudamm staut in der im Südosten gelegenen Volta-Ebene mehrere Zuflüsse auf (u. a. Schwarzer und Weißer Volta) und lässt so auf einer Fläche von ca. 8 500 km^2 einen der größten künstlichen Stauseen der Welt entstehen. Der Volta-Stausee soll die Energieversorgung sicherstellen, vor allem für die Aluminiumverhüttung in Tema, und dient inzwischen auch dem Personen- und Güterverkehr. Das integrierte Wasserkraftwerk kann allerdings nur einen Bruchteil der Stromversorgung des Landes sicherstellen, zumal beim Staudammbau eine Stromabgabepflicht an die Nachbarstaaten vertraglich festgelegt wurde.

Mit dem Bau der Häfen in Takoradi (1920) und Tema (1961) wurde im 20. Jh. eine wichtige Voraussetzung für den transkontinentalen Warenverkehr geschaffen. Von den beiden Häfen gingen außerdem entscheidende Impulse für den Ausbau des Eisenbahnnetzes aus.

Die aktuelle Wirtschaftsstruktur

Traditionell ist Ghana einer der wichtigsten Exporteure für Kakao weltweit (vgl. M119). Der primäre Sektor stellt mit knapp 45 % die meisten Erwerbstätigen. Neben Kakaobohnen werden Reis, Cashew-, Erd- und Sheanüsse, Öl- und Kokospalmen angebaut. Die Fischerei hat in der Umgebung der Hauptstadt Accra eine größere Bedeutung.

Edelhölzer sind neben Kakao und Gold das wichtigste Exportgut Ghanas. Die Holzwirtschaft hat sich in jüngerer Vergangenheit im Sinne einer nachhaltigeren Nutzung weiterentwickelt. Internationale Entwicklungsprojekte unterstützen seit den 1990er-Jahren regionale Aufforstungs- und Bildungsmaßnahmen. Dies ist unbedingt erforderlich, weil die Fläche mit einer geschlossenen Waldbedeckung, die in Ghana um 1900 noch einen Anteil von 30 % erreichte, mittlerweile auf ca. 5 % geschrumpft ist.

Mit der Entdeckung des „Jubilee-Ölfeldes" vor der Küste im Jahr 2007 und dem Förderbeginn im Jahr 2010 ist eine bedeutende Einnahmequelle hinzugekommen. Mit einer Rohölproduktion von 151 000 Barrel pro Tag belegt Ghana hinter Nigeria (ca. 2 Millionen Barrel pro Tag) den zweiten Rang der westafrikanischen Staaten. Die sicher nachgewiesenen Rohölreserven belaufen sich auf 660 Millionen Barrel. Der sekundäre Sektor wird demnach vor allem vom Bergbau und der Erdölindustrie getragen. Gemeinsam mit der Baubranche machen sie den größten Teil an der Wertschöpfung des Sektors aus. Die Industrie konzentriert sich auf die großen Küstenstädte Tema, Sekondi-Takoradi und Accra. In Tema befindet sich z. B. das größte Industrieunternehmen des Landes, die Volta Aluminium Company (VALCO), die mittlerweile zu großen Teilen importiertes Bauxit zu Aluminium verarbeitet. Daneben sind die Zementwerke, ebenfalls in Tema und Sekondi-Takoradi, zu nennen. In Accra hat sich vor allem die Nahrungs- und Genussmittelindustrie angesiedelt. Insgesamt ist die Industrie allerdings zu produktionsschwach und zu wenig diversifiziert, um die Binnennachfrage zu befriedigen. Dies führt zu einer starken Importabhängigkeit und in der Folge zu einer negativen Handelsbilanz. Die Rückständigkeit kann an einem Beispiel deutlich gemacht werden: Vor einigen Jahren eröffnete in Accra ein Restaurant einer amerikanischen Fast-Food-Kette. Das vermeintliche Symbol für wirtschaftlichen Fortschritt offenbart allerdings die Probleme der einheimischen Industrie. Vom Fleisch bis zum Besteck müssen alle verwendeten Materialien importiert werden.

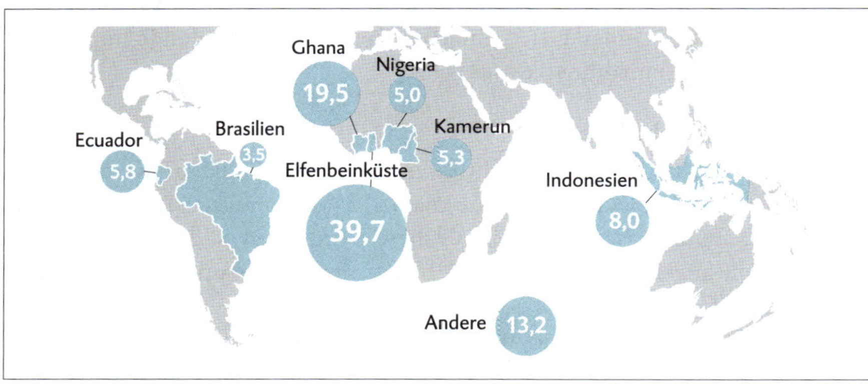

M119: Kakaoproduzenten weltweit in Prozent (2016)

Wichtige Impulse für die Industrie gingen in den letzten Jahren auch deshalb verloren, weil der Dienstleistungsbereich stark expandierte. Hier sind vor allem Transport und Logistik über den Tiefwasserhafen in Tema und die erweiterte öffentliche Verwaltung zu nennen.

Obwohl sich nach einer wirtschaftlichen Schwächephase in den Jahren 2014 und 2015 die Wirtschaft aktuell wieder erholt hat, bestehen nach wie vor folgende Defizite und Risikofaktoren:

- Die schlechte Handelsbilanz sowie gestiegene Staatsausgaben, z. B. durch Lohnerhöhungen im öffentlichen Sektor, kostenintensive Investitionen für die Öl- und Energiewirtschaft sowie erforderliche Verbesserungen der Verkehrsinfrastruktur, führen zu einem ansteigenden Haushaltsdefizit; die Befriedigung der Binnennachfrage über Importe führte in der Folge wiederum zu einer zunehmenden Staatsverschuldung.
- Das wachsende Haushaltsdefizit ist mit einem Ansteigen der Inflationsrate bzw. einer Währungsabwertung verbunden.
- Sinkende Preise der Hauptexportgüter Erdöl und Gold haben die Fiskalkrise zusätzlich verstärkt.
- Ca. 80 % der Erwerbstätigen sind immer noch im informellen Sektor beschäftigt und entrichten somit in der Regel keine Steuern oder Sozialabgaben.
- Die Korruption, vor allem in Politik und Verwaltung, stellt ein großes Problem bei der weiteren Entwicklung des Landes dar.
- Ein weiteres ökonomisches Wachstumshemmnis ist in der mangelhaften **Infrastruktur**, vor allem der Stromversorgung, zu sehen; während der Versorgungskrise 2014/2015 kam es mehrmals in der Woche zu Stromausfällen, die über 24 Stunden andauerten und mehrere Produktionszweige der Wirtschaft lahmlegten.

Mit der Wahl des langjährigen Oppositionsführers Nana Dankwa Akufo-Addo zum Staatspräsidenten im Jahr 2017 ist auch die Hoffnung auf eine positive wirtschaftliche Entwicklung verbunden. Zu seinen Wahlversprechen zählten umfassende ökonomische und soziale Entwicklungsmaßnahmen. Hierzu gehörten u. a. der Ausbau des Gesundheitssystems und der Schulbildung, eine Effizienzsteigerung in der landwirtschaftlichen und industriellen Produktion, die Verbesserung der Energieversorgung, die Bekämpfung der Korruption sowie die Diversifizierung der Wirtschaftsstruktur.

Ein wichtiger Impuls für einen ökonomischen Aufwärtstrend soll zudem vom Tiefwasserhafen in Tema ausgehen (vgl. M120). Ein Vorteil des Hafens besteht darin, dass er über die international geforderten Sicherheitsbestimmungen (International Ship and Port Facility Security Code, kurz: ISPS-Code) verfügt und somit am internationalen Warenaustausch problemlos teilnehmen kann.

Beim Ausbau des Containerterminals kooperiert die einheimische Ghana Ports und Harbors Authority mit einem europäischen Unternehmen. Investiert werden 1,5 Mrd. US-Dollar, um die Kapazität das Hafens auf 3,5 Mio. TEU

(TEU = Twenty-foot Equivalent Unit) zu steigern. Zusätzlich soll die Schnellstraße zwischen Tema und Accra sechsspurig ausgebaut werden. Diese Entwicklungen könnten Ghanas Stellung im **Welthandel** verbessern und einen wichtigen Schritt auf dem angestrebten Weg zum Import- und Exporttor Westafrikas bedeuten.

Im Zusammenhang mit dem Energieversorgungsproblem muss positiv bewertet werden, dass neben dem führenden Stromproduzenten, der staatlichen Volta River Authority, zunehmend auch private Kraftwerksbetreiber auf den Markt drängen. In den kommenden Jahren sollen durch Fertigstellung bereits im Bau befindlicher Gas- und Kohlekraftwerke die Stromengpässe beseitigt sein. Zudem sollen in Zukunft die eigenen Erdgasreserven besser genutzt werden. Noch ist Ghana von Gaslieferungen aus Nigeria abhängig. Das bisher bei der Erdölförderung frei werdende Gas wird lediglich abgefackelt und teilweise wieder verpresst. Es gibt aber konkrete Pläne, das Erdgas dem Thermalkraftwerk Aboadze in Sekondi-Takoradi zuzuführen und somit für die Energiegewinnung nutzbar zu machen. Hinzu kommt, dass die bisher nicht geförderten Erdgasreserven vor der Küste auf über 20 Milliarden m^3 geschätzt werden und damit ein gewaltiges Nutzungspotenzial darstellen.

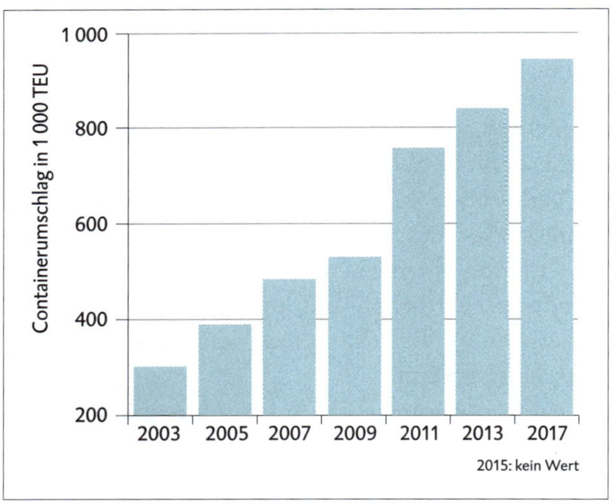

M120: Veränderung des Containerumschlags im Hafen von Tema von 2003 bis 2017 (Vergleich: Containerumschlag Hamburger Hafen 2017: 8,8 Mio. TEU)

abe 30 Erklären Sie die nachfolgenden Wirtschaftsstrukturdaten Ghanas.

	2013	2014	2017
Anteil der einzelnen Sektoren an der Wertschöpfung			
– primärer Sektor	20,7 %	19,2 %	18,3 %
– sekundärer Sektor	27,7 %	26,6 %	24,5 %
– tertiärer Sektor	51,6 %	54,2 %	57,2 %
BIP-Wachstumsraten	7,3 %	3,8 %	8,4 %
Exportwerte	13,22 Mrd. $	10,75 Mrd. $	13,84 Mrd. $
Importwerte	14,57 Mrd. $	13,42 Mrd. $	12,65 Mrd. $
Staatsverschuldung (gemessen am BIP)	70,9 %	76 %	71,8 %

M121: Ausgewählte Wirtschaftsstrukturdaten Ghanas

abe 31 Erstellen Sie eine SWOT-Analyse (SWOT = *Strengths* bzw. Stärken, *Weaknesses* bzw. Schwächen, *Opportunities* bzw. Chancen, *Threats* bzw. Risiken) zum Wirtschaftsstandort Ghana in Form einer tabellarischen Übersicht.

Massentourismus – Ausmaß, Ursachen und Folgen

1 Entwicklung und Bedeutung des Tourismus

Reisende überschreiten die Grenzen von Raum, aber auch Zeit. Tourismus ist somit ein typisches Phänomen der **Globalisierung**, der genau das auch nachgesagt wird. Aber es wäre falsch, den Tourismus als reine Begleiterscheinung einer sich zunehmend vernetzenden Welt zu sehen.

Der Tourismus, insbesondere in seiner Ausprägung als **Massentourismus**, ist nicht nur Produkt und raumprägender Faktor der Globalisierung, sondern auch wichtiger Motor derselben. Nicht einmal Katastrophenereignisse wie Terroranschläge, Naturkatastrophen oder internationale Finanzkrisen scheinen diesen Wirtschaftssektor bremsen zu können. Die räumlichen Wirkungen des Massentourismus lassen sich auf der globalen, aber auch vor allem auf der regionalen, meist sogar auf der lokalen Ebene ausmachen.

Diese Auswirkungen sind sowohl ökologisch als auch sozial gesehen nicht immer positiv zu bewerten. Vom Tourismus profitieren nicht alle Bevölkerungsschichten gleichermaßen. Auch hier gibt es, wie so oft in der globalisierten und fragmentierten Welt von heute, wenige Gewinner und viele Verlierer. Trotz aller Gegenmaßnahmen sind **Konzepte des sanften Tourismus** gegen die Kräfte der Märkte oft nur erste Ansatzpunkte, die es aber zu verfolgen und auszubauen gilt.

Im Folgenden werden Hintergründe zur Entwicklung und Bedeutung des Tourismus aufgezeigt und Phänomene des Massentourismus an Raum- und Fallbeispielen untersucht.

1.1 Formen des Tourismus

Der Tourismus unterscheidet sich von anderen Formen der **Mobilität**. Die Abweichungen betreffen Motiv (Erholung vs. Geschäftsreise), Dauer (einige Tage oder Wochen vs. Stunden oder auf Dauer) und Zielort (Urlaubsreise vs. Spaziergang im Wohnumfeld).

Folgende Formen des Tourismus lassen sich unterscheiden:

Merkmal	Beispiele für entsprechende Reiseformen
Reisezeit	Sommer, Winter; Hoch-, Vor-, Nebensaison
Anzahl der Teilnehmer	Individualreise, Gruppenreise
Unterkunft	Campingplatz, Hütte, Hotel, (Kreuzfahrt-)Schiff, private Unterkunft
Standard	Low-Budget, Pauschal-, Luxusreise
Verkehrsmittel	zu Fuß, Fahrrad, Auto, Bahn, Bus, Flugzeug, Schiff
Motiv	Bildung (Ethnotourismus, Kulturtourismus, Städtereise), Shopping, Erholung i. e. S. (Strandurlaub), Wellness
Organisationsform	Pauschalreise, individuelle Reise, Gruppenreise

M122: Formen des Tourismus

Die touristische Attraktivität eines Ziels hängt von der subjektiven Bewertung des Raumes durch den/die Reisenden ab. Hierbei spielen naturgeographische Faktoren wie Relief, Klima, Flora oder auch Fauna eine Rolle. Ebenso sind kultur- und sozialgeographische Aspekte wie ein ausreichendes kulturelles Angebot sowie eine touristische **Infrastruktur** wichtig. Hierzu zählen Hotelangebot und Entertainment, Verkehrserschließung und -anbindung, Image, Sicherheit und Preisniveau.

1.2 Entwicklung des Tourismus

Abgesehen von frühen Sonderformen wie Pilgerfahrten oder Bäderreisen ist der Tourismus eine recht junge Form der **Mobilität**. In Mitteleuropa gewann der Tourismus erst um 1850, im Zeitalter der Industrialisierung, über die Gruppen des Adels, der Künstler und des Bildungsbürgertums hinaus an Bedeutung.

In Deutschland hat die Reiseintensität seit den 1930er- bzw. 1950er-Jahren kontinuierlich bis zum Rekordwert des Jahres 1994 (78 %) zugenommen und stagniert seither etwa auf diesem Niveau.

Der Wunsch nach Erholung vom schnelllebigen Alltag ist groß. In vielen Industriestaaten wurde inzwischen aufgrund der Zunahme der Zahl freier Tage, des gestiegenen Wohlstands, des höheren Motorisierungsgrads, der gestiegenen Akzeptanz von Pauschalreisen, der Erleichterung des Reisens durch computergestützte Buchungssysteme und der offenen Grenzen der Punkt erreicht, bis zu dem sich die touristischen Destinationen entwickeln können.

Auf Europa, die wichtigste Tourismusregion der Erde, entfallen etwa 50 % der internationalen Ankünfte (vgl. M123). Dabei liegt Deutschland mit 35,6 Mio. Touristen (2016) hinter Frankreich, Spanien, Italien und Großbritannien in der Beliebtheitsskala ausländischer Reisender unter den europäischen Ländern auf Platz 4 (weltweit: Platz 7; beim Umsatz: Platz 8).

Wegen der großen Anzahl der Deutschen, die ihren Urlaub im Ausland verbringt, ist die Reiseverkehrsbilanz Deutschlands, d. h., die Bilanz aus *outgoing tourism* (= deutsche Urlauber im Ausland) und *ingoing tourism* (= deutsche Urlauber im Inland), negativ. Dennoch ist der Fremdenverkehr im Inland neben der Automobil- und Maschinenbauindustrie eine weitere wichtige Säule der deutschen Wirtschaft. Der Tagestourismus trägt dazu am meisten bei. Durch indirekte Effekte (z. B. Baugewerbe) und Folgeeffekte ist der Beitrag zum BIP beachtlich. So kommt dem Tourismus eine große wirtschaftliche Bedeutung zu: als Devisenbringer, für den Arbeitsmarkt, als Einkommensquelle und als Motor der Regionalentwicklung.

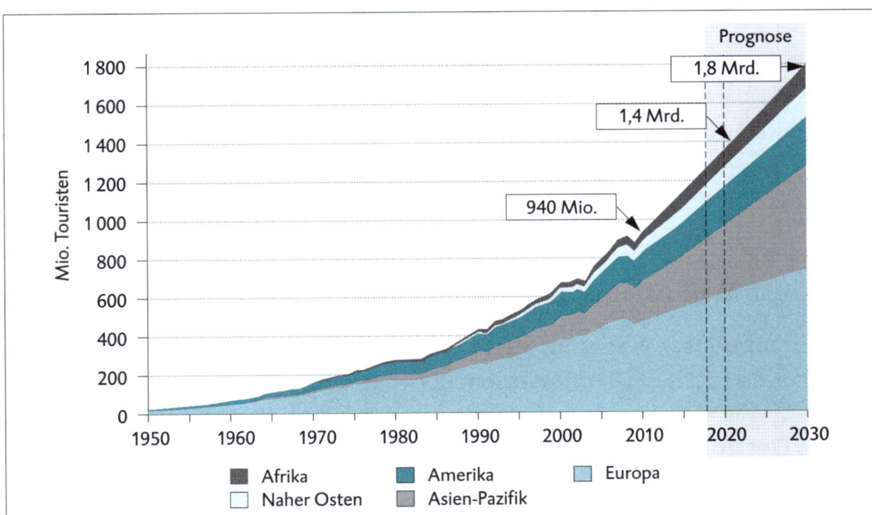

M123: Zielregionen des Tourismus

Auch global betrachtet ist der Tourismus eine Wachstumsbranche, die vielen Menschen Arbeit bietet und die Wirtschaftsleistung positiv beeinflusst (vgl. M 124). Regional begrenzte Einnahmeeinbrüche, z. B. durch Naturkatastrophen, Unruhen, Terroranschläge oder Epidemien, werden meist rasch durch andere Reiseziele ausgeglichen. Selbst globale negative Entwicklungen können das Wachstum der Tourismusbranche offenbar nur verlangsamen. So sanken infolge der weltwirtschaftlichen Rezession die Touristenzahlen von 2008 auf 2009 um 4,2 %, seit 2011 stiegen sie aber wieder deutlich um 5 bis 7 % pro Jahr an.

Malediven	39,6 %	Portugal	6,8 %	Deutschland	3,9 %
Seychellen	26,4 %	Neuseeland	6,0 %	Frankreich	3,6 %
Malta	14,2 %	Österreich	5,8 %	China	3,3 %
Montenegro	11,0 %	Spanien	5,4 %	Namibia	2,9 %
Griechenland	8,0 %	Costa Rica	5,0 %	USA	2,6 %

M 124: Direkter Beitrag des Tourismus zum BIP – ohne indirekte Effekte (Stand 2017)

Aufgabe 32 Erläutern Sie die Bedeutung des Tourismus im Zeitalter der Globalisierung weltweit und auf Deutschland bezogen.

2 Wirtschaftsgeographische Modelle zum Tourismus

Auch in der Tourismusgeographie haben Modelle Einzug gehalten. Modelle dienen als vereinfachte Abbildung der Wirklichkeit dazu, bestimmte Regel- oder Gesetzmäßigkeiten schematisch darzustellen und zu erklären. Alle Modelle lassen sich demnach mehr oder weniger gut auf reale Räume und Fälle anwenden. Im Folgenden werden zwei geläufige Modelle vorgestellt.

2.1 Destinationslebenszyklus-Modell

Ist ein grenzenloses Wachstum des Tourismus möglich? Ähnlich dem Produktlebenszyklus (vgl. S. 117) unterliegen auch touristische Ziele einer Art **„Lebenszyklus“**. Wie sich Tourismusregionen entwickeln, hat RICHARD BUTLER in seinem **Destinationslebenszyklus-Modell** (vgl. M 125) untersucht.

Er unterscheidet folgende Phasen:

- Erkundung:
  Pionier-Touristen, unbekanntes, schlecht erreichbares Zielgebiet, eingeschränktes Beherbergungsangebot
- Erschließung:
  Steigerung des Bekanntheitsgrades durch Mundpropaganda, Ausbau der Beherbergungs- und Verkehrsinfrastruktur
- Entwicklung/Konsolidierung:
  Kommerzialisierung und Bewerbung des touristischen Angebots, steigende ökonomische Bedeutung des Tourismus, auch für den Arbeitsmarkt, erste ökologische Belastungen durch den Fremdenverkehr
- Stagnation:
  sinkende Zuwachsraten, erste Degradierungserscheinungen: Lärm, Enge, unstimmiges Preis-Leistungs-Verhältnis, renovierungsbedürftige Hotels, zunehmend künstliche Attraktionen, sinkendes Gästeniveau, nur wenige Erstreisende, Arbeitsplatzabbau.
- Der Standort erleidet einen Niedergang (Verfall), wenn es nicht gelingt, durch eine nachfrageorientierte Änderung des Angebots eine Erneuerung einzuleiten, z. B. durch eine Etablierung als exklusives Reiseziel für ein kaufkräftiges Publikum, als gesundheitsorientiertes Reiseziel oder als Ziel mit ausgesprochenem Event- und Fun-Charakter.

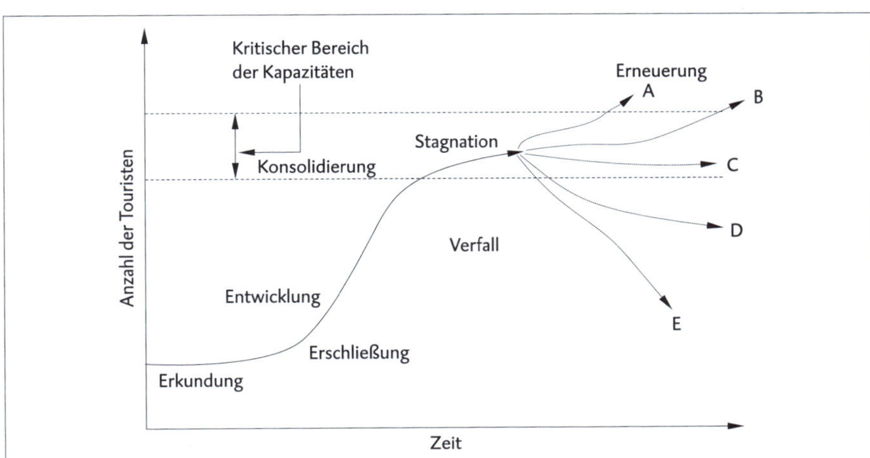

M125: Destinationslebenszyklus-Modell nach RICHARD BUTLER

2.2 Modell der raum-zeitlichen Entfaltung des Tourismus in einem Entwicklungsland

Deutlicher raumbezogen hat der deutsche Geograph KARL VORLAUFER versucht, modellhaft die Entwicklung des Tourismus in einem Entwicklungsland darzustellen (vgl. M126):

- Phase 0:
  abseits der Hauptstadt und abseits von wenigen leicht erreichbaren kulturellen, naturräumlichen oder ethnozentrierten Attraktionen außer einigen „Entdeckungsreisenden" nahezu kein Ferntourismus;
- Initialphase:
  verbesserte Anbindung des (einzigen) internationalen hauptstädtischen Flughafens; Ausbau von Hotellerie, Andenkenhandel und Agenturen zur Organisation von Reisen in Sekundärzentren an der Küste, in der Nähe von Kulturdenkmälern, Nationalparks oder Siedlungsräumen „exotischer" Völker; Individualtouristen in abgelegenen Regionen;
- Expansionsphase:
  starke Zunahme der Touristenzahlen, des Hotelangebots, von Reiseagenturen und Andenkenläden; fortbestehende Dominanz des Hauptstadt-Tourismus: Überagglomeration, Umweltbelastung, Imageprobleme → allmähliche Umwandlung der Hauptstadt zur Durchgangsstation; Entstehen weiterer nationaler Flughäfen im Hinterland und sekundärer Touristenzentren mit Schwerpunkt Strandtourismus;
- Konsolidierungsphase:
  flächendeckende, vernetzte Erschließung des Staatsgebietes sowie weiterer touristischer Quellgebiete, Anlage weiterer Flughäfen, Vielzahl touristischer Sekundärzentren im Hinterland; Abenteuertouristen nur noch in Gebieten in extremer Randlage; Stagnation in einigen Landesteilen und der Hauptstadt: Schrumpfungsprozesse und Beeinträchtigung der Umwelt durch Massentourismus; Marktsättigung.

In einer gewissen Entsprechung zum Modell von VORLAUFER haben zahlreiche Staaten wie Kenia, Tansania, Madagaskar, Philippinen, Vietnam oder Peru touristische Masterpläne zur Förderung des Fremdenverkehrs in peripheren Regionen aufgestellt **(Tourismusmanagement)**. Aufgrund der unüberwindlichen Dominanz der Hauptstadtregion waren häufig nur geringe Erfolge zu verzeichnen.

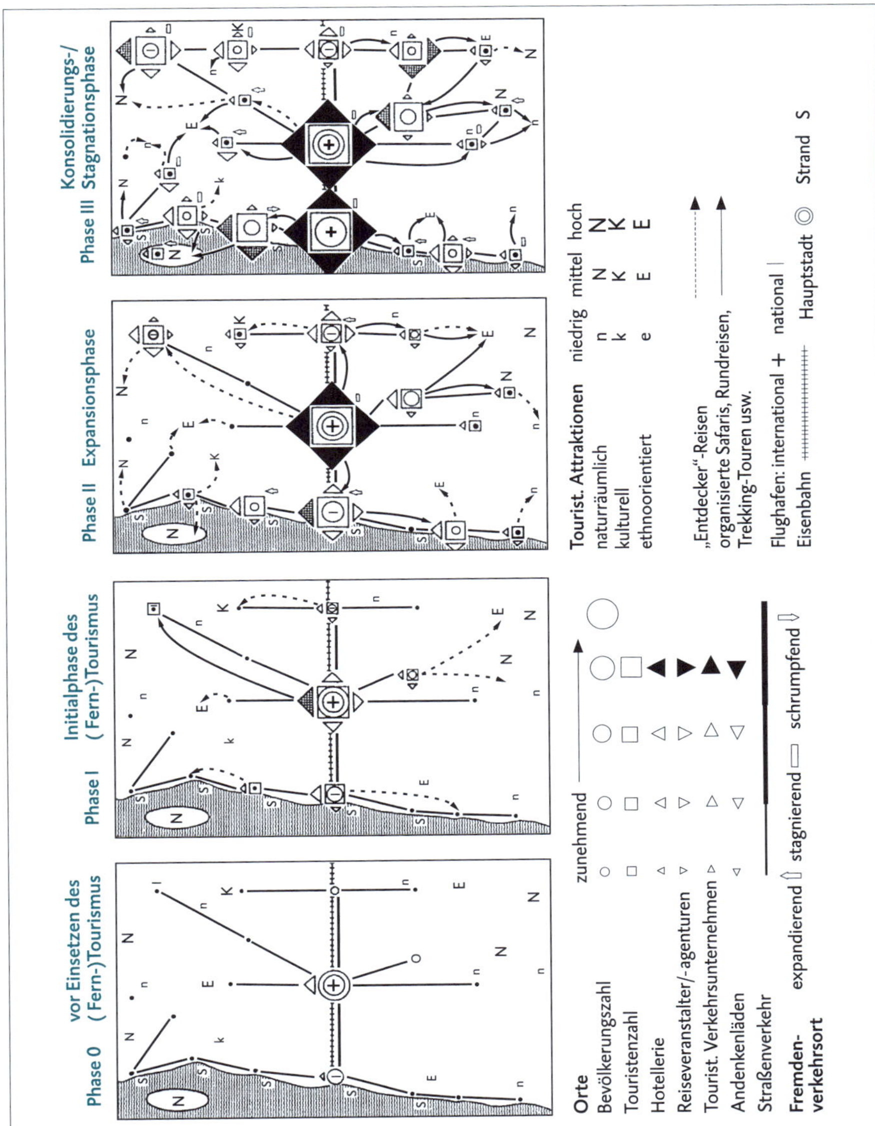

M126: Modell der raum-zeitl. Entfaltung des Tourismus in einem Entwicklungsland nach KARL VORLAUFER

Aufgabe 33 Erklären Sie die Entwicklung der Einwohnerzahl Benidorms (Spanien) mithilfe des Modells von BUTLER und geeigneter Atlaskarten.

Jahr	Einwohnerzahl	Jahr	Einwohnerzahl
1961	6 202	2001	57 227
1971	12 574	2004	67 573
1976	22 841	2005	69 735
1981	24 783	2006	71 102
1986	33 842	2007	72 845
1991	42 442	2011	68 045
1996	50 040	2018	67 558

M 127: Benidorm: Entwicklung der Einwohnerzahl

3 Massentourismus

Massentourismus hat infolge der stetigen Zunahme des globalen Tourismus in den letzten Jahrzehnten **ökologische Schäden** und **soziale Probleme** hervorgerufen. Brennpunkte sind dabei neben Küstengebieten vor allem die sehr empfindlichen Bergregionen. Dort kommt es infolge von Skisport und Trekking zur Zerstörung oder Beeinträchtigung der Vegetation, was in Verbindung mit starker mechanischer Belastung (Trittbelastung durch Wanderer, Skifahrer) und anderen Eingriffen in den Naturhaushalt (Planierung, Geländekorrekturen, Schneekanonen) zum Verlust von biologischer Vielfalt sowie zu Bodenerosion führt.

Im Rahmen des **Massentourismus** werden u. a. naturnahe Flächen durch den Bau touristischer **Infrastruktur** (Hotels, Ferienhäuser, Verkehrswege) umgewandelt und Ökosysteme (Bergregionen, Meere, Küstenabschnitte) geschädigt.

Die stark zunehmende Zahl von Flugfernreisen in den letzten Jahren trägt zur Belastung der Atmosphäre durch Luftschadstoffeinträge bei. In den betroffenen Gebieten steigt insbesondere auf Inseln der **Bedarf an Süßwasser** (Swimmingpools, hoher Wasserverbrauch der Touristen). Grundwasserressourcen sind dadurch saisonal, oft auch dauerhaft stark beeinträchtigt. Zusätzlich werden das steigende **Abfallaufkommen** und die **Müllentsorgung** zum Problem. Diese durch den wachsenden Wohlstand induzierten Folgen führten und führen wiederum dazu, dass der Mensch somit an den Urlaubsorten gerade das, was er sucht, zerstört: die unberührte Natur.

Positive wirtschaftliche Folgen des Fremdenverkehrs

⊕ Devisenzufluss
⊕ Beschäftigungseffekte in Berufsfeldern, die direkt mit dem Fremdenverkehr zusammenhängen (1,5–2,5 **Arbeitsplätze** im Hotel pro Fremdenbett)
⊕ Sekundär-/Multiplikatoreffekte (z. B. Bauwirtschaft, Zulieferindustrie, Transport, **informeller Sektor**): Trickle-down-Effekte
⊕ Ausbau der **Infrastruktur** (Kläranlage, Trinkwasseraufbereitung etc.)
⊕ Entlastung bestehender wirtschaftlicher Zentren durch Umleitung von Migrantenströmen
⊕ Abbau regionaler Disparitäten durch die Entwicklung abgelegener und damit häufig touristisch interessanter Landesteile
⊕ **Demokratisierung**

Negative wirtschaftliche Folgen des Fremdenverkehrs

⊖ Preissteigerungen, auch der Bodenpreise → **Verdrängung der Landwirtschaft**
⊖ Abfluss der Gewinne ins Ausland durch Import z. B. hochwertiger Lebensmittel, Beauftragung ausländischer Dienstleister (Airlines, Baufirmen) oder ortsfremder Eigentümer: hohe **Sickerrate**
⊖ einseitig auf den Tourismus ausgerichtete Wirtschaftsstruktur mit der Gefahr der Abhängigkeit
⊖ Infrastrukturausbau ohne oder mit nur geringem Wert für die Einheimischen (Straße zum Flughafen, zum Strand)
⊖ vorwiegend einfache, saisonale, entwürdigende (Vergnügungssektor) oder Nicht-Ortsansässigen vorbehaltene Beschäftigung, z. T. mit schlechterer Entlohnung im Vergleich mit Ausländern **(Saisonalität)**

Ökologisch stehen den positiven Auswirkungen des Tourismus (z. B. Einrichtung und Unterhalt von **Naturschutzgebieten** und Reservaten oder verstärkte Umwelterziehung) zahlreiche mögliche **Umweltschäden** gegenüber:

- Versiegelung (Straßen, Hotels, Startbahnen) und Zerschneidung der Landschaft (Lifte, Skipisten);
- Beeinträchtigung des Landschaftsbildes;
- Störung empfindlicher Ökosysteme (Riff, Hochgebirge);
- Ressourcenverbrauch: Wasser, Energie;
- Beeinträchtigung der Fauna (Laichplätze, Wanderungen);
- erhöhter CO_2-Ausstoß (Flugzeug, Auto);
- Anstieg weiterer Emissionen: Müll, Abwasser, Lärm.

Auch in **soziokultureller Hinsicht** sind vielfach bedenkliche Entwicklungen möglich:

- Abwendung von der traditionellen Kultur **(Akkulturation)**;
- Zwangsumsiedlung für touristische Großprojekte;
- Zunahme von Kriminalität, (Kinder-)Prostitution, Bettelei;
- Produktion von Tourismus-Kitsch („Airport-Art“);
- Verstärkung gesellschaftlicher/sozialer Disparitäten;
- Kommerzialisierung des Verhaltens;
- fehlende Bürgerbeteiligung und **Unterdrückung**.

Diese negativen ökonomischen, ökologischen und soziokulturellen Entwicklungen haben seit Ende der 1970er-Jahre den Wunsch entstehen lassen, den Fremdenverkehr umwelt- und sozialverträglich als **sanften (nachhaltigen) Tourismus** zu gestalten (vgl. S. 181ff.).

3.1 Massentourismus in Industrieländern – Raumbeispiel Alpen

Die Alpen sind eines der größten Skigebiete der Welt und gelten als Touristenmagnet (vgl. M128). Der Tourismus hat in den Alpen zu umfassenden räumlichen Veränderungen geführt – dies betrifft sowohl den Naturraum als auch die Infrastruktur und das Sozialgefüge. Der **Massentourismus** in den Alpen zieht viele Risiken und Gefahren für die Natur, aber auch für die dort lebenden Menschen nach sich. Zugleich ist der Tourismus aber Chance und Stärke für die entsprechenden Regionen.

Der Tourismus in den Alpen hat eine lange Tradition. Wirtschaftsräumlich bedeutend wurde er in der Nachkriegszeit. Anfangs dominierte in den 1950er-Jahren der Sommertourismus mit dem klassischen Wanderangebot. Gefolgt vom in den 1960er- und 1970er-Jahren aufkommenden Wintertourismus, entwickelten sich die Alpen zur Massentourismusregion schlechthin. Bilder von Après-Ski-Partys und tanzenden Massen auf dem Gletscher sind allgegenwärtig geworden. Der Skitourismus hat sich bis auf wenige Rückschläge relativ konstant auf hohem Niveau gehalten. Auf die Weiterentwicklungen im Bereich Wintersport (Carving, Snowboard, künstliche Beschneiung, Snowparks usw.) wurde in den Alpen gut reagiert. Heute macht der Wintersport mehr als zwei Drittel am Gesamtumsatz im Tourismus aus. Ziel des heutigen **Tourismusmanagements** ist es, einer ausgesprochenen Saisonalität entgegenzuwirken.

Der weitaus größere Umbruch erfolgte im **Sommertourismus**: Veränderte Lebensstile lassen die Alpen immer mehr zur Kulisse als zum zentralen Element des touristischen Angebots werden. So entstanden und entstehen beispielsweise immer mehr Golfplätze, die mit dem Alpenpanorama werben. Zum Sport selbst braucht man diese ja eigentlich nicht.

Wintertourismus	Sommertourismus	
• Snowparks • Abfahrt- und Langlaufpisten • Diskotheken • Bars und Restaurants • Events	• Wanderstrecken (klassisch) • Aussichtsplattformen • Hängebrücken • Klettersteige • Golfplätze	• Fun-Elemente • Fahrgeschäfte (Flying Fox) • Hochseilgärten • Bikeparks • Events

M128: Winter- und Sommertourismus

Im Allgemeinen diversifiziert sich das touristische Angebot immer weiter. Zu beobachten ist ein zunehmender Trend zu „Fun-Elementen", v. a. im Sommer, aber auch im Winter. Ein Auszug aus dem aktuellen Veranstaltungskalender im bekannten Ischgl (Tirol) macht deutlich, wie sich die Tourismusorte inszenieren (vgl. M129/M130).

Ökonomisch und sozial ist der Tourismus Fluch und Segen zugleich. Die Entwicklungen seit den 1980er-Jahren haben zu einer Entfremdung der Menschen, die vom Tourismus profitieren (auch Touristen), von denen, die zwar in den Alpen leben, aber andere Interessen haben, geführt. Der Wintertourismus zieht sich aus der Fläche in die Täler und in hoch gelegene Zentren zurück. Kleinere und mittlere Orte können da oft nicht mehr mithalten. Die oft gering bezahlten **Arbeitsplätze** mit unattraktiven Arbeitszeiten halten nicht immer das, was sie versprechen. Allerdings sind die vielen Touristen, die ihr Geld in den Alpen ausgeben, aber auch Lebensgrundlage für einen Großteil der Bevölkerung.

Für die Umwelt entstehen durch die Ausnutzung des massentouristischen Potenzials viele negative Begleiterscheinungen. Es kommt zur Flächenversiegelung durch **Infrastrukturmaßnahmen**, zur Lawinen- und Murengefahr infolge von Rodungen, zu Luftverschmutzung sowie Bodenverdichtung durch Tritt und Skipisten. Zudem stört die verlängerte Skisaison den natürlichen Rhythmus. Sanftere und **nachhaltige Tourismuskonzepte** könnten den Tourismus sozialverträglicher gestalten, indem auf einheimische Traditionen und Werte geachtet wird und gleichzeitig Entwicklungen vorangetrieben werden, die langfristig Einnahmen und Arbeitsplätze sichern und die Umwelt erhalten und darauf achten, dass sich diese regenerieren kann (sozial – ökonomisch – ökologisch).

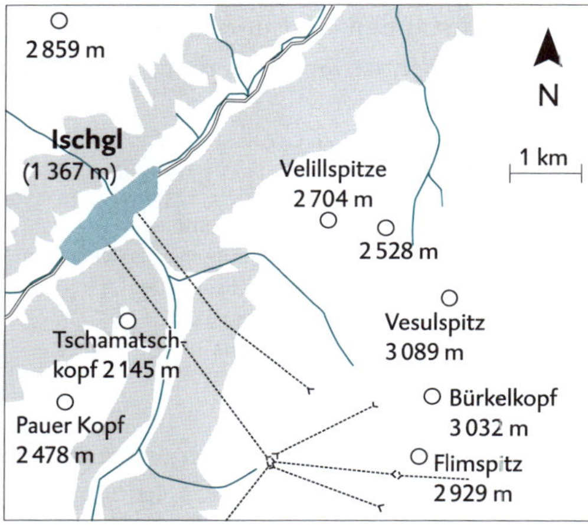

Einwohner (Stand 2019): 1 593

Lage: Paznauntal, Tirol, 47° 0' N/10° 17' O

Übernachtungen pro Einwohner:
850/Jahr

Höhenpunkt
Bergwald
Siedlung
Straße
Bach
Seilbahn

M 129: Ischgl

10. 04. 2019	Cup der Sterne-Köche (Kochwettbewerb und Skirennen)
28. 04. 2019	Frühlingsschneefest (im Skigebiet)
21. 04. 2019	Top of the Mountain Easter Concert (Konzert auf Seilbahn-Bergstation mit internationalen Stars)
07. 07. 2019	Kulinarischer Jakobsweg (Spitzenköche kochen in Alpenvereinshütten)
19. –20. 07. 2019	Silvrettarun (Bergmarathon)
25. –28. 07. 2019	Top of the Mountain Biker Summit (höchst gelegenes Biker-Treffen der Alpen)
03. 08. 2019	Ironbike-Festival (Mountainbike-Marathon)

M 130: Auszug aus dem Eventkalender von Ischgl *(https://www.ischgl.com/de/Events)*

3.2 Massentourismus in Entwicklungsländern – Raumbeispiel Thailand

Gerade die Beseitigung wirtschaftlicher Disparitäten zwischen Zentrum und Peripherie wird von vielen Entwicklungsländern als Grund für eine Förderung des Tourismus ins Feld geführt. Der deutsche Geograph KARL VORLAUFER hat 1996 versucht, den Ablauf einer Erschließung peripherer Räume durch den sich ausbreitenden Tourismus modellhaft zu fassen (vgl. M 126, S. 167).

Regionen, die vom Tourismus erfasst werden, verändern sich dauerhaft. Nicht nur ihre Landschaften, sondern auch die traditionellen Lebensweisen erfahren durch positive wie negative Effekte des Tourismus einen zum Teil radikalen Wandel, wie das Beispiel der thailändischen Insel Ko Samui zeigt (vgl. M131). So wurde ein aus dem Film „The Beach“ bekannter und bei Touristen beliebter Strand auf der thailändischen Insel Ko Samui im Sommer 2018 wegen massiver Bedrohung des Ökosystems für Touristen geschlossen.

Die Party geht weiter

In Thailand wird deutlich, wie Tourismus ein Land verändern kann

Vor 30 Jahren war Ko Samui der Geheimtipp. Wer auf die Insel im Golf von Thailand gelangen wollte, musste vom Festland mit einem zur Fähre umgebauten Fischerboot übersetzen. Damals gab es auf der Insel nur eine Straße. Reisende bewegten sich auf Mopeds vorwärts. An die Strände oder ins Innere der Tropeninsel führten nur Trampelpfade, viele von ihnen durch Kokosnussplantagen. Strom gab es nur zeitweise.	**Positive bzw. negative Aspekte**
Die frühen Rucksacktouristen quartierten sich meist in kleinen Bungalows an einem der Strände ein, viele bei Fischern, die Zimmer vermieteten. Essen und Unterkünfte waren spottbillig. Dann begann in den Industrienationen das Einkommensniveau deutlich zu steigen – zugleich wurden Langstreckenflüge billiger. Besucht man Ko Samui heute, dann wird klar, wie der Tourismus Orte verändern kann.	**zusätzliche Einnahmequellen, kulturelle Begegnungen**
Dutzende Flugzeuge landen täglich auf dem Ende der 1980er-Jahre fertiggestellten Flughafen. Die Ringstraße, die um die gesamte Insel führt, verläuft nun an einem beinahe nie endenden Band aus Häusern, Geschäften, Restaurants und Hotels. Viele der schönsten Strände kann man nicht mehr betreten, wenn man nicht Gast der dortigen Luxusresorts ist.	**Verkehrserschließung/ bessere Verkehrsanbindung** **Landschaftszerstörung**
Und doch war es für manche der Inselbewohner ein Segen, dass Touristen kamen. Vor allem Fischer, die Land am Wasser besaßen, konnten durch Grundstücksverkäufe profitieren. Für andere ist das Leben schwerer geworden – allein schon durch den Anstieg der Preise für Land und Lebensmittel in den großen Ferienorten.	**zusätzliche Einnahmequelle** **steigende Preise**
Der Tourismus ist in Thailand mittlerweile eine der wichtigsten Devisenquellen. Hunderttausende Menschen verdienen Geld in der weiterhin boomenden Tourismusindustrie.	**Deviseneinnahmen, Schaffung von Arbeitsplätzen**
Bei Partys drängeln sich am Strand oft mehr als 30 000 Menschen. Techno-Beats vermischen sich zu einem Lärmteppich. Nach jeder Party werden Dutzende Besucher mit Alkoholvergiftung in Kranken-	**Emissionen: Lärm**

häuser gebracht, zudem haben sich in den vergangenen Jahren Diebstähle, Vergewaltigungen und Überfälle gehäuft. Daher werden Teile des Strandes von Sicherheitsleuten bewacht. Mit dem Massentourismus hat nicht nur die Kriminalität in Thailand zugenommen, er hat auch eine gewaltige Sexindustrie entstehen lassen, in der geschätzt mehrere Hunderttausend Menschen beiderlei Geschlechts arbeiten. In allen Touristenorten finden sich Rotlichtviertel, eigens für ausländische Touristen.

Zusammenstöße unterschiedlicher Normen Kriminalität

Prostitution

In vielen Touristenregionen türmt sich der Müll. Auf einigen Ferieninseln herrscht massiver Wassermangel, viele der Korallen in den Tauchrevieren sind abgestorben.

In vielen Touristengegenden des Südens gehören Akha-Souvenirverkäuferinnen aus den Bergregionen im Norden des Landes zum Straßenbild: Sie tragen traditionelle Kleidung und verkaufen an Ständen oder aus Bauchläden Holzfrösche, Taschen, Armbänder und ähnliche Souvenirs.

Emissionen: Müll, Wassermangel, Artensterben, Touristenkitsch

Der internationale Tourismus könne einen Beitrag dazu leisten, die eigene Kultur aufzuwerten, sagen Tourismusforscher. Wenn selbst hergestellte Kulturprodukte als Souvenirs verkauft und von ausländischen Besuchern geschätzt würden, steigere es das Selbstwertgefühl vieler lokaler Gemeinschaften. Der Tourismus könne so zum Erhalt traditioneller Handwerkskünste beitragen.

Erhalt von Traditionen

Quelle: http://www.fluter.de/de/137/thema/13103/

M131: Massentourismus in Thailand

3.3 Ursache-Wirkungszusammenhänge des Massentourismus

Eine Möglichkeit, die Ursache-Wirkungszusammenhänge des **Massentourismus** im Beziehungsgeflecht natürlicher, wirtschaftlicher, gesellschaftlicher und politischer Faktoren zu visualisieren und dadurch die Raumwirksamkeit darzustellen, ist das vom Wissenschaftlichen Beirat der Bundesregierung globale Umweltveränderungen (WBGU) entwickelte Syndromkonzept (vgl. M132). Danach lassen sich auf globaler Ebene bestimmte Umweltdegradationsmuster identifizieren, die durch typische Interaktionen zwischen Mensch und Umwelt zustande kommen. Allen diesen globalen Krankheitsbildern ist gemeinsam, dass die nicht-nachhaltige Nutzung von Naturressourcen zu komplexen Interaktionsmustern führt, die Schädigungen in verschiedenen Sektoren (wie Wirtschaft, Biosphäre, Bevölkerung) bzw. Umweltmedien (Wasser, Luft, Boden), also bestimmte Symptome hervorrufen. Die folgende Abbildung visualisiert das Massentourismus-Syndrom.

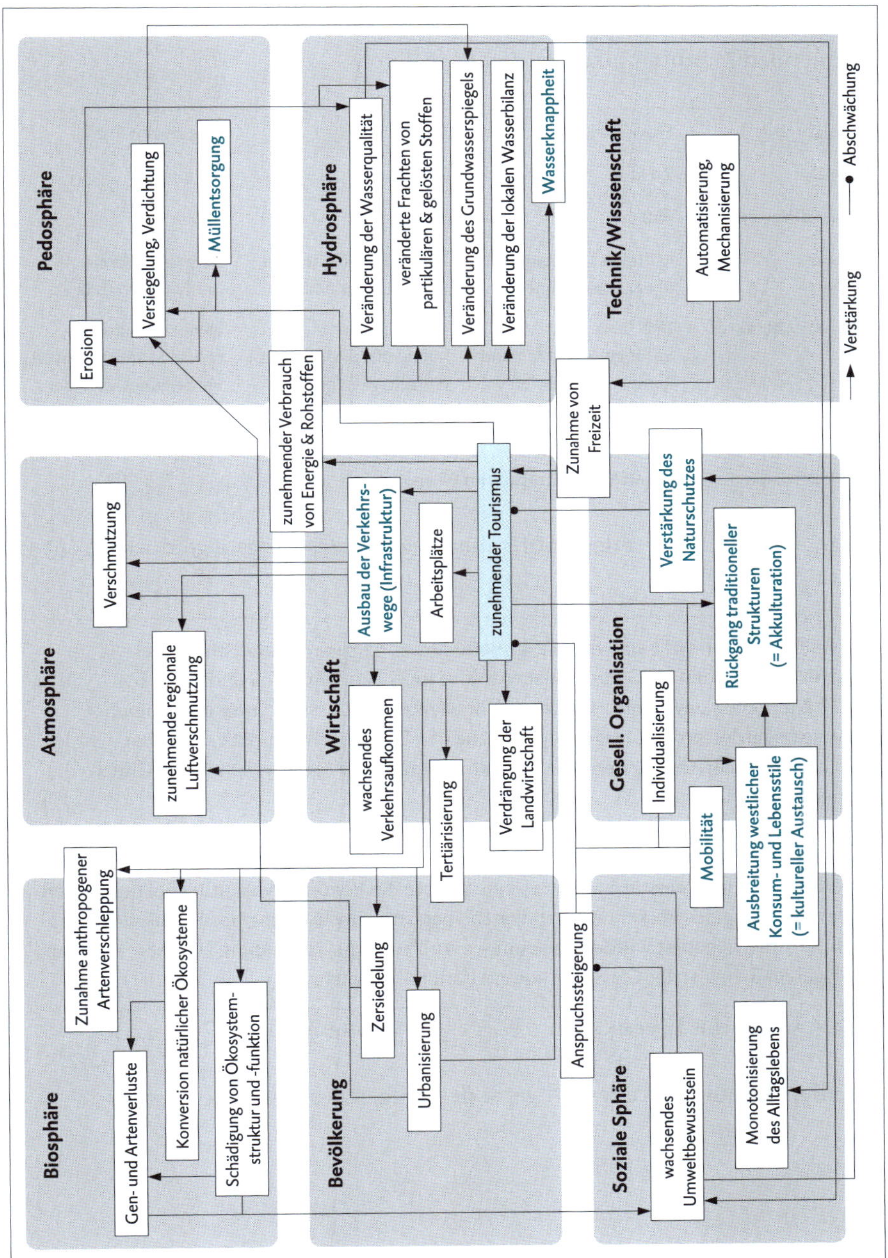

M132: Massentourismus-Syndrom

Aufgabe 34 Nehmen Sie Stellung zu den ökonomischen und ökologischen Folgen des zunehmenden Mountainbike-Tourismus in Tirol.

Bezeichnung	Flow Trail	Crazy Family Trail	Auerhahn Trail
Länge	7,4 km	2,4 km	2,5 km
Höhendifferenz	650 m	350 m	500 m
Strecke	Mittel- bis Talstation der Muttereralmbahn	Berg- bis Mittelstation der Muttereralmbahn	Berg- bis Mittelstation der Nockspitzbahn
Streckencharakter	180 Kurven, einfache Sprünge, Schanzen und Rampen, entworfen von Weltklasse-Trailbuilder Tom Pro	Waldpassagen, familienfreundlich und einfach, geeignet zum Techniktraining	abwechslungsreich, sportlich anspruchsvoll, Verlauf über Teile der Skipiste

M133: Eckdaten dreier Mountainbike-Strecken im Bikepark Innsbruck

Aufgabe 35 Erläutern Sie Chancen des Tourismuskonzepts des Bergsteigerdorfes Vent im Ötztal.

Welch ein Kontrast! Nur wenige Kilometer hinter dem wintertouristisch hochgerüsteten Sölden im Ötztal findet man sich im stillen Venter Tal und dem von 150 Menschen bewohnten Örtchen Vent wieder. Ein Klassiker unter den alpinen Bergsteigerdörfern mit langer Alpingeschichte. Ein Ausgangspunkt zahlreicher klassischer Gletschertouren auf Wildspitze, Similaun, Weißkugel und viele Gipfel mehr. […]
Am 12. Juli 1980 ließ […] Vent mit einer Presseaussendung, unterzeichnet vom Bergführer Luis Pirpamer, aufhorchen: „Vent in den Ötztaler Alpen setzt auf die unberührte Natur […]. Einen einstimmigen Beschluss fasste die Venter Bevölkerung bei der letzten Versammlung des Verkehrsverbandes: Die geplante Erschließung des Hochjochferners als Sommerskigebiet wurde abgelehnt – eine liftmäßige Verbindung zum bestehenden Skigebiet Schnalstaler Gletscher kommt damit nicht zustande.“

M134: Auszug aus dem Internetauftritt des Bergsteigerdorfes Vent im Ötztal

Aufgabe 36 Erstellen Sie ein Wirkungsgefüge zu den Folgen des Massentourismus.

4 Kreuzfahrttourismus

Kreuzfahrten (engl.: *to cruise* – kreuzen, Hin- und Herfahren zwischen den Häfen) stellen ein ganz besonders dynamisches Angebotselement des Tourismus dar. In wenigen Jahrzehnten haben sie sich vom exklusiven Nischenprodukt zum den Tourismus stark prägenden Massenmarkt entwickelt. Was der Tourismus für die **Globalisierung** ist, sind die Kreuzfahrten für den Tourismus: ein wichtiger und immer stärker laufender Motor. Zwar gibt es schon seit ca. 125 Jahren Kreuzfahrten, doch haben erst die legeren modernen Kreuzfahrtangebote der 1990er-Jahre diesem Segment zum Durchbruch verholfen. Seither sind diese Angebote für sehr viele Leute erschwinglich. Fuhren 1997 noch 8 Millionen Passagiere auf den Meeren und Flüssen dieser Welt, so sind dies heute schon über 26 Millionen.

4.1 Kreuzfahrten heute

Im 21. Jahrhundert sind Kreuzfahrten vielschichtig strukturiert und umfassen nahezu das ganze touristische Leistungsspektrum.

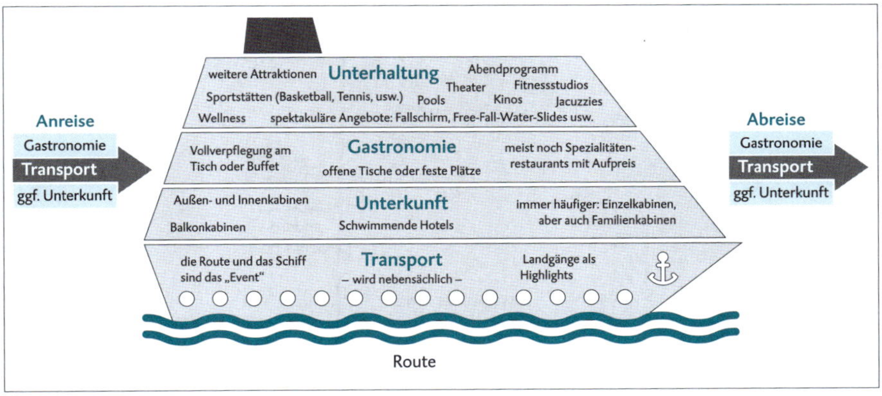

M135: Leistungsspektrum der Kreuzfahrtindustrie

Von der An- und Abreise abgesehen, sind die eigentliche Fahrt und die Angebote auf dem Schiff attraktiv. Tourismusgeographen unterscheiden heute die klassische von der modernen Kreuzfahrt. Als Modell für die klassische Kreuzfahrt könnte das Traumschiff (ZDF-Serie) dienen. Es handelt sich um ein durchaus höherwertiges Angebot, auf kleineren Schiffen mit sehr persönlicher Betreuung. Routen und Ziele sind exklusiv und nicht für jeden erschwinglich.

Für die moderne Kreuzfahrt hingegen stehen nahezu prototypisch massentouristisch geprägte Angebote. Hier sind nicht selten das Schiff und die dort vorzufindenden Events und Angebote das eigentliche Ziel – weniger die Route. Die schwimmenden All-inclusive-Hotels müssten theoretisch gar nicht mehr verlassen werden. Die immer größer werdenden Schiffe (bis zu 7 000 Passagiere) erlauben es, die Stückkosten pro Passagier zu reduzieren. So ermöglichen Skalenvorteile *(economies of scale)*, ähnlich wie in der Industrie, durch die Masse günstigere Preise.

4.2 Herkunft der Passagiere, Marktdaten und beliebte Ziele

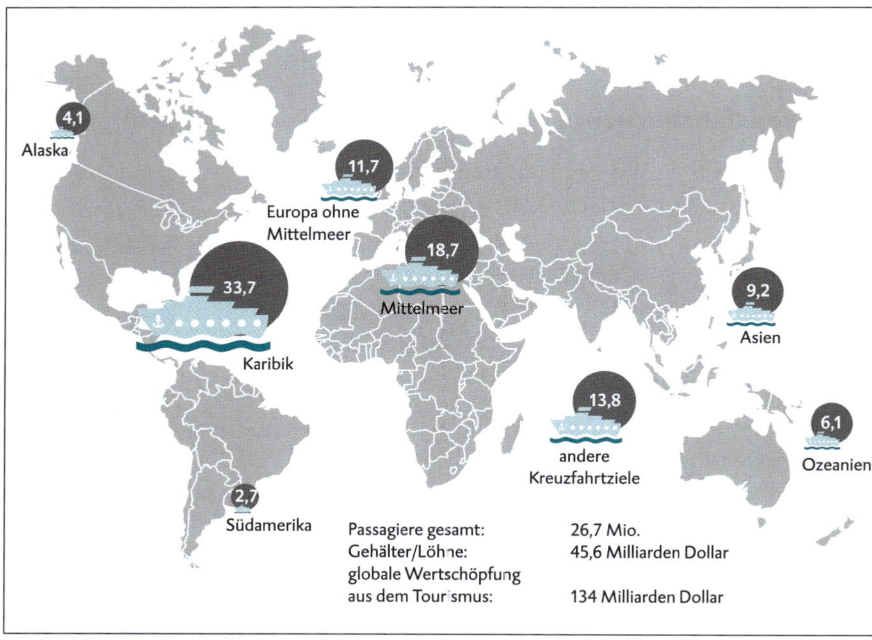

M136: Kreuzfahrttourismus 2017

Auf den Weltmeeren sind immer mehr Kreuzfahrtschiffe mit immer mehr Passagieren unterwegs. Die Daten zu den Passagierzahlen und deren Herkunftsländer verdeutlichen, dass sich dieses Segment innerhalb der Triade bündelt (vgl. Kapitel Wirtschaft, S. 152). Schaut man genauer hin, so sieht man aber leichte Verschiebungen weg von Destinationen im Mittelmeer (Krisenherde Türkei, Syrien usw.) hin zum riesigen süd- bzw. südostasiatischen Markt. Eine sich langsam entwickelnde Mittelschicht (v. a. in China) mit gestiegenen Ansprüchen wird den Markt, aber auch die Zielgebiete verändern. Neben der Karibik stellen für Europäer v. a. das Mittelmeer, aber auch Nordeuropa (Fjorde, Ostsee) beliebte Ziele dar.

4.3 Folgen für Hafenstädte – Fluch und/oder Segen?

Jedes moderne, aber auch klassische Kreuzfahrtprogramm sieht mehrere Landgänge in attraktiven Orten oder Landschaften vor. Nicht selten machen Kreuzfahrtschiffe mit ihren mehreren Tausend Besuchern in Orten halt, die selbst nur Dorf- oder Kleinstadtcharakter haben. Natürlich landen diese Schiffe auch in Großstädten an. Die Touristen strömen gleichzeitig an Land, wo sie meist in Bussen oder Touristenbahnen an die wichtigsten Sehenswürdigkeiten herangeführt werden. Oft wird noch an Bord gegessen, bevor es auf Sightseeing-Tour geht. Sehr häufig sind die Orte zwar auf die Touristenmengen eingestellt, jedoch profitieren ganz wenige Branchen. Da die Touristen auf den Schiffen pauschal verpflegt werden und Landgänge oft nur einen halben Tag oder einen Tag dauern, konsumieren diese vor Ort wenig. Lediglich klassische touristische Souvenirläden profitieren. Die Übernachtungsindustrie ist auf andere Touristen angewiesen. Initiativen in Venedig fordert seit Langem ein Fahrverbot in der gesamten Lagune und in den engen innenstadtnahen Kanälen. In den Fjorden Norwegens müssen sich die riesigen Schiffe lange vorher anmelden, um einen Liegeplatz zu ergattern.

Nicht selten leiden die Städte auch unter den Dieselabgasen. In vielen Fällen laufen die Motoren der Schiffe weiter, um Strom für den Betrieb der Küche, Casinos usw. zu produzieren. Immer mehr Hafenbetreiber stellen deshalb schon Landstromanschlüsse bereit. Ganz abgesehen von den Abgasen beeinträchtigen die riesigen bis zu 300 m langen und 20 Decks hohen Schiffe die Sicht und das Landschaftsbild.

4.4 Umweltbelastungen

Wie schon angedeutet, stellen Kreuzfahrtschiffe **extreme Belastungen für die Umwelt** dar. Zwar bewegen sie im Vergleich zu Flugzeugen eine große Zahl von Menschen, verbrauchen aber auch viel Schiffsdiesel – also fossile Energie. Laut der Umweltorganisation NABU sind diese Giganten der Meere Dreckschleudern, die **Ruß**, **Schwefel** und **andere Stickoxide** ausstoßen. Gerade in Zeiten der Feinstaubdebatte und allgemeiner Umweltschutzdiskussionen sicherlich kein Pluspunkt in Sachen Image. Abgasreinigung ist technisch mit Katalysatoren und Partikelfiltern machbar; für ältere Schiffe, die die Mehrheit ausmachen, jedoch aufwendig, teuer und noch nicht vorgeschrieben. Ambitionierte Ziele sehen vor, bis 2020 Schweröl, aus dem Schiffsdiesel hergestellt wird, ganz zu verbannen oder auf umweltfreundlicheres Flüssiggas umzusteigen. Sogenannte Scrubber (Abgasreinigungsanlagen zur Schwefelreduzierung) sind in vielen Ländern, allen voran der EU, aber auch in Amerika vorgeschrieben. Moderne Schiffe sind ausgestattet wie „komplette Stadtwerke".

Eine andere Maßnahme zur **Reduzierung von Emissionen** ist die Senkung der Fahrtgeschwindigkeit. Dies hat neben Umweltaspekten weitere Vorteile: Die Anzahl der Seetage steigt. Dies heißt, dass die Passagiere länger an Bord sind und dort mehr konsumieren. Ebenso sinken die Hafengebühren pro Trip. Diese Entwicklung ist möglich, da sich immer mehr Menschen mit dem Schiff als Reiseziel begnügen und die Landgänge bzw. Natur zur Nebensache verkommen.

Auf Länderebene sind nicht nur Emissionsbeschränkungen, sondern auch Schutzzonen erlassen worden. Die International Maritime Organisation (IMO) steuert und reguliert nationale wie internationale Vereinbarungen und Richtlinien. Alle großen Reedereien und Kreuzfahrtanbieter legen schriftlich und öffentlich dar, inwieweit sie diese Richtlinien einhalten.

Aufgabe 37 Analysieren Sie den Kreuzfahrttourismus in seiner Auswirkung auf Venedig.

Altstadt von Venedig – Tourismus

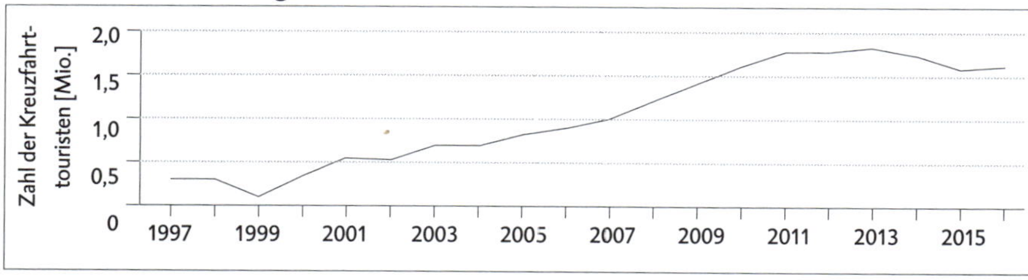

M137: Kreuzfahrttourismus

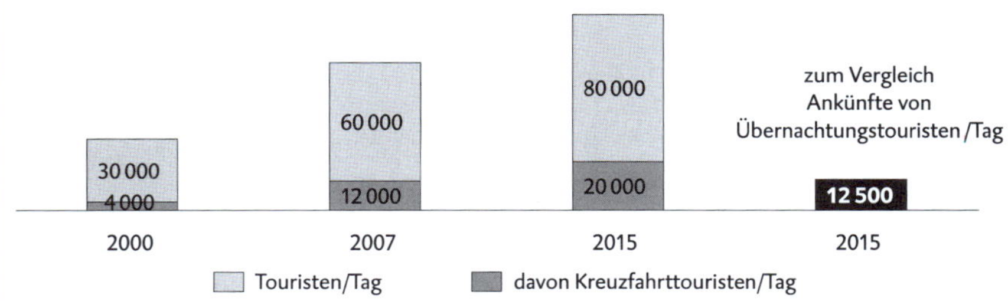

Anmerkung: Experten errechneten 1988 eine Zahl von 22 000 Touristen pro Tag in der Altstadt von Venedig als stadtverträglich. 2016 wurden 529 Kreuzfahrtschiffe (in der Hauptsaison bis zu 8 Schiffe mit zusammen 20 000 Kreuzfahrtbesuchern/Tag) gezählt. Ab September 2019 sollen Tagestouristen 3 – 10 Euro Eintrittsgeld bezahlen.

M138: Tagestourismus: Touristenzahl an Spitzentagen in der Hauptsaison (März–Oktober)

5 Nachhaltige Tourismuskonzepte

Wie in vielen Branchen wird auch im Tourismus verstärkt auf **Nachhaltigkeit** geachtet. Ziel soll es sein, eine für die Wirtschaft attraktive Einnahmequelle zu sichern, gleichzeitig aber die Natur, wegen der ja meistens gereist wird, nicht allzu sehr in Mitleidenschaft zu ziehen und die Belange der einheimischen Bevölkerung und der im Tourismus arbeiteten Menschen zu beachten. Es wird also versucht, **ökologische, ökonomische und soziale Aspekte** gleichermaßen zu respektieren. Nicht selten greift die Politik hier steuernd ein.

Hans Magnus Enzensberger hat das Problem dieser Branche wie folgt auf den Punkt gebracht: „Der Tourist zerstört, was er sucht, indem er es findet.“

Touristische Gütesiegel sind nun Versuche, dem Reisenden die Einhaltung von Kriterien eines **nachhaltigen Tourismus** zu garantieren (vgl. M139). Durchaus auch in Erwartung eines Imagevorteils schmücken sich neben einzelnen Hotelketten und Reiseveranstaltern auch Regionen („Bioregion Ramsau“ in Österreich) und Staaten (Kenia: „Eco Tourism Kenya“) mit derartigen Siegeln.

Ökologischer Aspekt

Schutz und Erhalt der Landschaft als eigentliches touristisches Kapital

- Flächenschonung
- Reduktion des Energie- und Ressourcenverbrauchs
- Naturschutz und integrative Landschaftspflege
- regionaltypische Bauweise und umweltschonende Verkehrssysteme
- Besucherlenkung, u. a. durch umfassende Information

Ökonomischer Aspekt

Schaffung einer innerregional verankerten, eigenständigen Tourismuswirtschaft, die mit anderen einheimischen Wirtschaftsbereichen verflochten ist

- Verzicht auf staatliche Subventionen
- Vernetzung der regionalen Tourismusangebote
- Investition der Gewinne in angepasste, auch der ortsansässigen Bevölkerung Nutzen bringende Infrastrukturmaßnahmen
- Einrichtung dauerhafter, angemessen entlohnter, auf einer Ausbildung fußender Berufe im Tourismussektor (auch zur Verhinderung einer Abwanderung aus der Region) in einem angemessenen Verhältnis zur Zahl nicht-touristischer Arbeitsplätze
- Unterstützung der einheimischen Wirtschaft, v. a. von Klein- und Mittelbetrieben, und endogener Potenziale (z. B. regionalen Know-hows)

Sozialer Aspekt

Sicherung der sozio-kulturellen Identität der Einheimischen und der Zufriedenheit der Menschen in der Zielregion wie aufseiten der Reisenden

- Bürgerbeteiligung und Stärkung regionaler Entscheidungsträger auf unterschiedlichen Ebenen (Kommune, Verbände, Unternehmen, …)
- Förderung kultureller Eigenständigkeit und des regionalen Selbstbewusstseins durch einen soziale und kulturelle Gegebenheiten achtenden Fremdenverkehr
- Erhalt des kulturellen Erbes und Sicherung des Erholungswerts der Landschaft

M139: Tourismusmanagement: Ziele und Kriterien des sanften, nachhaltigen Tourismus

abe 38 Analysieren Sie, ob das unten beschriebene Konzept einen Beitrag zum nachhaltigen Tourismus in den Alpen liefern kann.

„Bauernsterben" in den Alpen: Höfe geben auf, junge Leute ziehen in die Städte. Mit diesem Problem musste sich – wie so viele ländliche Gebiete – auch die österreichische Region Bregenzerwald ganz im Westen des Landes herumschlagen. Doch die Einwohner dieser Gegend setzten der Entwicklung ideenreich ein Ende und gründeten 1992 eine Initiative: „Natur und Leben Bregenzerwald". Das Ziel war, die Bereiche Tourismus, Landwirtschaft und Gewerbe besser miteinander zu verbinden.
Gastwirte und Hoteliers kaufen nun verstärkt bei heimischen Bauern. Die Landwirte garantieren im Gegenzug beste Qualität und unterliegen einer ökologischen Kontrolle. Lokale Sennereien stellen fast alle gängigen Milchprodukte an Ort und Stelle her. Auf „Käsewanderwegen" können Touristen die Dorfsennereien der „Käsestraße Bregenzerwald" erkunden. Viele Bauern verkaufen ihre Erzeugnisse direkt vom Hof und veranstalten Märkte.
Hotels und Gastronomiebetriebe beschäftigen qualifiziertes einheimisches Personal statt billiger Saisonkräfte. Für die Urlaubsgäste werden geführte Wanderungen veranstaltet, gleichzeitig können sie am kulturellen Leben des Ferienortes teilnehmen – von der Handarbeitsrunde bis zum Musikverein.
Die Initiative hat sich längst ausgezahlt. Die Bewohner haben es geschafft, die Lebensweise im Bregenzerwald zu erhalten und die ökologischen Produkte gut zu vermarkten. Wegen seines großen Erfolgs wurde das Programm „Natur und Leben Bregenzerwald" sogar preisgekrönt. Die Initiatoren gewannen dank ihres Tatendrangs 1997 den Wettbewerb für sozialverantwortlichen Tourismus „TO DO!".

M140: Konzepte im Bregenzerwald

Lösungen

Reliefsphäre

fgabe 1

fgabe 2 Wassermoleküle lagern sich so lange an die randständigen Ionen des Natriumchloridgitters (Na^+ und Cl^-) an, bis diese vollständig hydratisiert sind und in wässriger Lösung abgeführt werden können. Dabei lagern sich die H^+-Ionen des Wassers an die Cl^--Ionen und die O^--Ionen des Wassers an die Na^+-Ionen an.

Aufgabe 3 a Für die Entstehung der Karstlandschaft in M11 müssen folgende Grundvoraussetzungen gegeben sein:

- es muss ein verkarstungsfähiges Gestein, in diesem Fall Kalkstein, vorhanden sein (mit einem möglichst hohen Reinheitsgrad),
- kohlensäurehaltiges Wasser muss als Lösungsmittel vorhanden sein. Es bildet sich, indem CO_2 aus der atmosphärischen Luft oder der Bodenluft in Wasser gelöst wird. In der Folge bildet sich Kohlensäure: ($H_2O + CO_2 \rightleftharpoons H_2CO_3$),
- der Kalkstein muss eine gewisse Klüftigkeit aufweisen, damit das kohlensäurehaltige Wasser eindringen kann.

Beim eigentlichen chemischen Prozess wird Calciumcarbonat durch kohlensäurehaltiges Wasser in wasserlösliches Calciumhydrogencarbonat umgewandelt:

$$CaCO_3 + H_2O + CO_2 \rightleftharpoons Ca(HCO_3)_2 \rightleftharpoons Ca^{2+}(aq) + 2HCO_3^{-}(aq)$$

b Flächennutzungskonflikte in Karstgebieten entstehen durch unterschiedliche Nutzungsinteressen und die besondere Anfälligkeit des sensiblen Ökosystems. Unterschiedliche Nutzungsansprüche gehen von der Industrie, der Landwirtschaft oder dem Tourismus aus. Vor allem die wirtschaftliche Nutzung des Raumes ist aufgrund der Anfälligkeit seines einzigartigen Formenschatzes sowie der typischen Flora und Fauna problematisch und lässt sich nicht immer mit den Interessen des Naturschutzes in Einklang bringen. Beeinträchtigungen durch den Tourismus ergeben sich z. B. durch Trittschäden, Kletterbeschläge in Felswänden oder unerlaubte Souvenirentnahmen (z. B. Abbrechen von Tropfsteinen).

Eine besondere Gefahr geht von Verunreinigungen durch Müll und Abwässer (z. B. aus Industrie und Landwirtschaft) aus, weil das in den Untergrund abfließende Wasser nur einer geringen Filterwirkung unterliegt. So kommt es leicht zur Verschlechterung der Trinkwasserqualität.

Aufgabe 4 Aus der Abbildung M16 ist abzulesen, wie viel Kalk ($CaCO_3$) eine wässrige Lösung mit einem bestimmten CO_2-Gehalt maximal lösen kann (Sättigungsgleichgewicht). Das Verhältnis von $CaCO_3$-Sättigung einer wässrigen Lösung und dem CO_2-Gehalt ist dabei nicht linear.
Die zwei gesättigten Karstwässer W_1 (ca. 1 mg/L CO_2 und 70 mg/L $CaCO_3$) und W_2 (ca. 46 mg/L CO_2 und 260 mg/L $CaCO_3$) werden im Verhältnis 1 : 1 gemischt. Es stellt sich ein neuer Ungleichgewichtszustand (T) ein (ca. 24 mg/L CO_2 und 160 mg/L $CaCO_3$), der im Bereich der Untersättigung

liegt. Das heißt, die neu entstandene wässrige Lösung kann wieder Kalk lösen, so lange, bis das Sättigungsgleichgewicht erneut erreicht ist. Der Prozess der Mischungskorrosion ist für die Höhlenbildung entscheidend, da in wassergefüllten Karsthohlräumen die wässrigen Lösungen gesättigt sind und kein weiteres CO_2 aufgenommen werden kann. Nur die Mischungskorrosion führt damit also zur weiteren Entwicklung der Hohlräume bzw. Höhlen.

fgabe 5 Digitales Profil durch eine Polje in Slowenien

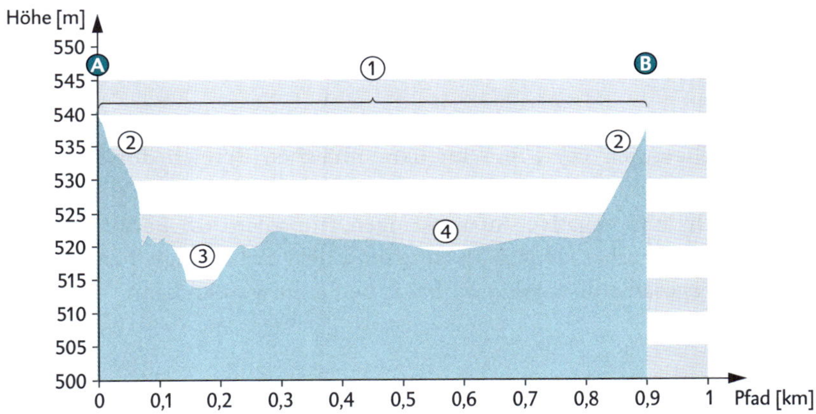

① Polje
② Steilwandige Poljenbegrenzung
③ Flusslauf
④ mit Sedimenten verfüllter Poljenboden (meist landwirtschaftlich genutzt)

fgabe 6 *Ökologie:*
- Verdrängung ansässiger Arten
- mögliche Verunreinigungen des Grundwassers
- Freisetzung von CO_2 bei der Weiterverarbeitung des Kalks
  ⇒ Verstärkung des anthropogenen Treibhauseffekts

\+ Möglichkeiten der Renaturierung als Folgenutzung

Ökonomie:
+ Stärkung der regionalen Wirtschaftsstruktur
+ Steuereinnahmen für Gemeinden
+ wirtschaftliche Folgenutzung (Rekultivierung) möglich
– Gefährdung des touristischen Potenzials

Soziales:
+ Schaffung von Arbeitsplätzen
– Beeinträchtigungen der Bevölkerung durch Lärm, Staubentwicklung und Erschütterungen
– Nutzungskonflikte mit anderen Interessengruppen (Landwirtschaft, Bauwirtschaft, Tourismus, Naturschutz)

Mögliches Fazit:
Vorteile ergeben sich vor allem im ökonomischen Bereich durch das hohe wirtschaftliche Potenzial des Kalksteinabbaus. Allerdings stehen den positiven Effekten zahlreiche negative Auswirkungen, vor allem im Bereich Ökologie und Soziales gegenüber, sodass abschließend der starke Eingriff in das Karstökosystem insgesamt als wenig nachhaltig bewertet werden kann.

Atmosphäre

Aufgabe 7 Da die Albedo über Schnee bei 80 % liegt, wird der größte Teil der einfallenden Solarstrahlung direkt wieder reflektiert. Über großflächigen und lang andauernden Schneelagen sinken die Temperaturen merklich. Das könnte die Neigung zu weiteren Schneefällen verstärken und die Abschmelzphase deutlich hinauszögern.

Aufgabe 8 Vergleicht man die beiden Klimadiagramme, so stellt man fest, dass im Diagramm mit pLV vier aride Monate abzulesen sind. Dies ergibt sich, weil in Diagrammen nach Siegmund/ Frankenberg der Wasserhaushalt über das Verhältnis von Niederschlag und Verdunstung (pLV) berechnet wird. Mit unserer Erfahrung stimmt das überein, müssen wir doch auch unsere Gärten und Beete im Sommer gießen. Landschaftsökologisch herrscht im Mittel also Trockenheit bzw. Aridität.

gabe 9 a Bei einer trockenadiabatischen Abkühlung von 1 °C/100 m wird das Kondensationsniveau bei 700 m erreicht. Hier beträgt die Temperatur 15 °C, dabei entsprechen 12,8 g Wasserdampf pro m^3 einer relativen Luftfeuchtigkeit von 100 %, die Luft ist gesättigt.

b Der Föhn hat bei 800 m eine Temperatur von 24,8 °C.

abe 10 Die Minimaltemperatur in Mumbai beträgt 24,4 °C im Januar, das Maximum wird im Mai mit 30,1 °C erreicht. In den Monaten Juni bis September sinkt die Temperatur bis auf 27,3 °C, im Oktober steigt sie noch einmal leicht auf 28,7 °C an, um dann jahreszeitgemäß abzusinken. Die Amplitude ist mit 5,7 °C für diese Breitenlage sehr gering.
Die Monate November bis Mai sind arid, von Januar bis April liegt der Niederschlag unter bzw. bei 2 mm. Die Regenzeit beginnt im Juni und endet im Oktober jeweils sehr abrupt. Die Niederschläge sind extrem hoch: im Juni bereits 579 mm, das Maximum liegt im Juli bei 703 mm.
Während der Wintermonate liegt Mumbai unter dem Einfluss des NO-Passats. Dieser weht vom Kältehoch über dem Hochland von Tibet Richtung ITC, die sich jahreszeitgemäß auf der Südhalbkugel befindet. Der an sich schon trockene NO-Passat heizt sich, als Fallwind vom Himalaya kommend, trockenadiabatisch stark auf. So lassen sich die ungewöhnlich hohen Wintertemperaturen um 25 °C und die extreme Trockenheit erklären.
Im Juni hat sich die ITC weit nach Norden verlagert und der SO-Passat wird, wenn er den Äquator überschreitet, durch die Corioliskraft zum SW-Monsun umgelenkt. Auf seinem Weg über dem Indischen Ozean konnte er viel Feuchtigkeit aufnehmen, die sich nun über dem indischen Subkontinent abregnet. Da Mumbai in Leelage am Fuße der Westghats liegt, addieren sich die Monsun- und Steigungsregen zu extremen Niederschlägen.
Die starke Bewölkung und die Verdunstung sorgen in den humiden Monaten für eine Abschwächung der Temperatur.

abe 11 a Die Klimastationen ähneln sich in ihrer Niederschlagsverteilung und Niederschlagsmenge. Die Regenzeit dauert jeweils von Oktober/November bis März. Dazwischen liegt eine ausgeprägte Trockenzeit.
Im Temperaturverlauf unterscheiden sie sich grundlegend. Station B hat ihr Temperaturmaximum von ca. 25 °C während der Trockenzeit im Juli/August, im Nordsommer. Diese Station liegt auf der Nordhalbkugel.
Bei Station A liegt das Temperaturminimum bei ca. 19 °C im Juni/Juli, während der Trockenzeit. Die Temperaturen steigen bis Oktober um 10 °C

an, dann wird der weitere Anstieg durch die Regenzeit verhindert. Erst im April sinken die Temperaturen wieder. Daraus folgt, dass diese Station auf der Südhalbkugel (Sonnenzenitstand im Nordwinter) liegen muss.

b/c Station B liegt in den Subtropen im Mittelmeerklima (milde, regenreiche Winter infolge der Südverlagerung des Polarfrontjets, trockenheiße Sommer infolge der Nordverlagerung der randtropischen Hochdruckzellen). (Heraklion/Kreta, 39 m, 35° 20'N/25° 11'O)
Station A liegt aufgrund der Temperaturwerte in den Tropen. Die sieben ariden Monate und eine Niederschlagssumme von ca. 600 mm verweisen auf die Trockensavanne. Die jahreszeitliche Verteilung der hygrischen Jahreszeiten entspricht genau dem Verlauf der ITC auf der Südhalbkugel. (Wankie/Zimbabwe, 782 m, 18° 22'S/26° 29'O).

Aufgabe 12 a/b Beide Klimastationen liegen auf annähernd derselben geographischen Breite, sind jedoch unterschiedlich weit vom Meer entfernt, was sich an beiden Diagrammen ablesen lässt.
So zeichnet sich Oxford durch ein maritimes Klima aus, mit einer geringen Temperaturamplitude, was man auch an den größeren Abständen bzw. der geringen Zahl von Thermoisoplethen erkennen kann. Die Niederschlagsmenge in Oxford ist deutlich höher als in Irkutsk. Der Grund ist die Nähe zum Atlantik. Diese durch den Golfstrom zusätzlich erwärmten Wassermassen wirken ausgleichend auf die Temperatur und sorgen durch die Lage in der Westwindzone der Mittelbreiten für mehr Niederschlag in Küstennähe.
Die kontinentale Lage von Irkutsk erkennt man an der großen Temperaturamplitude und dem relativ zu Oxford geringeren Niederschlag. Beides lässt eine Meeresferne erkennen. Im Thermoisoplethendiagramm befinden sich deutlich mehr Linien, da das Temperaturspektrum höher ist.

Aufgabe 13 Beständige Winde verfrachten das warme Oberflächenwasser auf den Pazifik. Durch den Massenverlust dringt kaltes Tiefenwasser nach oben (Upwelling) und kühlt die Luft über dem Meerwasser ab. Es bildet sich eine dicke und oft zähe Nebelschicht.

Aufgabe 14 Die Ausgangsskizze zeigt die Polarfront, an der polare Kaltluft und subtropische Warmluft aneinander vorbeiströmen. Es hat sich bereits eine Wellenstörung gebildet. Die Luftmassen beginnen, gegeneinander vorzudringen und sich um das entstandene Tief zu drehen.

In der Folge baut sich ein Wolkenwirbel aus Warmfront und Kaltfront auf. An der Warmfront gleitet die leichte subtropische Warmluft auf die vorhandene Kaltluft auf. Dabei kommt es zur Kondensation und zur Bildung von Schichtwolken, aus denen ergiebige Niederschläge fallen. Im Warmluftsektor dringt die warme Luft keilförmig weit gegen die Kaltluft vor. Hier herrscht sonniges Wetter.

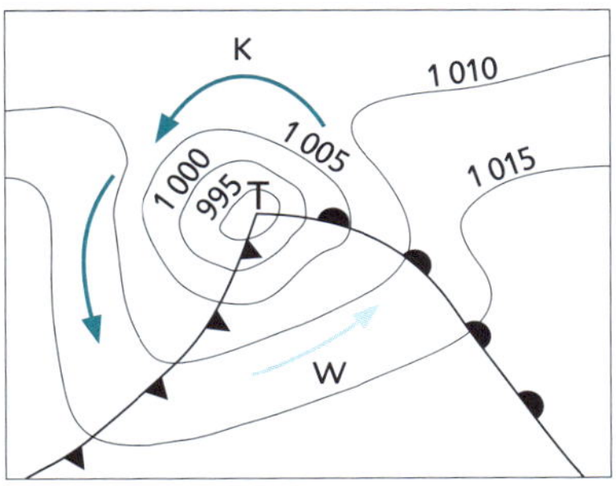

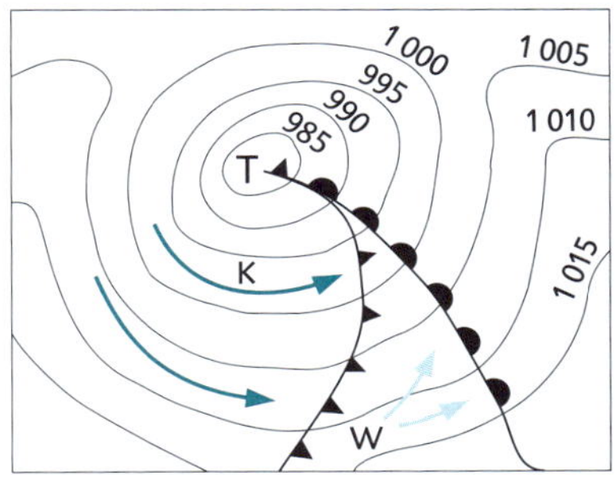

Da die nachrückende polare Kaltluft schneller und schwerer als die Warmluft ist, schiebt sie diese an der Kaltfront zusammen. Der Warmluftsektor wird zunehmend verengt. An der vorrückenden Kaltfront kühlt die hochgedrückte Warmluft ab und es kommt zur Kondensation mit Bildung von Cumulus- und Cumulonimbuswolken. Heftige Schauer und z. T. Gewitter sind die Folge.

Hat die Kaltfront die Warmfront eingeholt, spricht man von Okklusion. Die gesamte Warmluft ist hochgedrückt, es kommt zum Temperaturausgleich, überschüssige Luftfeuchte regnet sich ab. Die Zyklone löst sich dabei auf. Die auf der Nordhalbkugel gegen den Uhrzeigersinn drehenden Wolkenwirbel werden von der Westwinddrift nach Osten transportiert.

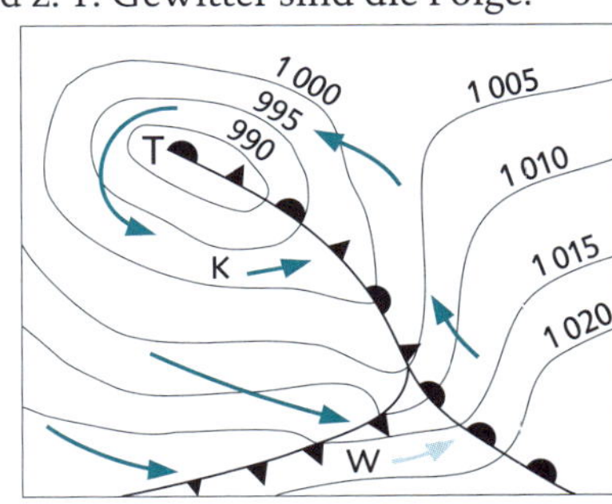

abe 15 Normalerweise stellt sich im südlichen Pazifik auf der Höhe von Peru eine zonale Zirkulation ein, die oberflächennah Winde von der Küste Perus in Richtung offenes Meer wehen lassen und für Upwelling sorgen.

Unter Upwelling versteht man das meist saisonale Aufsteigen tiefer und kalter Wassermassen bis an die Meeresoberfläche. Ursache sind Winde, die das warme Oberflächenwasser von der Küste wegtreiben. Als Ausgleich steigt kaltes Tiefenwasser auf. Durch die Verlagerung der Wassermassen kommt es zu regionalen Veränderungen der Meeresoberflächentemperatur, was wiederum die atmosphärischen Druckgebilde beeinflusst, die mit verstärkten Winden zu Rückkoppelungseffekten führen. Das aufsteigende kalte Wasser ist nährstoffreich, was in Upwelling-Gebieten eine reiche Planktonentwicklung bedingt. Diese wiederum hat einen großen Fischreichtum zur Folge. In einem El Niño-Jahr dreht sich diese atmosphärische Zirkulation um. Das Upwelling wird unterbunden mit all seinen ökologischen und ökonomischen Folgen. Fischgründe werden dezimiert, Vögel verlieren ihre Nahrung und Fischer ihre Lebensgrundlage. Zudem führen konvektive Starkregenereignisse zu verheerenden Schäden.

Hydrosphäre

Aufgabe 16 Der Verlauf der dargestellten Meeresströmung ist gekennzeichnet durch eine Oberflächenströmung in östliche Richtung entlang der nordafrikanischen Küste zum Levantinischen Becken. Dort sinkt das Oberflächenwasser ab und verläuft als Tiefenströmung vom Levantinischen Becken in westliche Richtung zurück.

Im gesamten Mittelmeerraum haben wir einen relativ geringen Süßwassereintrag durch Flusswasser und Niederschlag im Vergleich zur Verdunstung. Der östliche Mittelmeerraum zeichnet sich durch einen stärkeren Unterschied zwischen potenzieller Verdunstung und tatsächlichem Niederschlag aus, was zu einer stärker ausgeprägten Aridität im Sommerhalbjahr führt. Dies führt langfristig zu einem erhöhten Salzgehalt des Oberflächenwassers von ca. 39 ‰ im östlichen gegenüber ca. 37 ‰ im westlichen Mittelmeer. Somit nimmt die Dichte des Oberflächenwassers zu und führt dort zum Absinken des salzreichen Oberflächenwassers in die salzärmeren Tiefen des Levantinischen Beckens. Diese thermohaline Strömung und Tiefenwasserbildung kann als Pumpe der gekennzeichneten Strömung ausgemacht werden.

Staudämme beeinträchtigen aber das natürliche Flusssystem und bewirken eine Veränderung der Fischwanderungen, was die Fischerei am Unterlauf einschränkt.

Der Stauseen überfluten auch große Waldflächen, die eine hohe Biodiversität aufweisen. Hunderte von Tierarten und Pflanzen werden so im Bestand zerstört oder dezimiert.

Aufgabe 17 *Auswirkungen:*

Wenn der Plastikmüll an die Küsten der Anrainerstaaten geschwemmt wird, kommt es zum einen zur Verschmutzung der Strände, was wiederum negative

Folgen für den Tourismus hat. Zum anderen verwechseln Meeresvögel, aber auch Fische und Säugetiere den Plastikmüll mit Futter und verenden infolgedessen kläglich bzw. verhungern mit müllgefülltem Magen.
Das Hauptproblem ist aber, dass der in den Ozeanen treibende Plastikmüll durch Wellenbewegung und ultraviolette Strahlung mit der Zeit zerkleinert und pulverisiert wird. Ist ein hoher Feinheitsgrad erreicht, wird das Plastikpulver von verschiedenen Meeresbewohnern und auch von Plankton statt oder mit der üblichen Nahrung aufgenommen. Die Plastikpartikel können giftige Chemikalien enthalten bzw. diesen auch anhaften. Durch die Aufnahme dieser Giftstoffe durch die marine Tierwelt kann es einerseits zu einem Fischsterben kommen, was wiederum finanzielle Einbußen für die ansässige Fischereiwirtschaft zur Folge haben kann. Andererseits gelangen die Giftstoffe aber auch in die Nahrungskette und damit in die für den menschlichen Verzehr bestimmten Fische und Meeresfrüchte, was für den Menschen krebserregend sein kann.

Maßnahmen:
Eine auf der Hand liegende Maßnahme zur Reduktion des marinen Plastikmülls wäre das Einsammeln des Mülls, etwa durch Schiffe auf hoher See. Dies würde zu einer direkten Reduktion der Müllmenge auf dem Ozean führen. 2012 entstand in diesem Zusammenhang auch das Projekt „The Ocean Cleanup". Dieses sieht vor, mit an Plattformen befestigten Schläuchen den an der Meeresoberfläche schwimmenden Plastikmüll abzufischen und zu recyceln. Diese Technik macht sich die natürliche Meeresströmung zunutze und hat den Vorteil, dass Plankton und andere Meeresbewohner nicht mitgefangen werden. Jedoch scheiterte das Projekt zu Beginn des Jahres 2019 an Materialermüdung und an mangelnder Funktionsfähigkeit. Das Scheitern soll aber nur vorübergehend sein. Ein weiterer Anlauf ist in Planung.
Kostengünstiger wäre es, Fischer zu motivieren, Plastikmüll einzusammeln und in Häfen abzugeben. Denn gerade die Fischer sollten ein Interesse daran haben, dass ihre Produkte gesund sind und die Ozeane sauber bleiben.
Eine andere Lösung wäre es, den Mülleintrag, der vom Festland ins Meer geschwemmt wird, zu reduzieren. Denn sehr viel Müll wird an den Küsten und über die Flüsse der Anrainerstaaten entsorgt. Als mögliche flankierende Maßnahmen wären strengere Kontrollen, Bußgelder bzw. sogar das Verbot des Mülleintrags denkbar.
Als weitere Maßnahme wären staatliche Auflagen zur Minimierung des Einsatzes von Plastik als Verpackungsmaterial denkbar. Jedoch liegen die Schwierigkeiten dabei auch wiederum bei der Umsetzung von verbindlichen Richt-

linien und Sanktionen auf nationaler und internationaler Ebene. Notwendig wäre auch ein Umdenken der Verbraucher in puncto Plastiknutzung.

Aufgabe 18 Nicht alles Kohlendioxid (CO_2), das beim Verbrennen von fossilen Energieträgern in die Luft gelangt, verbleibt in der Atmosphäre und trägt zur Erderwärmung bei. Die Weltmeere nehmen nämlich beachtliche Mengen der menschgemachten CO_2-Emissionen aus der Atmosphäre auf. Ohne diese sogenannte Kohlenstoffsenke wäre die CO_2-Konzentration in der Atmosphäre deutlich höher und der anthropogene Klimawandel entsprechend stärker.
Wenige Meeresbewohner sind so stark von steigenden Temperaturen und CO_2-Mengen betroffen wie Steinkorallen. Ein Anstieg des Kohlenstoffdioxids in der Luft führt zur verstärkten Aufnahme von CO_2 des Meerwassers, dieses CO_2 reagiert dann mit dem Meerwasser zu Kohlensäure und die Kohlensäure führt dazu, dass das Meerwasser ansäuert. Das Meerwasser wird chemisch gesehen kalkagressiver. Die Ozeanversauerung führt dazu, dass den Korallen die Energie für die Bildung ihres Kalkskeletts ausgeht und sich bestehende Korallen zurückbilden.
Durch die globale Erwärmung kommt es auch zu einer Erwärmung der Ozeane weltweit. In der Folge können ganze Riffe der Korallenbleiche zum Opfer fallen und großflächig absterben. Mit Korallenbleiche wird ein Ausbleichen der Steinkorallenstöcke bezeichnet, das zum anschließenden Absterben der Korallen führen kann. Korallen sind lebende Organismen. Sie siedeln in Symbiose mit photosynthetisch aktiven einzelligen Algen, den Zooxanthellen auf einer Kalkschicht, die von Jahr zu Jahr wächst. Werden die Zooxanthellen von der Koralle abgestoßen, verliert der Korallenstock seine Farbenpracht. Dieses Phänomen kann örtlich begrenzt, aber auch großflächig auftreten und wird Korallenbleiche genannt und tritt bei zu hohen Wassertemperaturen auf. Ohne Zooxanthellen können Korallen nicht dauerhaft überleben und sterben ab.

Aufgabe 19 Der Bau von großen Staudämmen bringt immer Vor- und Nachteile mit sich, die im Folgenden exemplarisch dargestellt werden sollen. Zu beachten ist auch immer, dass die Gebiete vor und hinter einer Staumauer unterschiedlich betroffen sind.
Staudämme bieten im Allgemeinen sinnvollen Hochwasserschutz, was sich auf die Verbesserung der Schiffbarkeit aufgrund gleichmäßigerer Wasserführung auswirken kann. Außerdem kann das Bewässerungspotenzial gesteigert werden, was zu höheren Ernteerträgen führen kann.

Jedoch müssen oft zahlreiche Menschen umgesiedelt und damit aus ihrer Heimat entwurzelt werden. Eine solche Umsiedlungsmaßnahme bringt viele soziale Probleme wie etwa Landbesitzkonflikte und Arbeitslosigkeit hervor. Ackerland, aber oft auch kontaminierte Industrieflächen versinken im Stausee. Auch wichtige kulturelle Stätten, die nicht selten als historische „Wiege" gelten, werden zerstört.
Liegen Dämme im Bereich einer tektonischen Bruchlinie zwischen Platten, entstehen weitere Risiken. Ein möglicher Dammbruch infolge eines Erdbebens kann verheerende Folgen haben. Bei einem Dammbruch könnten die Wassermassen des Stausees die Täler und Siedlungsgebiete im Unterlauf überfluten.
Staudämme regulieren den Abfluss, damit die Bewässerungsmöglichkeit der Felder in den Flussebenen des Unterlaufs sowie im Delta bzw. im Mündungsbereich. Ebenso können die fruchtbaren Flusssedimente weiterhin als natürlicher Dünger genutzt werden. Das Auffüllen des Wasserreservoirs des Dammes vermindert die Flusswassermenge im Delta und sorgt so dafür, dass im Gegenzug Meerwasser in die Felder des Deltas eindringen kann.

Wirtschaftliches Handeln und dessen Raumwirksamkeit

abe 20 *Benennung:*

- Mögliche harte Standortfaktoren: Rohstoffe, Infrastruktur, Steuern und Abgaben
- Mögliche weiche Standortfaktoren: persönliche Gründe, Lebensqualität, im Bereich Natur der landschaftliche Reiz und der Erholungswert

Erklärung:

- Harte Standortfaktoren sind objektiv messbar und schlagen sich direkt in der Kostenrechnung der Unternehmen nieder.
- Weiche Standortfaktoren sind hingegen kaum objektiv berechenbar. Sie sind vielmehr auf subjektive Einschätzungen zurückzuführen.

abe 21 Weber stellt die Transportkosten in den Mittelpunkt seiner Theorie. Bei Gewichtsverlustmaterialien ergibt sich der „Transportkostenminimalpunkt" und damit der Produktionsstandort am Ort des Materialvorkommens, da die Materialien bei der Produktion an Gewicht verlieren (z. B. Kohle bei der Stahlherstellung). Bei Reinmaterialien kann der Produktionsstandort am Materialort, am Marktort (Ort des Abnehmers) oder zwischen diesen beiden Punkten gewählt werden, da das zu verarbeitende Material genauso viel wiegt wie das

Endprodukt. Bei Materialien, die an Gewicht oder Volumen nach der Produktion zunehmen, muss der Produktionsstandort im Sinne geringerer Transportkosten am Marktort gewählt werden.

Aufgabe 22 Im 18. Jh. befanden sich die Hochöfen in der Nähe der Erzfundorte, da die zur Verarbeitung ebenfalls notwendige Holzkohle in der Umgebung verfügbar war. Im 19. Jh. bildeten sich Standorte auf der Kohlebasis heraus, weil für die Verarbeitung einer Tonne Erz mehrere Tonnen Kohle benötigt wurden. Mit dem Import von Erzen und Kohle aus Übersee gewannen im 20. Jh. in rohstoffarmen Industrieländern aus Transportkostenüberlegungen die Küstenstandorte (günstiger Antransport der Rohstoffe mit Schiffen) an Bedeutung. Jüngere Entwicklungen (Ende 20. Jh.) führten zur Standortaufgliederung der Produktion. Im Zuge der internationalen Arbeitsteilung werden die Rohstoffvorkommen und Kostenvorteile der entsprechenden Standorte genutzt. So erfolgt die Produktion von Roheisen am Rohstofffundort in den Entwicklungs- und Schwellenländern und die technologieorientierte Herstellung von Spezialstählen in den Industrieländern. Diese Entwicklung war vor allem möglich, weil die Transportkosten durch technische Innovationen (z. B. Containerisierung) immer mehr an Bedeutung verloren.

Aufgabe 23 *Gewichtungsfaktoren:*

Mit dem niedrigsten Wert („1") und damit mit der geringsten Bedeutung für die Textilindustrie wurden die qualifizierten Arbeiter gewichtet. Dies kann durch die Massenproduktion von einfachen Gütern begründet werden. Dies erklärt zugleich den hohen Gewichtungsfaktor der Lohnkosten. Bei der sehr arbeitsintensiven Herstellung der Textilien sind diese kostenentscheidend. Da in der Regel große Produktions- und Lagerhallen benötigt werden, ist die hohe Gewichtung der Grundstücks- und Mietpreise ebenfalls nachzuvollziehen. Die Verkehrsinfrastruktur wird mit dem mittleren Wert („2") gewichtet, weil zum Transport der Rohstoffe und Waren zwar eine solide Verkehrsinfrastruktur vorhanden sein muss, aber auf der anderen Seite kein komplexes Netz aus Zulieferbetrieben und/oder Forschungseinrichtungen besteht. Das Image des Standortes wird ebenfalls mit „2" gewichtet, weil das Label „Made in Germany" durchaus ein Verkaufsargument sein kann.

Bewertung:

Als hoch entwickeltes Technologieland mit einer hohen Dichte an Universitäten erreicht Deutschland im Bereich „qualifizierte Arbeitskräfte" den Topwert. Ebenso im Bereich der Verkehrsinfrastruktur, weil diese im Vergleich zum

Entwicklungsland deutlich besser ausgebaut ist. Dagegen erreicht Bangladesch aufgrund des im Vergleich sehr geringen Lohnniveaus Spitzenwerte im Bereich „Lohnkosten“ und aufgrund der geringen Grundstücks- und Mietpreise im Entwicklungsland auch im Bereich „Grundstückspreise/ Mieten“. Der Topwert im Bereich „Image“ für Deutschland lässt sich auf den Markenvorteil „Made in Germany“ und auf die in die öffentliche Kritik geratenen schlechten Arbeitsbedingungen in der Textilindustrie Bangladeschs zurückführen.

Ergebnis:
Der Standort Bangladesch schneidet in der Analyse knapp besser ab (23 Gesamtpunkte zu 21 Gesamtpunkten), da die für die Textilindustrie relevanteren Bereiche (z. B. Lohnkosten, Grundstückspreise/Mieten) stärker und andere weniger relevante Bereiche (z. B. qualifizierte Arbeitskräfte) entsprechend schwächer gewichtet wurden.

gabe 24 Eine horizontale Verflechtung ist über die beiden Automobilhersteller Porsche und BMW gegeben, die auf der gleichen Wertschöpfungsstufe stehen und beispielsweise eine gemeinsame Infrastruktur oder Zulieferbeziehungen nutzen oder im Bereich Aus- und Fortbildung der Arbeitskräfte kooperieren.
Eine vertikale Verflechtung wird über die verschiedenen Stufen der Wertschöpfungskette deutlich. So stehen die Zulieferbetriebe zu den großen Automobilkonzernen in einer vorgelagerten Produktions- bzw. Wertschöpfungsstufe.

Wirtschaftsstrukturen und -prozesse auf regionaler und globaler Ebene

gabe 25 Auffällig an den Strukturdaten sind die hohen Werte in den Bereichen Industrie (15 % der Betriebe, ca. 20% der Beschäftigten), den wissensintensiven Dienstleistungen (ca. 20 % der Betriebe, ca. 20 % der Beschäftigten) sowie den Dienstleistungen Handel, Verkehr und Gastgewerbe (25 % der Betriebe, 20 % der Beschäftigten). Dresden ist traditionell ein Standort der forschungsintensiven Industrie (v. a. Mikroelektronik). Diese Hightech-Branche lagert große Teile von Forschung und Entwicklung in externe Dienstleistungsunternehmen aus. Führend im Raum Dresden ist in diesem Kontext die Fraunhofer-Gesellschaft, der größte Forschungs- und Entwicklungsdienstleister in Europa.
Das Gastgewerbe kann ebenfalls eine überdurchschnittliche Zahl an Betrieben und Beschäftigten vorweisen. Hierzu tragen nicht nur die Geschäftsreisenden,

sondern auch die vielen Touristen bei. Beliebte Sehenswürdigkeiten sind die Frauenkirche, die Semperoper oder der Zwinger. Hinzu kommt die Lage an der Elbe, die einen hohen Freizeitwert hat.

Der Handel spielt in städtischen Zentren und Agglomerationen wie Dresden oft eine übergeordnete Rolle. Der unternehmensorientierte Handel ist mit der hohen Dichte an Industrie- und Dienstleistungsunternehmen zu erklären. Der konsumentenorientierte Einzelhandel findet durch den verhältnismäßig großen Anteil an kaufkräftiger Bevölkerung und Touristen optimale Bedingungen vor.

Die große Bedeutung des Verkehrssektors lässt sich durch den städtischen Ballungsraum und den Wirtschaftsstandort von internationalem Rang erklären. Dies spiegelt sich in einer hoch entwickelten Verkehrsinfrastruktur wider (A 4, A 13, A 17, Flughafen Dresden u. a.).

Aufgabe 26 *Für eine positive zukünftige Entwicklung sprechen u. a.:*

- hohe Dichte an Forschungseinrichtungen
- gutes Netz an höheren Bildungseinrichtungen
- qualifizierte Arbeitskräfte
- gut ausgebaute Verkehrsinfrastruktur
- hervorragende Lage im „Herzen Europas"
- Ausdifferenzierung des industriellen Sektors
- Weiterentwicklung des Dienstleistungssektors im Bereich Gastgewerbe, Verkehr und Logistik
- günstige weiche Standortfaktoren (z. B. Freizeit-/Kulturangebot, Image)

Gefahren/Risiken für eine positive zukünftige Entwicklung u. a.:

- trotz beginnender Diversifizierung der Wirtschaftsstruktur immer noch starke Fokussierung auf die Mikroelektronikbranche
- starke Konkurrenz aus den USA und Asien
- hohe Nachfrage an qualifizierten Arbeitskräften und in diesem Bereich auch starke Konkurrenz anderer benachbarter Wirtschaftsregionen (z. B. Leipzig, Berlin, Prag)
- teilweise strukturschwaches Umland mit wenig positiven Impulsen

Mögliches Fazit:

Die hohe Dichte von Forschungseinrichtungen sowie das gute Netz an höheren Bildungseinrichtungen legen den Grundstein für die weitere Entwicklung in forschungsintensiven Zukunftsbranchen. Weiterhin verfügt Dresden über hervorragende harte (z. B. Verkehrsinfrastruktur) und weiche Standortfaktoren (z. B. Freizeitwert der Region). Allerdings ist der Mikroelektronikmarkt hart umkämpft. Der Standort Dresden hat große Konkurrenz aus den USA und Asien. Deshalb ist für eine zukünftig positive Entwicklung die weitere Diversifizierung der Wirtschaftsstruktur entscheidend.

gabe 27 Beim vorliegenden Modell handelt es sich um ein Zentrum-Peripherie-Modell, das wirtschaftsräumliche Disparitäten in Europa visualisiert.
Der europäische Kernraum wird durch das Modell der Blauen Banane repräsentiert. Er reicht von den englischen Midlands im Norden bis nach Mittelitalien im Süden und zeichnet sich durch eine hohe Wirtschaftsdynamik aus. Er umfasst wichtige Wirtschaftszentren (z. B. London, München, Mailand) und damit Regionen mit überdurchschnittlichem Wirtschaftswachstum.
Westlich und östlich vom Kernraum schließen weitere wichtige europäische Wirtschaftszentren mit überdurchschnittlichem Wirtschaftswachstum (z. B. Paris, Hamburg, Berlin) an. Sie sind eng verflochten mit den Aktivräumen der Blauen Banane und quasi als Erweiterung derselben zu betrachten (in anderen Modellen wird der Korridor zwischen Paris, Hamburg und Berlin auch in Form der Gelben Banane dargestellt).
Eine zweite Erweiterung dieses europäischen Zentralraumes stellt die sogenannte Goldene Banane dar. Sie spannt sich im nordwestlichen Mittelmeerraum auf (z. B. Barcelona, Nizza). Kennzeichnend sind wachstumsstarke Branchen aus dem Hightech-Bereich.
Ein Gürtel von Hightech-Regionen umgibt zudem ringförmig den Kernraum. Er beinhaltet ebenfalls Wirtschaftsregionen, deren aktuelles Wachstum größtenteils auf Unternehmensansiedlungen aus der Hightech-Branche gründet (z. B. Bordeaux, Edinburgh, Malmö). Viele dieser Regionen liegen in Meeresnähe. Hier spielen vor allem weiche Standortfaktoren eine große Rolle.
Die struktur- und wachstumsschwachen Regionen befinden sich in der Peripherie (hier: Gürtel der Unterentwicklung), fern der zentral gelegenen Wachstumsachsen. Mit der ungünstigen Lage geht oft eine negative Bevölkerungsentwicklung sowie eine schlecht ausgebaute Infrastruktur einher.
Das Modell deutet durch die Achse der Problemregionen an, dass wachstumsschwache Wirtschaftsregionen nicht nur in der europäischen Peripherie liegen, sondern auch innerhalb der Kernräume. Dies entspricht der Vorstellung eines fragmentierten Wirtschaftsraumes, in dem strukturstarke neben strukturschwachen bzw. wirtschaftlich prosperierende neben sich in der Krise befindlichen Räumen liegen können. Beispiele hierfür sind Metropolen und ihr entfernteres ländliches Umland oder sich im Strukturwandel befindliche Altindustriegebiete innerhalb des Kernraumes.

Neben diesen raumanalytischen Bestandteilen besitzt das Modell auch einen prognostischen Charakter. So weisen verschiedene Entwicklungsachsen mögliche Wachstumskorridore aus. In diesen liegen z. B. Regionen der Transformationsstaaten Osteuropas, die nach dem Fall des Eisernen Vorhangs durch den wirtschaftlichen Anschluss an den Kernraum Europas Wachstumsimpulse erhalten haben und günstige Entwicklungspotenziale besitzen.

Aufgabe 28 Die Struktur- und Regionalpolitik der EU wird auch als Kohäsionspolitik bezeichnet, weil sie den wirtschaftlichen und sozialen Zusammenhalt zwischen den EU-Mitgliedsstaaten fördert. Ziel der regionalen Strukturmaßnahmen ist es, die wirtschaftlichen und sozialen Disparitäten zwischen den einzelnen Staaten zu minimieren.
Hierfür fließt knapp die Hälfte aller Haushaltsmittel der EU in Struktur- und Investitionsfonds. Die einzelnen Regionen bekommen dabei verschiedene Anteile der Mittel zugesprochen. Es wird zwischen weniger entwickelten Regionen, Übergangsregionen und stärker entwickelten Regionen unterschieden; wobei die weniger entwickelten Regionen die meisten Fördergelder erhalten. Richtwert für die Einteilung ist das BIP/Einwohner gemessen am EU-Durchschnitt. Um die einzelnen Regionen Europas objektiver miteinander vergleichen zu können, werden räumliche Bezugseinheiten gebildet, die sich in ihrer Größe ungefähr entsprechen. Das sind die sogenannten NUTS-Regionen (= Nomenclature des Unités Territoriales Statistiques).

Aufgabe 29 Die Lombardei bildet innerhalb der NUTS-1-Region Nord-Ovest (Nordwestitalien) eine Unterregion (NUTS-2-Ebene). Die wirtschaftliche Bedeutung der Lombardei sowohl für die Region Nord-Ovest als auch für Italien insgesamt zeigt sich an den Werten des Gesamt-BIP. Die Lombardei steuert zwei Drittel zum BIP der Region Nord-Ovest bei und ca. 20 % zum nationalen BIP. Im regionalen Vergleich entspricht das BIP der Lombardei dem der Gesamtregion Centro (Mittelitalien) und übertrifft das der beiden süditalienischen Regionen um 40 % (Sud) bzw. um 200 % (Isole). Diese Zahlenwerte spiegeln das wirtschaftsräumliche Nord-Süd-Gefälle Italiens wider. Beim BIP pro Einwohner nimmt die Lombardei ebenfalls die Spitzenstellung ein und übertrifft den nationalen Wert um 32 %.
Die Zukunftsfähigkeit der Wirtschaftsstruktur lässt sich von den innerbetrieblichen Ausgaben für Forschung und Entwicklung ableiten. Auf die Lombardei entfallen 20 % der nationalen Ausgaben in diesem Bereich und knapp 60 % der regionalen Ausgaben Nordwestitaliens. Die Aufwendungen für Forschung und Entwicklung der lombardischen Unternehmen erreichen die der Gesamtregion

Mittelitaliens (Centro) und übertreffen die Gesamtaufwendungen Süditaliens (Sud und Isole) um 1,2 Mio.
Die Lombardei stellt knapp zwei Drittel der gesamten nordwestitalienischen Bevölkerung und ein Sechstel der gesamtitalienischen Bevölkerung. Sie besitzt eine Bevölkerungsdichte von 419 Einwohner/km^2. Für Gesamtitalien liegt der Wert bei ungefähr der Hälfte (201 Einwohner/km^2). Herausragendes Ballungszentrum der Lombardei ist die Metropolregion Mailand.

abe 30 Die Anteile der einzelnen Wirtschaftssektoren an der Wertschöpfung in Ghana sind für weniger entwickelte Staaten typisch. Bei einer vergleichsweise großen Bedeutung des primären Sektors (18,3 %) ist der Tertiärisierungsgrad (vgl. Deutschland: ca. 70 %) noch weniger deutlich ausgeprägt. Die Anteile des sekundären Sektors (24,5 %) sind in etwa auch in den Industrie- und Dienstleistungsstaaten vorzufinden (vgl. Deutschland: ca. 30 %). Die vergleichsweise große Bedeutung des primären Sektors gründet auf den zentralen Exportgütern Edelholz und Kakao. Ghana zählt zu den wichtigsten Kakaoproduzenten weltweit.
Die BIP-Wachstumsraten sind beachtlich, obwohl sie in den Jahren von 2013 und 2014 rückläufig waren. Ein entscheidender Konjunkturimpuls ging seit der Entdeckung des „Jubilee-Ölfeldes“ im Jahr 2007 von der Erdölindustrie aus. Insgesamt ist die Wirtschaftsstruktur Ghanas jedoch wenig diversifiziert. Der Schwerpunkt liegt auf der Produktion von Exportgütern, sodass viele Konsumgüter importiert werden müssen.
Außerdem unterliegen die Exportgüter den Schwankungen des Weltmarktpreises. Die ungünstigen Export-/Import-Strukturen (Terms of Trade) äußern sich in einer bisweilen negativen Handelsbilanz und in der Folge in einer hohen Staatsverschuldung.

Aufgabe 31

Strengths (Stärken)	Weaknesses (Schwächen)
• politische Stabilität • Rohstoffreichtum (u. a. Öl, Erdgas, Gold) • Anschluss an die Weltwirtschaft über den Containerhafen in Tema	• wenig diversifizierte Wirtschaftsstruktur, v. a. im sekundären Sektor • großer informeller Sektor • starke Export- bzw. Importabhängigkeit • Schwächen in der Infrastruktur
Opportunities (Chancen)	**Threats (Risiken)**
• Problem der Stromversorgung könnte sich durch Privatisierungen im Energiesektor verbessern • der Öl- und vor allem der Gassektor sind noch ausbaufähig • der Ausbau des Containerterminals erfolgt durch ausländische Investoren	• ungünstige Terms of Trade • Wertverlust der regionalen Währung • hohe Staatsverschuldung

SWOT-Analyse-Schema „Wirtschaftsstandort Ghana“

Massentourismus – Ausmaß, Ursachen und Folgen

Aufgabe 32 Im 21. Jahrhundert ist der Tourismus weltweit gesehen sowohl eine Folge als auch einer der wesentlichen Motoren der Globalisierung – mit all seinen positiven Folgen für die Wirtschaft, den Konsum und für viele Arbeitgeber, aber auch seinen negativen Begleiterscheinungen im ökologischen und teils im sozialen Bereich. Immer mehr Menschen können sich (Fern-)reisen leisten und tun dies auch. Sich schnell entwickelnde Staaten mit einer großen Bevölkerung (China, Indien) tragen dazu massiv bei.

Aber auch bei uns in Deutschland ist der Tourismus zu einer wichtigen Branche geworden. Neben unseren Leitindustrien, dem Automobil- und Maschinenbau, spielt der Tourismus eine herausgehobene Rolle. Im Vergleich zu anderen Ländern ist die deutsche Volkswirtschaft aber nicht allein auf den Tourismus angewiesen.

Aufgabe 33 Benidorm ist ein stark vom Massentourismus geprägter Badeort an der Ostküste Spaniens an der berühmten Costa Blanca. Diese gehört zur Region Valencia. Der Geograph RICHARD BUTLER beschreibt in seinem Modell zum Destinationslebenszyklus den idealtypischen Verlauf der Entwicklung eines Tourismusortes bzw. einer Tourismusregion, von den Anfängen bis zum eventuellen Niedergang oder auch zur Neuerfindung. Bei einem Modell muss man

sich bewusst sein, dass es sich um eine vereinfachende, generalisierende Darstellung der Wirklichkeit handelt.
Würde man die Einwohnerzahlen von Benidorm grafisch umsetzen, ergäbe sich ein ähnlicher Verlauf wie im Modell. Man erkennt, dass nach dem boomenden Wachstum der 1970er-, 1980er- und 1990er-Jahre eine Phase der Konsolidierung, sogar der Stagnation, und jüngst die Phase des Niedergangs (Verfalls) eingetreten ist. Gemäß BUTLER bleibt nun zu überlegen, wie sich der Badeort weiterentwickeln will. Der klassische massentouristische Badestrand ist bei vielen Leuten nicht mehr gefragt. Kreuzfahrten haben den Massenmarkt erobert und viele Menschen reisen lieber individueller bzw. haben gerne die Illusion, dies zu tun.

gabe 34 Aus wirtschaftlicher Sicht bringen die Trails im Bikepark Innsbruck zahlreiche Vorteile für die beteiligten Gemeinden: Zunächst ermöglicht die Nutzung bereits vorhandener touristischer Infrastruktur, so etwa der Liftanlagen, der gastronomischen Standorte sowie des Wege- und Straßennetzes, eine höhere wirtschaftliche Rentabilität bei gleichzeitiger Verringerung der Saisonabhängigkeit. Die während der Frühjahrs-, Sommer- und Herbstmonate zusätzlich angebotenen Aktivitäten und Dienstleistungen schaffen so über das gesamte Jahr Arbeitsplätze und stabilisieren dadurch die damit zusammenhängenden (Familien-)Einkünfte. Die Zielgruppe Mountainbiker stellt außerdem ein dauerhaftes, zahlenmäßig breites wirtschaftliches Potenzial dar. Die in Abbildung M133 gezeigten Trail-Kategorien zeigen überdies eine große Bandbreite vom familienfreundlichen Trail bis zur werbe- und imageträchtigen, von Experten gestalteten Abfahrt und sprechen somit viele Mitglieder der breit gefächerten Zielgruppe an.
Den ökonomischen Vorteilen stehen allerdings ökologische Risiken und Folgen gegenüber: Die durch den Skitourismus ohnehin stark beanspruchten Vegetationsdecken werden nun ganzjährig beeinflusst. Bodenverdichtungsprozesse und ein stärkerer Oberflächenabfluss mit erhöhter Erosionswirkung könnten die Folge sein. Dies betrifft vor allem die steileren Hanglagen in den hochalpinen Geländeteilen. Außerdem kann aufgrund der nun ganzjährig intensiveren touristischen Nutzung die Fauna nachhaltig gestört werden, sodass mit der Abwanderung bestimmter Tierarten zu rechnen ist. Für den Fall, dass mit der Ausweitung der touristischen Nutzung auch ein stärkeres Umweltbewusstsein verbunden ist, können sich hieraus Möglichkeiten zum dauerhaften Schutz der Gebirgsflora und -fauna ergeben, so z. B. durch Ausweisung von Schutz- und Rückzugsarealen.

Aufgabe 35 Das Venter Konzept zielt auf einen hochwertigen und anspruchsvollen Alpinismus ab, der sich von einer Anbindung an einen eventorientierten Massentourismus distanziert. Vielmehr soll das landschaftliche Potenzial erhalten werden, denn es werden weniger umweltbelastende, traditionelle, aber dennoch aktuelle Formen des Tourismus, vorwiegend in Form alpiner Berg- und Gletscherwanderungen, unterstützt. Diese Zielsetzungen bedienen zwar eine kleinere Zielgruppe an sportorientierten Touristen, könnten jedoch den wenigen Einwohnern (150) des Dorfes Vent infolge der hochwertigen Spezialisierung durchaus auch in ökonomischer Sicht dienlich sein. Darüber hinaus könnte durch die Beteiligung der einheimischen Bevölkerung an Planungsentscheidungen ein sozialverträglicher Tourismus unter weitgehender Beibehaltung der traditionellen Kultur angestrebt werden. Schließlich vermeidet die relativ kleine Gemeinde Vent hohe Investitionskosten und eine möglicherweise damit verbundene Gemeindeverschuldung.

Aufgabe 36

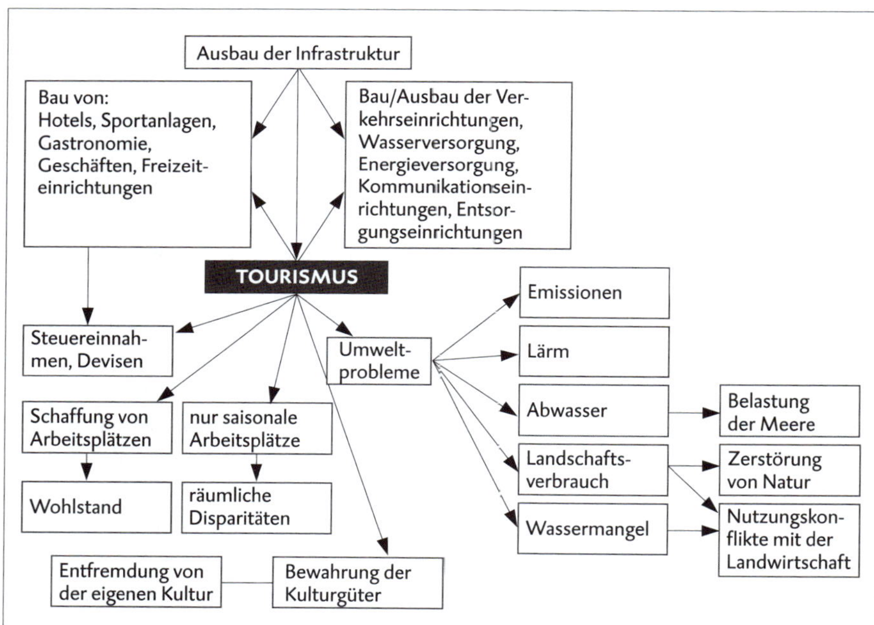

Aufgabe 37 Die Anzahl der Tagestouristen in Venedig ist seit dem Jahr 2000 stetig gestiegen. Bis 2015 ist sie von 30 000 auf 80 000 an Spitzentagen gewachsen. Die Zahl der Übernachtungstouristen lag dagegen nur bei 12 500. Insgesamt waren 1,5 bis 2,0 Mio. Tagestouristen im Jahr 2015 zu verzeichnen. Dement-

sprechend hoch ist wahrscheinlich auch der Anteil der Erwerbstätigen im Tourismus. Mit steigender Touristenzahl hat sich allerdings die Wohnbevölkerung kontinuierlich verringert.
Der Kreuzfahrttourismus spiegelt die allgemeine touristische Entwicklung in Venedig wider. Seit Ende der 1990er-Jahre bis 2013 ist ein stetiger Zuwachs der Zahl der Kreuzfahrttouristen zu beobachten: Waren es 1997 noch unter 1 Mio., stieg die Zahl auf 1,8 Mio. bis zum Jahr 2013. 2015 war bereits circa ein Viertel der Kreuzfahrttouristen gleichzeitig Tagestouristen (im Jahr 2007 ein Fünftel und 2000 weniger als ein Siebtel). Obwohl Kreuzfahrttouristen sich nur wenige Stunden in der Stadt aufhalten, dürften die erwirtschafteten Umsätze von Bedeutung sein.
Seit 2014 ist ein leichter Rückgang der Kreuzfahrttouristen auf etwas mehr als 1,5 Mio. in Venedig erkennbar. Dies ist möglicherweise eine Konsequenz von Verboten, die die Stadt Venedig 2014 erlassen hat: Wegen der hohen Emissionen und der Schäden an der historischen Bausubstanz durch Unterspülungen wurde den größten Schiffen eine Einfuhr verweigert. Jüngst hat die Stadt Venedig geplant, für Touristen eine Art Eintrittsgeld zu verlangen.
Andererseits gibt es zahlreiche negative Aspekte v. a. für die Natur und die Lagune selbst, die die Zukunftsfähigkeit infrage stellen. Vor allem die ökologische Belastung stellt ein hohes Risiko dar. Die Schadstoffemissionen, die durch ein Kreuzfahrtschiff täglich ausgestoßen werden, entsprechen den Schwefel- und Stickoxiden von 5 Mio. Pkw. Ein Großteil der Lagune ist dadurch bereits stark verschmutzt und das fragile Ökosystem ist in Gefahr. Ebenso kritisch ist der Anstieg der Tagestouristen durch die Kreuzfahrtschiffe und das damit verbundene erhöhte Müllaufkommen zu sehen.

gabe 38 Im Bregenzerwald entwickelten die Akteure vor Ort schon vor vielen Jahren ein alternativ funktionierendes Tourismuskonzept. Ein geschicktes Tourismusmanagement führte dazu, dass die einheimische lokale Bevölkerung mehr von den Touristenströmen profitiert, ohne dass dadurch etwas an Attraktivität für die Urlauber verloren geht – ganz im Gegenteil.
Gemäß dem Grundsatz des nachhaltigen Tourismus, ökologische, ökonomische und soziale Aspekte zu vereinbaren, wurde hier gehandelt. Ziel war es, Belange der Landwirtschaft, des Gewerbes und des Tourismus zu vereinen und gleichzeitig die fragile Alpennatur zu schonen. So können die Touristen lediglich einheimische sowie lokal und v. a. ökologisch/biologisch produzierte Produkte kaufen und konsumieren. Immer mehr Touristinnen und Touristen legen darauf auch sehr viel Wert. Gleichzeitig wird versucht, die lokale Bevölkerung in Arbeit zu bringen. Es wird vermieden, billige Arbeitskräfte aus ande-

ren Teilen Europas anzuwerben. Für die Gäste entsteht so ein Flair, das sehr stark von Ortsansässigen und deren Traditionen geprägt ist. Gleichzeitig können die Einheimischen ihre Gewohnheiten pflegen, sie müssen sich nicht den Touristen anpassen.

Ganz im Sinne des sanften Tourismus, der die drei Aspekte der Nachhaltigkeit versucht zu vereinen, ist das Projekt im Bregenzerwald wegweisend und wurde dafür schon ausgezeichnet.

Basisbegriffe

Reliefsphäre

Grundlegende Verwitterungsprozesse

Biogene Verwitterung 2, 7, 11
Chemische Verwitterung 2, 5, 10
Frostsprengung 3f., 10
Insolationsverwitterung 10
Hydratation 4, 10
Hydrolyse 6, 10
Kohlensäureverwitterung 5
Lösungsverwitterung 5, 10
Oxidation 7, 10
Physikalische Verwitterung 2, 10
Salzsprengung 4, 10
Verwitterungsprozess 1, 2, 5
Wurzelsprengung 9

Karstlandschaft

Doline 14
Höhle 16
Karst 11, 13, 18
Karstquelle 20
Karstwasserspiegel 19
Korrosion 11
Mischungskorrosion 13
Polje 14
Ponor 15
Sinterbildung 17
Tropfstein 16
Uvala 17

Nutzung unter dem Gesichtspunkt der Nachhaltigkeit

Flächennutzungskonflikt 21
Nachhaltige Nutzung 21, 23
Naturlandschaft 22
Kulturlandschaft 22
Ökologische Folgen 22
Ökosystem 21
Rekultivierung 25
Renaturierung 25

Atmosphäre

Lokale Wetterereignisse und atmosphärisches Wettergeschehen

Advektion 65
Albedo 8
Antizyklone 51f.
Aridität 29f., 75, 105
Außertropische Westwindzone 48
Coriolisablenkung 50, 78
Feuchtadiabatisch 40, 46
Jahreszeitenklima 31
Globale atmosphärische Zirkulation 47
Humidität 29f., 74
Klima 29
Klimaelemente 29
Konvektion 57, 60, 69, 72, 77
Kondensation 34, 40, 46, 52, 57, 60
ITC 47, 56f., 59
Jetstream 50
Isobare 42
Lee-Effekt 46
Luv-Effekt 46
Monsun 60, 87
Orkan 42, 70
Passatzirkulation 8f., 47ff., 56f.

Polare Ostwindzone 48, 61
Potenzielle Landschafts-verdunstung 29f., 75
Regionale Windsysteme
– Föhn 46
Strahlungshaushalt 38
Solare Einstrahlung 8
Tageszeitenklima 32
Taupunkt 39
Thermische und dynamische Drucksysteme 44
Thermoisoplethe 33
Trockenadiabatisch 40, 46, 53, 57
Tropischer Wirbelsturm 70ff., 83, 87
Wetter 29
Wetterelemente 29
Witterung 29
Wolkenbildung 39f., 52
Zyklone 51

Küstenregionen

Kontinentalität 63ff.
Küstennebel 65, 79
Küstenwüste 66
Land-See-Windsystem 43f.
Marines Ökosystem 69
Maritimität 63ff.
Meeresströmungen 63, 66, 78, 81, 95
Ökosystemleistungen in Küstenregionen 85
– kulturelle Leistung 85
– Regulierungsleistung 85
– Versorgungsleistung 85

Hydrosphäre

Bedeutung von Strömungen

Downwelling 81
Energietransport 77
Gezeiten 78, 86f.
Kohlenstoffdioxidsenke 83
Meeresströmungen 63, 66, 78, 81, 95
Ökosystem Ozean 85
Plankton 77, 83, 88
Upwelling 66, 68f., 79, 83, 88
Thermohaline Zirkulation 77, 81ff.
Wärmespeicher 77, 83f.

Nutzung und Gefährdung mariner Ökosysteme

Marine Ökosysteme 85, 92
– Korallenriff 86
– Mangrovenküste 87
– Tiefsee 88
– Wattenmeer 86
Nutzungspotenziale 85
– Energiegewinnung 92f.
– Fischfang 88, 92
– Manganabbau 90f.
– Off-shore-Ölförderung 93
– Sandabbau 92
– Tourismus 92, 94
Gefährdungspotenziale 85
– Überfischung 89
– Überflutung 99, 104, 107
– Verschmutzung 92f., 96
– Wassererwärmung und Versauerung 84

Konflikte um die Ressource Süßwasser

Nachhaltige Wassernutzung 101, 104
Ökologische Gefahren 108
Wasserdargebot 75
– fossiles Wasser 101
Wasserkreislauf 39, 74
Wassermanagement 96
– Bewässerungsmethoden 103ff.
– Meerwasserentsalzung 101
– Wasserferntransport 99, 101
– Wassermangel 96f., 198
Wassernutzung 73, 98
– virtuelles Wasser 98
Wasserverknappung 96f.
Wasserverschmutzung 92, 97
Wasserkonflikte 99ff.

Wirtschaftliches Handeln und dessen Raumwirksamkeit

Standortwahl und Standortfaktoren

Cluster 122, 125, 131f.
Footloose Industry 116
Persistenz 115
Produktlebenszyklus 116f.
Produktionsfaktoren 109
Standortanalyse 118
Standortfaktoren109ff.
– Fühlungs- und Agglomerationsvorteile 110, 112f., 116, 120
– Infrastruktur 111, 113, 118, 121
Standorttheorie 112, 114
Standortverlagerungen 115

Wirtschaftsstrukturen und -prozesse auf regionaler und globaler Ebene

Ausgewählte Wirtschaftsregionen

Aktiv- und Passivräume 131, 136, 138
Ausländische Direktinvestitionen 152f.
Disparitäten 127, 130f., 137, 140
Entwicklungsindikatoren 153
Europäische Strukturpolitik 142f.
Globalisierung 138, 141, 152f., 161
Global Player 132, 145
Internationale Arbeitsteilung
Protektionismus, Freihandelszone 153,
Standortfaktor 109ff., 133ff.
Welthandel 127, 152, 158

Massentourismus

Ausmaß, Ursachen und Folgen des Massentourismus

Gesellschaftliche Folgen
– Akkulturation 170
– kultureller Austausch 173
Informeller Sektor 169
Infrastruktur 162, 168f., 171
Lebenszyklus eines Tourismusstandortes/ Modell von Butler 164f.
Massentourismus 161, 168ff., 174
Mobilität 162
Nutzungskonflikte

Politische Folgen
– Demokratisierung 169
– Unterdrückung 170
Saisonalität 169
Umweltfolgen 168f., 173f., 180
– Müllentsorgung 168
– Naturschutz 169
– Wasserknappheit 168
Wirtschaftliche Folgen 169, 173f.
– Arbeitsplätze 169, 171
– Sickerrate 169
– Verdrängung der Landwirtschaft 169

Handlungsansätze zur Problemlösung

Nachhaltigkeit 170f., 181 ff.
Tourismusmanagement 166, 170f.

Quellennachweis

Umschlagbild: © Madrabothair|Dreamstime.com

S. 1: eigene Darstellung;
M1: eigene Darstellung der Prüfungskommission nach: Passarge, S.: Beschreibende Landschaftskunde, De Gruyter, Hamburg 1929, S. 19;
M2: Michael Lamberty, Verwitterung-Abtragung-Ablagerung, geographie heute 209/03, S. 34;
M4: Hans Gebhardt / Rüdiger Glaser/ Ulrich Radtke/ Paul Reuber (Hrsg.) (2011): Geographie. Physische Geographie und Humangeographie (2. Auflage). Heidelberg: Spektrum, S. 390;
M5: Hans Gebhardt/ Rüdiger Glaser/ Ulrich Radtke/ Paul Reuber (Hrsg.) (2011): Geographie. Physische Geographie und Humangeographie (2. Auflage). Heidelberg: Spektrum, S. 391;
M6: eigene Zusammenstellung;
M7: Jürgen Bauer, Wolfgang Englert, Uwe Meier (2002): Physische Geographie kompakt. Heidelberg: Spektrum, S. 39, leicht verändert;
M8: Hartmut Leser, Diercke Wörterbuch Allgemeine Geographie, dtv/ Westermann, Auflage 2001, S. 379/ Herbert Wilhelmy (2007): Geomorphologie in Stichworten: III Exogene Morphodynamik – Karstmorphologie – Glazialer Formenschatz – Küstenformen, S. 28;
M9: Herbert Wilhelmy (1992): Geomorphologie in Stichworten: III Exogene Morphodynamik – Karstmorphologie – Glazialer Formenschatz – Küstenformen, S. 32;
M10: © Santiago Rodríguez Fontoba/ Dreamstime.com;
M11: Harald Zepp (2002): Grundriss Allgemeine Geographie: Geomorphologie. Eine Einführung. Paderborn: Verlag Ferdinand Schöningh. 1. Auflage, S. 241;
M12: © Reise-und Naturfoto/AdobeStock;
M13: verändert nach: Karstlandschaftsgenese, © 2001 Spektrum Akademischer Verlag, Heidelberg, https://www.spektrum.de/lexikon/geographie/ karstlandschaftsgenese/4008;
M14: eigene Darstellung nach: Dr. Gesa Köberle: Umweltprobleme in Karstgebieten: Lösungsansätze, dargestellt am Beispiel der Schwäbischen Alb, Geographische Rundschau, 57, 2005, S. 30;
M15: eigene Darstellung nach: Dr. Gesa Köberle: Umweltprobleme in Karstgebieten: Lösungsansätze, dargestellt am Beispiel der Schwäbischen Alb, Geographische Rundschau, 57, 2005, S. 32;
S. 26: © SCHAEFER KALK GmbH & Co. KG;
M16: Jürgen Bauer, Wolfgang Englert, Uwe Meier (2002): Physische Geographie kompakt. Heidelberg: Spektrum, S. 60, Abb. 60.2;
M17: eigene Darstellung nach: https://gis.lmz-bw.de/geomorphologie;
M19: Bernhard Mühr, www.klimadiagramme.de;
M20: eigene Darstellung nach: Joachim Blüthgen, Allgemeine Klimageographie, De Gruyter 1980, S. 143;
S. 38: eigene Darstellung;
M21: Wolfgang Hanisch, Christoph Schulz, Geoklima 2.1, Gruner + Jahr;
M28: eigene Darstellung nach: Ernst Heyer, Witterung und Klima, Teubner Verlag, Leipzig, 1988;
M29: eigene Darstellung;
M30: Bernhard Mühr, www.klimadiagramme.de;
M31: eigene Darstellung;
M32: aus: Schönwiese (2003, S. 174), nach Defant 1949;
M34: Haversath, J.B.; Geographie Heute: Wetter und Klima, Friedrich Verlag, 2000;
M36: Hermann Gossmann (1986): Handbuch der Geographie, Friedrich Verlag;
M44: Hermann Gossmann (1986): Handbuch der Geographie, Friedrich Verlag;

M47: verändert nach: Wüthrich, C. u. Thannheiser, D. (2002): Die Polargebiete, Bildungshaus Schulbuchverlage Westermann Schroedel Diesterweg Schöningh Winklers GmbH Braunschweig, S. 42;
M48: Bernhard Mühr, www.klimadiagramme.de;
M49: GeoKLIMA 2.1; www.w-hanisch.de;
M50: Bernhard Mühr, www.klimadiagramme.de/ Thermosioplethen – Blüthgen J., Weischet, W.: Allgemeine Klimatologie, 3. Auflage, De Gruyter (1980), S. 141f;
M51: eigene Zusammenstellung;
M52: Wilhelm Lauer, Jörg Bendix, Klimatologie, Westermann (2006), S. 259;
M53: eigene Darstellung nach: www.webgeo.de;
M54: Hermann Gossmann (1988): Handbuch des Geographieunterrichts/Physische Geofaktoren, S. 187;
M55: Hermann Gossmann (1988): Handbuch des Geographieunterrichts/Physische Geofaktoren, S. 188;
M57: Darstellung nach Engelman, R./LeRoy, P.: Mensch, Wasser! Die Bevölkerungsentwicklung und die Zukunft der erneuerbaren Wasservorräte. Hg. von der Stiftung Weltbevölkerung. Hannover: Balance-Verlag 1995; Datengrundlage: UN World Water Development Report;
M63: eigene Darstellung nach: Meeresatlas – Daten und Fakten über unseren Umgang mit dem Ozean 2017, S. 23, https://meeresatlas.org/wp-content/uploads/2017/06/Meeresatlas-Web-DE.pdf;
M66: eigene Darstellung;
M68: Meeresatlas 2017 / FAO, CC BY 4.0;
M69: eigene Darstellung nach Daten von OECD/FAO; M70 Meeresatlas 2017 / WOR, CC BY 4.0;
M71: Meeresatlas 2017 / WOR / ISA, CC BY 4.0;
M72: Meeresatlas 2017 / GWEC, CC BY 4.0;
M73: eigene Zusammenstellung;
M74: eigene Zusammenstellung;
M75: Peter Walter, Wasserbilanz des Mittelmeers, http://www.esys.org/rev_info/wasser-mittelmeer.html;
M76: Food and Agriculture Organization of the United Nations (FAO): AQUASTAT (10/2016), Lizenz: cc by-nc-nd/3.0/de/;
M77: eigene Darstellung;
M78: eigene Darstellung;
M79: verändert nach: Kbh3rd/wikipedia, CC BY-SA 3.0;
M81: © SWBreckle/2006; M84: Ernst Struck: Das Südost-Anatolien-Projekt (GAP): Die Bewässerung und ihre Folgen. In: Geographische Rundschau 46, 2/1994, S. 88–95;
M88: verändert nach: Arno Kreus, Paul Lindner, Norbert von der Ruhren, Fundamente Kursthemen: Industrie/ Dienstleistungen, Klett 2006, S. 61;
M89: Busse, M.: HWWA Discussion Paper Nr. 116. BDI: Außenwirtschafts-Report 04/2002. CC- by-nc-nd/3.0/de. Bundeszentrale für politische Bildung (2009): http://www. bpb.de/files/ YFCXFT.pdf, ergänzt nach Daten von UNCTAD (Grafik);
M90: eigene Zusammenstellung;
M91: verändert nach: Dr. Wilfried Korby; Arno Kreus; Dr. Andrea Rendel; Norbert von der Ruhren; Matthias Scholliers; TERRA – Geographie Kursstufe BaWü, Klett (2015), S. 105;
M92 : Kulke, E. (2005): Globaler Warenhandel – Gründe, Merkmale und räumliche Wirkungen, In: Praxis Geographie, 35. Jg., Nr. 7/8, S. 5; S.119: Ludwig Schätzl, Wirtschaftsgeographie der europäischen Gemeinschaft; Schöningh (UTB), Paderborn 1993;
M93: nach: Andreas Renschler: Standortplanung für Mercedes-Benz in den USA. In: Herbert Gassert/ Péter Horváth (Hrsg.): Den Standort richtig wählen. Stuttgart: Schäffer-Poeschel 1995, S. 45;
M94: nach Andreas Renschler: Standortplanung für Mercedes-Benz in den USA. In: Herbert Gassert/ Péter Horváth (Hrsg.): Den Standort richtig wählen. Stuttgart: Schäffer-Poeschel 1995, S. 47;
M95: Management-Enzyklopädie, Bd. 5. München: Verlag Moderne Industrie 1971, S. 508 ; S. 122: Stadt Leipzig, Cluster Automobil- und Zulieferbetriebe, Leipzig 2008, Grafik;
M97: Kulke, Elmar: Wirtschaftsgeographie Deutschlands. Klett-Perthes Verlag, Gotha, 1998, S. 163;
M98: Daviidos/wikipedia, CC BY-SA 4.0;

M100: eigene Zusammenstellung;
M101: Arbeitskreis Volkswirtschaftliche Gesamtrechnung der Länder;
M102: Bundesagentur für Arbeit, Statistik;
M103: Bundesagentur für Arbeit; Statistische Ämter des Bundes und der Länder;
M104: Volkswirtschaftliche Gesamtrechnung der Länder, 2011; Berechnung auf Grundlage Statistisches Bundesamt, Hochschulinformationssystem GmbH (HIS)
M105: Statistisches Bundesamt, Wiesbaden
M106: Landeshauptstadt Dresden, Amt für Wirtschaftsförderung
M107: Statistisches Landesamt des Freistaates Sachsen (Betriebe, Stand 2013), Statistische Ämter des Bundes und der Länder (Beschäftigte Stand 2012);
M110: eigene Darstellung nach Glaser, Rüdiger;
M111: nach Prof. Kunzmann, K., in: Kleine Atlas van de Metropool Ruhr, RVR Essen 2011, S. 16;
M112: Kohäsionspolitik der EU 2014 – 2020. Vorschläge der Europäischen Kommission;
M113/M114: Istituto nazionale di statistica Italia 2015;
M116: nach Le Monde diplomatique (2012): Atlas der Globalisierung – Die Welt von morgen, S. 29;
M117: nach Daten UNCTAD 2016;
M118: erstellt nach Daten von Weltbank und IWF;
M119: nach International Cocoa Organisation ICCO;
M120: Ghana Ports & Harbours Authority;
M121: eigene Darstellung nach CIA World-Factbook
M123: World Tourism Organization (UNWTO) in: UNWTO: European Union Tourism Trends, S. 64 (April 2018);
M124: World Travel & Tourism Council;
M125: nach Butler, R.W.: Concept of a tourism area cycle of evolution: Implications for a management of resources. In: Canadian Geographer 24, 1980 (verändert);
M126: Vorlaufer, K.: Tourismus in Entwicklungsländern. Darmstadt: WBG 1996, S. 198f.;
M127: eigene Darstellung nach Daten: https://www.citypopulation.de/php/spain-comunitatvalenciana_d.php?cityid=03031;
M128: eigene Zusammenstellung;
M129: eigene Darstellung;
M130: eigene Zusammenstellung nach: Tourismusverband Paznaun – Ischgl;
M131: Sascha Zastiral, Die Party geht weiter, Fluter vom 20.06.2014, https://www.fluter.de/die-party-geht-weiter;
M132: eigene Zusammenstellung nach: BLK Programm 21 – Bildung für Nachhaltige Entwicklung Werkstattmaterialien 1. August 2004, vereinfacht;
M133: eigene Zusammenstellung nach BIKEPARK INNSBRUCK (2017): https://www.bikepark-info.com/bikeparks/at/bikepark-innsbruck-mutteralm-park/;
M134: ÖSTERREICHISCHER ALPENVEREIN, (2017): Barbara Reitler und Jan Salcher, Bergsteigerdörfer, http://www.bergsteigerdoerfer.at/56-0-Bergsteigerdorf-Vent-im-Oetztal.html;
M135: eigene Darstellung;
M136: verändert nach Meeresatlas 2017/CLIA, CC BY 4.0;
M137/M138: eigene Berechnungen nach: http://www.vtp.it/azienda/statistiche/;
http://www.italianostravenezia.org/wp-content/uploads/2016/10/Proposte-per-una-gestione-dei-flussi-turistici.pdf;
M139: eigene Zusammenstellung;
M140: Claudia Heidenfelder, Der Mensch in den Alpen – Ökotourismus, Planet Wissen vom 31.08.2017, https://www.planet-wissen.de/natur/gebirge/der_mensch_in_den_alpen/oekotourismus-100.html

Wir danken allen Rechteinhabern für die Abdruckerlaubnis. Der Verlag hat sich bemüht, die Urheber der abgedruckten Bilder und Texte ausfindig zu machen. Wo dies nicht gelungen ist, bitten wir diese, sich ggf. an den Verlag zu wenden.